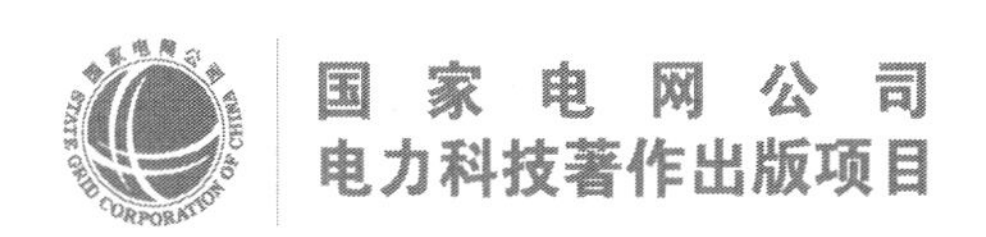

智能配电网技术及应用丛书

智能配电网自动化技术

ZHINENG PEIDIANWANG ZIDONGHUA JISHU

主 编 周 捷
副主编 韩 韬

中国电力出版社
CHINA ELECTRIC POWER PRESS

内 容 提 要

本书为“智能配电网技术及应用丛书”中的一个分册。

智能配电网是配电网未来的发展方向，智能配电网自动化技术是实现智能配电网的重要基础。本书内容包括智能配电网自动化概述、配电网实时监控、配电网系统集成及信息交互、馈线自动化、智能配电网运行优化与决策支持、配电自动化测试及运维、典型案例和未来展望等。

本书可供从事配电自动化专业的科研人员、技术管理人员、规划设计人员、运维人员、检测人员参考，也可作为高等院校相关专业师生的参考用书。

图书在版编目（CIP）数据

智能配电网自动化技术 / 周捷主编. —北京：中国电力出版社，2023.9（2025.1重印）
（智能配电网技术及应用丛书）
ISBN 978-7-5198-7591-6

Ⅰ. ①智… Ⅱ. ①周… Ⅲ. ①智能控制–配电系统–研究 Ⅳ. ①TM727

中国国家版本馆 CIP 数据核字（2023）第 032183 号

出版发行：中国电力出版社
地　　址：北京市东城区北京站西街 19 号（邮政编码 100005）
网　　址：http://www.cepp.sgcc.com.cn
策　　划：周　娟
责任编辑：崔素媛（010-63412392）　李耀阳
责任校对：黄　蓓　朱丽芳
装帧设计：张俊霞
责任印制：杨晓东

印　　刷：中国电力出版社有限公司
版　　次：2023 年 9 月第一版
印　　次：2025 年 1 月北京第二次印刷
开　　本：787 毫米×1092 毫米　16 开本
印　　张：15.5
字　　数：340 千字
定　　价：78.00 元

丛书编委会

本书编写组

主　编　周　捷

副主编　韩　韬

参　编　刘明祥　王　路　周养浩　吴雪琼

张佳琦　吕立平　郑　毅　陈　蕾

谢善益　张子仲　葛少云　刘　东

杨冬梅　李　伟　陈永华　凌万水

蔡月明　孙云枫　武会超　封士永

阮冬玲　苏标龙　孙保华　陈　勇

陈宜凯　李云阁　权　立　刘　彬

陈　羽　王志勇　金鑫琨　吴栋萁

曾　晓　宓天洲　刘　洪　陈小军

曾　俊　张志华　田小锋　曾　强

宋旭东　韩玘桓　滕亚青　黄玉辉

李　志　刘　刚　陈奎阳　周荣乐

主　审　刘　健　赵江河

丛书序

用配电网新技术的知识盛宴以飨读者

随着我国社会经济的快速发展，各行各业及人民群众对电力供应保持旺盛需求，同时对供电可靠性和电能质量也提出了越来越高的要求。与电力用户关系最为直接和密切的配电网，在近些年得到前所未有的重视和发展。随着新技术、新设备、新工艺的不断应用和自动化、信息化、智能化手段的实施，使配电系统装备技术水平和运行水平有了大幅度提升，为配电网的安全运行提供了有力保障。

为了总结智能电网建设时期配电网技术发展和应用的经验，介绍有关设备和技术，总结成功案例，本丛书编委会组织国内主要电力科研机构、产业单位和高等院校编写了“智能配电网技术及应用丛书”，包含《智能配电网概论》《智能配电网信息模型及其应用》《智能配电设备》《智能配电网继电保护》《智能配电网自动化技术》《配电物联网技术及实践》《智能配电网源网荷储协同控制》共 7 个分册。丛书基本覆盖了配电网在自动化、信息化和智能化等方面的进展和成果，侧重新技术、新设备及其发展趋势的论述和分析，并且对典型应用案例加以介绍，内容丰富、含金量高，是我国配电领域的重量级作品。

本丛书中，《智能配电网概论》介绍了智能配电网的概念、主要组成和内涵，以及传统配电网向智能配电网的演进过程及其关键技术领域和方向；《智能配电网信息模型及其应用》介绍了配电网的信息模型，强调了在智能电网控制和管理中模型的基础性和重要性，介绍了模型在主站系统侧和配电终端侧的应用；《智能配电设备》对近年来主要配电设备在一二次设备融合及智能化方面的演进过程、主要特点及应用场景做了介绍和分析；《智能配电网继电保护》从有源配电网的角度阐述了继电保护技术的进步和性能提升，着重介绍了以光纤、5G 为代表的信息通信技术发展而带来的差动（纵联）保护、广域保护等广泛应用于配电网的装置、技术及其发展方向；《智能配电网自动化技术》在总结提炼我国 20 多年来配电网自动化技术应用实践基础上，介绍了智能配电网对电网自动化的新要求，以及相关设备、系统和关键技术、实现方式，并对未来可能会在配电自动化中应用的新技术进行了展望；《配电物联网技术及实践》介绍了物联网的概念、主要元素，以及其如何与配电领域结合并应用，针对配电系统点多面广、设备众多、管理复杂等特点，解决实现信息化、智能化的难点和痛点问题；《智能配电网源网荷储协同控制》重点分析了在配电网大规模应用后，分布式能源给配电网的规划、调度、控制和保护等方面带来的影响，介绍了配电网源网荷储协同控制技术及其应用案例，体现了该技术在虚拟电厂、主动配电网及需求响应等方面的关键作用。

“双碳”目标加快了能源革命的进程，新型电力系统建设已经拉开序幕，配电领域将迎来新的机遇和挑战。“智能配电网技术及应用丛书”的出版将对配电网建设、改造发挥积极的作用。相信在不久的将来，我国的配电网技术一定能够像特高压技术一样，跻身世界前列，实现引领。

近年来，配电领域的专业图书出版了不少，本人也应邀为其中一些专著作序。但涉及配电网多个技术子领域的专业丛书仍不多见。作为一名在配电领域耕耘多年的专业工作者，为这套丛书的出版由衷感到高兴！希望本丛书能为我国配电网领域的技术人员和管理者奉上一份丰盛的“知识大餐”，以解大家久盼之情。

全国电力系统管理与信息交换标准化技术委员会　顾　问

EPTC 智能配电专家工作委员会　常务副主任委员兼秘书长

2022 年 10 月

序

配电网自动化技术在我国已经有近三十年的发展历程，虽然过程跌宕曲折，但是在党和国家的关心重视，有关部门、单位的不断探索和几代“配电网人”的不懈努力下，一步一步地取得了骄人的成绩。

作为我国配电网实现自动化监控和现代化管理的起点和探索，在20世纪90年代中后期，伴随着大规模城乡电网改造，有关单位开始进行局部的配电自动化建设。由于受到当时配电网网架薄弱、一次设备陈旧、通信方式及手段落后以及照搬主网自动化技术路线等诸多因素影响，这一轮的配电自动化建设并没有取得预期的效果，在后续相当一段时期内基本处于停滞状态。2009年，智能电网开始全面建设，以配电自动化为代表的配电领域新技术应用再次受到重视和应用，一方面有前一轮建设工作的经验教训，另一方面相关技术起点较高，前期准备工作充分并有专门的标准体系引领，使得最近十多年来，我国在配电网建设改造突飞猛进的同时，配电自动化等技术应用也有了由量变到质变的发展，在自动化、信息化、智能化等方面取得了前所未有的进步，大部分城市和经济发达地区的配电网供电可靠性和运行管理水平跻身国际先进行列，走上了不断提升和持续发展的道路。

智能配电网自动化是计算机及其网络技术、信息通信技术、自动控制技术等的集合体，是配电网安全、高效和经济运行的关键保障，也是实现电网现代化管理的重要基础。这本《智能配电网自动化技术》一书包括了配电自动化技术、多源信息交互、设备即插即用、馈线自动化、配电网运行优化等内容。其中，虽然有关配电自动化技术的内容是全书最重要和最核心的部分，但从作者的编撰思路来看，本书跳出了近年来配电自动化书籍的传统范畴，从智能配电网自动化是多种新技术汇集和交叉的领域这一角度出发，结合各类新技术的迅速发展和相互影响，在介绍相关技术融通应用以及实现方式的同时，能够让读者大大扩展知识面，并了解到新时期配电网自动化技术的建设思路和发展方向。

本书是中国电力出版社即将推出的《智能配电网技术及应用丛书》系列丛书的其中

一个分册，其作者都是长期从事配电自动化技术研究及其相关产品开发和工程实施的技术人员，其中不乏中青年专家和专业领军人才。本人作为一名老“配电网人”，参与并见证了我国配电自动化建设和发展的全过程，这次很高兴担任本书的主审并为此作序，让我有机会再次回顾配电网自动化的建设历程和成果，加深对新技术的理解，感慨良多！希望本书不仅能为从事配电自动化工作的技术和管理人员提供全面的指导和借鉴，也能为当前开展的新型配电系统建设中有关方案设计和解决工程技术问题上提供帮助。同时本书也可作为电气工程及其相关专业的大专院校学生的参考书，针对我国智能配电网自动化技术发展历程进行归纳总结和普及新知识。

全国电力系统管理与信息交换标准化技术委员会　顾　问

EPTC 智能配电专家工作委员会　常务副主任委员兼秘书长

前　言

自 20 世纪末至今，我国的配电自动化建设已经历过几次高潮和低谷，积累了大量宝贵的经验，也有技术和管理方面的教训，更有随着时代发展带来的新技术的应用。本书总结提炼近 20 年来配电网自动化技术的精髓，全面系统地阐述了智能配电网自动化技术。

很多从事配电自动化事业的专业技术人员都会有一个困惑：相比 110kV 及以上高电压等级的主网自动化（变电站综合自动化、电网调度等）和 400V 的低压电能表集抄系统，国内 10kV 电压等级配电自动化工程实施效果的实用性往往大不如前两者，这是为什么？在技术运维层面上，有配电网点多面广、运行环境相对恶劣、运维难度较大等原因；更深层次的原因是 10kV 配电网的可靠性要求没有主网要求高，也没有低压电能表的严苛计量要求。这些客观存在的事实导致我们经常思考一个问题：配电自动化到底该如何做，才能达到投资少、见效大的真正实用化效果？编者认为最根本的指导思想是“实事求是，因地制宜”，希望本书能给从事智能配电网工作的读者提供一种相对客观的目标、理念的指引、操作的方法和实现的途径。

智能配电网自动化技术包括一二次设备融合技术、配电自动化技术、配电网信息融合、源网荷储协同技术等，其中配电自动化技术是最重要和最核心的部分，其他的智能技术在丛书的其他分册中都有专业的描述，本书主要侧重于配电自动化技术及其他相关的智能化技术。本书共 8 章，第 1 章概述，主要阐述智能配电自动化的概念、意义、发展历程、建设模式及关键技术；第 2 章配电网实时监控，主要阐述配电自动化主站、终端、通信及安全防护、即插即用和其他新技术；第 3 章配电网系统集成及信息交互，主要阐述配电自动化主站信息交互业务、配电图模异动/故障停电及信息交互机制、信息集成交互典型业务系统；第 4 章馈线自动化，主要阐述馈线自动化的基本概念、分类以及建设模式的选择；第 5 章智能配电网运行优化与决策支持，主要阐述智能配电网的状态估计、潮流计算、负荷预测、风险分析、自愈控制、培训仿真、解合环、线损分析、无功优化等高级应用模块；第 6 章配电自动化测试及运维，主要阐述配电自动化测试运维的要求及关键技术；第 7 章典型案例，挑选了国内电力公司的典型配电自动化建设案例；第 8 章未来展望，阐述在新型电力系统中，未来可能会在配电自动化中应用的新技术。

本书的作者、主审人都是国内著名科研院所、高校、电力设备供应商以及电力公司等单位从事配电自动化相关技术研究的专家学者，在此向他们的辛勤付出表示诚挚的感谢。期待本书可为从事配电自动化专业的科研人员、技术管理人员、规划设计人员、运维人员、检测人员提供参考。

最后，欢迎读者对本书的疏漏之处给予批评指正！

作　者

2023 年 9 月

目　录

第1章 概　　述

1.1　智能配电网自动化的概念

智能电网是为实现电力系统安全稳定、优质可靠、经济环保要求而提出的未来电网的发展方向，是实施可持续供电战略的重要保障，具有融合、优化、分布、协调、互动、自愈等特征。

配电网是电力系统的末端环节，一般将110、66、35kV电网称为高压配电网，10kV电网称为中压配电网，380/220V电网称为低压配电网。智能配电网是智能电网的重要组成部分，能够充分体现智能电网的能量平衡模式及电网形态上的变化，承接智能电网的功能。智能配电网在物理形态上支持分布式电源、微电网、储能系统和电动汽车等多样性负荷灵活便捷接入，以高可靠性的配电网结构和先进的电力设备为基础，通过应用先进的计算机技术、电力电子技术、通信网络技术、传感量测技术、高级计量技术、在线实时监控和自动控制技术及高可靠性的智能设备，将监测、保护、控制、计算、分析、决策等功能与供电单位的管理工作有机融合，为用户提供安全稳定、优质可靠、经济高效的定制电能。智能配电网的潮流不再固定由高电压等级变电站流向低电压等级变电站，经中压配电网单方向流向用户，而是实现双向流动，打破了原有的能量平衡模式，不再是发电跟随负荷波动的供电模式，而是负荷主动参与电网调节，使得电网与用户之间建立了双向互动的信息流和业务流，因此，智能配电网要求能量流、信息流、业务流融合与互动，是具有集成、自愈、互动、优化和兼容特征的柔性电网，主动性贯穿了整个运行和管理过程。

智能配电网自动化利用先进的自动化控制技术、管理自动化技术、用户自动化技术等实现了配电网及设备的智能化、标准化改造与建设，建立遵循国际标准的信息交互体系架构和信息交互消息模型，实现了信息流在配电网的融合与集成、业务流在配电网的贯通，实现了正常情况下配电网与电力系统各环节的协调和优化运行，以及故障时的快速定位、隔离、恢复、负荷转移等功能，为电力企业提供了便捷、高效的管理平台和途径，实现了电力企业管理者、电力用户和系统运行操作的协调和统一，是实现智能配电网的重要基础。智能配电网自动化技术包括配电自动化技术、一二次设备融合技术、配电网信息融合技术、源网荷储协同控制技术，其中配电自动化技术是智能配电网自动化中最重要和最核心的部分。

1.2 建设价值及意义

近年来，用户对配电系统的可靠性和电能质量提出了越来越高的要求，随着计算机技术和通信技术的发展，以及城乡配电网改造的深入，配电自动化程度得到了很大的提升，但基本还停留在数据采集和监视阶段。智能配电网自动化是配电自动化发展的高级阶段，支撑了智能配电网的发展需求。运用先进的计算分析方法和人工智能手段对智能配电网的运行数据进行充分分析和研究，实时评估运行状态，具有重要的意义。

（1）提高供电可靠性。近年来，随着城市化进程的加快，社会经济发展对配电网的供电可靠性提出了更高的要求。智能配电网自动化系统的工程实施可以显著提高供电可靠性。

（2）提升电能质量。对电能质量进行监测、诊断和需求响应，根据不同的电能质量要求来定制电力，可以满足不同用户对电能质量的需求。

（3）提高配电网安全性。有效抵御战争攻击、恐怖袭击和自然灾害的破坏，避免配电网出现大面积停电，将外部破坏限制在一定范围内，保障重要用户的正常供电。

（4）增强配电网自愈能力。对于已发生或即将发生的故障，智能配电网能够及时检测并进行相应的纠正性操作，将其对用户的供电影响降低至最小。配电网自愈主要解决供电不间断的问题，是对供电可靠性概念的发展，内涵要大于供电可靠性，例如有一些持续时间较短的断电不计入可靠性计算，但其会导致一些高敏感的设备损坏或更长时间停运。

（5）促进精细化配电网管理。研究配电网风险管理控制，对系统运行的风险提前预判，提高配电网资产利用率，降低运行成本，减少或推迟投资，建立有效、联动的优化设计系统，在线分析和统计生产指挥、资产管理、工作流程管理、运维抢修管理和运行状态监测，支持配电网精细化管理。

（6）增强配电网可观性。全面采集配电网及其设备的实时运行数据以及电能质量扰动、故障停电等数据，通过分析计算形成辅助策略，对配电网运行状态进行在线诊断与风险分析，并以直观有效的图形方式为运行人员提供图形界面，全面掌握配电网及设备的运行状态，克服由于不可观造成的配电网反应速度慢、效率低下等问题。

（7）增强与用户互动的能力。与用户互动是智能配电网的重要特征之一，通过应用智能电能表，实行分时电价、动态实时电价，用户可以自行选择用电时段，从而降低电网高峰负荷，另外允许并积极创造条件让拥有分布式电源的用户在用电高峰时段向配电网送电。

（8）提高系统运行经济性。一方面，通过对配电网运行状态的监视，制定科学的配电网络重构和控制运行方案，优化运行方式，降低线路损耗，改善供电质量，提升可再生能源效率；另一方面，通过长期的数据监测与统计，掌握宏观的负荷特性和发展趋势，为科学开展配电网规划设计提供客观依据，有利于提高企业的现代化水平和客户服务质量。

（9）支撑高比例清洁能源并网接入。支撑智能配电网大量接入风能、太阳能、生物质能等可再生能源，可以由配电网自动调节控制，微电网既可以自己控制也可以与配电网互为支持，相应的控制调节系统将各类分布式电源和电动汽车充放电站积极纳入配电网管理和市场交易，充分支持环境友好的发电形式。

1.3　国内外发展历程

智能配电网应用通信、计算机测控与电力电子技术，实现配电网运行状态及其负荷的灵活调节与协调控制，提高供电质量与运行效率，支持分布式电源的大量接入与电动汽车的广泛应用。智能配电网是配电网发展的目标，智能配电网技术为建设智能配电网提供支撑，是配电技术的发展方向。智能电网更加安全、可靠、优质、高效，支持分布式电源、可再生能源发电的自由接入与用户的良性互动，这就对配电网的运行控制与管理提出了更高的要求，配电自动化的功能与技术内容都要随之出现革命性的变化。

20 世纪 50 年代初期，英国、日本、美国等国家开始使用时限顺序送电装置自动隔离故障区间、加快查找馈线故障地点，而在此之前，配电变电站以及线路开关设备的操作与控制，均采用人工方式。20 世纪七八十年代，国内外都应用电子及自动控制技术，开发出智能化自动重合器、自动分段器及故障指示器，实现故障点自动隔离及非故障线路的恢复供电，称为馈线自动化。这种自动化方式没有远程实时监控功能，且仅限于局部馈线故障的自动处理，因而称这一时期为局部自动化阶段。

20 世纪 80 年代，随着计算机及通信技术的发展，形成了包括远程监控、故障自动隔离及供电恢复、电压调控、负荷管理等实时功能在内的配电自动化技术。1988 年，美国电气电子工程师学会（IEEE）编辑出版了《配电自动化教程》（Tutorial Course：Distribution Automation），标志着配电自动化技术趋于成熟，已发展成为一项独立的电力自动化技术。之后，一些工业发达国家的供电企业开始大面积实施配电自动化，中国一些科研单位也开始进行配电自动化技术的开发研究。这一阶段称为系统监控自动化阶段。

20 世纪 90 年代开始，地理信息系统（GIS）技术有了很大的发展，开始应用于配电网的管理，形成了离线的自动制图－设施管理系统（AM/FM）、停电管理系统等，并逐步解决了管理的离线信息与实时监控信息的集成，进入了配电网监控与管理综合自动化阶段。

美国是世界上最早提出智能电网概念的国家，并且最早开始进行智能电网的研究与建设。美国电力研究院早在 2001 年就启动了智能电网的研究计划，提出了智能电网的基本概念。2003 年 2 月，美国政府根据前两年对能源和电力相关问题的研究成果，发布了“电网 2030 规划”，提出要搭建现代化的电力系统。美国国际商业机器公司（IBM 公司）于 2006 年提出“智能电网”解决方案，2009 年，美国政府又制定了一系列智能电网建设和实施计划，大力投资智能电网。同时，美国生产力和质量中心（APQC）及全球智能电网联盟（GIUNC）在 IBM 公司的支持下，制定了智能电网成熟度模型，以评估和衡量智能电网的进展状况。以上的一系列措施都加快了电网智能化的进程，使美国的智能电网事业蓬勃发展。

美国政府围绕智能电网建设，重点推进了核心技术研发，着手制定发展规划。为了吸引各方力量共同推动智能电网的建设，美国政府积极制定了《2010—2014 年智能电网研发跨年度项目规划》，旨在全面设置智能电网研发项目，进一步促进该领域技术的发展和应用。研发项目领域主要涉及：① 技术领域研发项目。主要集中在传感技术、电网通信整合和安全技术、先进零部件和附属系统、先进控制方法和先进系统布局技术、决策和运行支持等方面，包括建立“家用配送水平”“低耗”“安全通信”的概念，发展配电系统和客户端传感系统技术，发展电网与汽车的互联技术，在创造高渗透性能源配送和充电网络条件的过程中发展安全、高效和可靠的保护和控制技术，发展运行支持工具技术等。② 建模领域研发项目。主要集中在发电、输电、变电、配电的整个过程中，包含运行情况、配送成本、智能电网资产及电网运行所产生的各种影响的模型构建等方面。

2004 年，欧盟委员会启动了智能电网相关研究与建设工作。对欧洲而言，发展智能电网主要是为了应对气候变化、对进口能源的严重依赖以及进口能源价格变动的挑战。依托智能电网的发展，可再生能源可以在电网中发挥更重要的作用，欧洲可以更好地利用北非的沙漠太阳能、风能、沿海国家潜力巨大的潮汐能等可再生能源，显著减少碳排放量。欧洲智能电网技术研究主要集中在网络资产、电网运行、计量及储能 4 个方面。欧盟委员会将智能电网定义为一个可以整合所有电网用户的所有行为的电力传输网络，以有效提供持续、经济和安全的电能，主要要求为：① 以客户为中心；② 能够有效支撑分布式和可再生能源的接入；③ 有更安全可靠的电力供应；④ 有面向服务的架构；⑤ 可以进行灵活的电网应用；⑥ 高级应用和分布式智能；⑦ 实现负荷和本地电源的交互。欧洲的智能电网应用工程开始得比较早，其中意大利在 2005 年完成的 Telegestore 智能电网工程被认为是世界上最早真正实现智能电网的工程。

日本配电系统基本上采用 20、6kV 以及 200/100V 的结构。东京 22kV 电缆采用三射网络结构，22kV 等级配电主干网普遍采用 3 回线并行布置互为备用的点网（SNW）供电方式，用于城区 1000kW 以上用户密集地区或对供电可靠性要求比较高的重点用户和高科技企业。在东京地区，电压—时间型馈线自动化系统在以架空线路为主的供电区域得到广泛应用，在处理线路故障时不依赖于数据通信，而是判断开关两侧的带电情况，与出口断路器重合闸装置按照设定的动作时序进行配合，实现对线路故障区段的隔离，以及对非故障区域的恢复供电，从而缩短停电时间、减少停电区间，实现馈线自动化。新型的电压—时间型馈线自动化模式与早期的重合器、分段器组合模式是完全不同的，不会造成出线断路器额外开断短路电流的问题。在有条件的地方，为电压—时间型馈线自动化系统增加与配电自动化主站系统之间的数据通信功能，可实现对线路运行状态的远程监控，配电自动化水平将得到大幅提高，架空线路一般实施电压—时间型馈线自动化模式，故最适用的通信方式是中压配电载波通信技术。

中国配电自动化工作始于 20 世纪 80 年代末，当时河北省石家庄市与江苏省南通市两地引进日本的重合器、分段器进行顺序动作型馈线自动化试点。但总的来看，由于技术和管理上的诸多原因，相当一部分早期建设的配电自动化系统运行不正常，没有发挥出应有的作用，因此，许多人开始对前段时间的配电自动化热反思，对配电自动化工作持比较慎重的态度。加上之后出现的缺电局面，供电企业忙于应对电力需求的增长，全国范围内配电自动化应用进入了一个相对沉寂的时期。近年来，随着用户对供电质量要求的不断提高，配电自动化又引起了人们的重视，而智能电网的兴起更是极大地助推了配电自动化的发展。2008 年，中国南方电网有限责任公司启动了广州、深圳两个城市的配电自动化试点工作，之后启动了南宁、东莞等 13 个主要城市的配电自动化建设工作。2009 年，国家电网公司启动了北京、杭州、厦门、银川 4 个城市的配电自动化试点工作，之后又分两批启动了 25 个城市的配电自动化建设工程。2009～2015 年底，国家电网公司共批复 84 个地市公司建设配电自动化系统，已建成 63 个，覆盖区域面积 $3.4\times10^4\text{km}^2$，覆盖线路 1.9 万条，占城市配电网的 21.8%，配电所（开关站）终端 9000 余台，安装环网柜终端 2.5 万余台，柱上开关终端 5.3 万余台，在提高配电网供电可靠性与运行效率方面发挥了很好的作用。据作为国家电网公司第一批试点的国网杭州供电公司统计，2011 年 6 月以来，该公司利用配电自动化系统快速处理故障 10 起，实施配电自动化区域内的平均故障隔离时间从原来的 53min 降低到 5min，平均停电时间从原来的 34min 降低到 3min；配电自动化覆盖区域内的供电可靠性由原来的 99.99%提升到 99.995%，10kV 线路损耗率（以下简称“线损率”）由原来的 2.5%下降到 2.2%，同比减少损耗 2015.8 万 kWh。国家电网公司另一个第一批试点城市——国网厦门供电公司区域内电压合格率由 99.31%提高至 99.98%，线损率由 3.88%降至 3.25%，供电可靠性提高至 99.99%。中国南方电网有限责任公司中山供电局多年来坚持不懈地抓配电自动化建设工作，在提高供电可靠性方面发挥了重要作用，用户平均停电时间由“十五”末期的 19.45h/户降低到“十一五”末的 10.89h/户，城市用户平均停电时间由 10.51h/户降低到 89.8min/户，2011 年成为全国 5 个供电可靠性金牌 A 级企业之一。

1.4 配电自动化技术的发展趋势

根据对国内外发展动态的研究，配电自动化技术的发展趋势如下：

（1）差异化。在我国，随着智能电网建设的开展，配电自动化蓬勃发展，针对不同城市和地区、不同供电企业的实际需求，配电自动化系统的实施规模、系统配置、实现功能不尽相同，在 Q/GDW 513—2010《配电自动化主站系统功能规范》中推荐了简易型、实用型、标准型、集成型和智能型等 5 种配电自动化系统的实现形式和功能。

（2）标准化。配电自动化是个复杂的系统工程，信息量大面广，涉及多个应用系统的接口和信息集成。为了促进支持电力企业配电网管理的各种分布式应用软件系统的应用集成和接口，国际电工委员会（IEC）制定了 IEC 61968《电气设备的应用集成 分布式管理用系统接口》系列标准。

（3）注重自愈。配电自动化是智能配电网的主要组成部分，而自愈是智能电网的重要特征，因此自愈技术也是配电自动化的发展趋势之一。自愈的含义不仅仅是在故障发生时自动进行故障定位、隔离和非故障区域的恢复供电，更重要的是能够检测故障前兆和评估配电网的健康水平，进行安全预警并提前采取预防措施，使配电网更加健壮。

（4）注重经济与高效。经济高效也是智能电网的重要特征，支撑经济高效的配电网也是配电自动化的发展趋势之一。与发达国家相比，我国配电网的设备利用率普遍较低，为了满足“$N-1$”的安全准则，最大利用率不超过 50%。多分段多联络和多供一备等接线模式有助于提高设备利用率，但是还必须在发生故障时采取模式化故障处理措施。

（5）适应高比例分布式电源接入。随着智能电网建设，越来越多的光伏、风电、大容量储能系统等分布式电源接入配电网，一方面给配电网的短路电流、保护配合等带来一定影响，另一方面又能在故障时支撑孤岛供电，提高应急能力。

1.5 配电自动化系统的建设模式

自 20 世纪 90 年代末期以来，随着城市电网改造的进行，我国许多城市都在不同层次不同规模上对配电自动化工作设置了试点，许多城市电网陆续建立了配电自动化系统。根据国家电网有限公司下属 27 家单位统计，截至 2019 年底，35kV 线路总长度 34.7 万 km，6～20kV 线路长度 415.1 万 km，电缆化率达到 18.1%，配电变压器共计 501.3 万台，配电开关 516.2 万台，共有 164 个单位的配电自动化系统投入运行，终端在线率在 95%以上，馈线自动化故障处理的正确率可超过 99%。

由于国内各地配电自动化水平发展各有差异，经过多年的实践探索，配电自动化系统主站建设可以归纳为如下几种形式。

1. 调配一体化模式

调配一体化系统结构如图 1-1 所示。

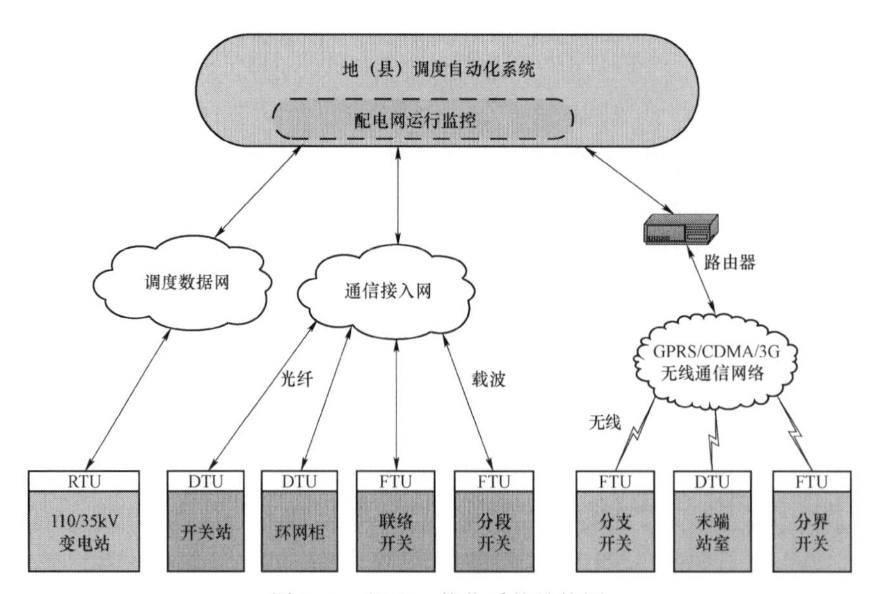

图 1-1　调配一体化系统结构图

具体建设方式依据地县一体化调度自动化系统建设情况，有如下两种实现方式：

（1）在地县一体化调度自动化系统上扩展配电网运行监控等基本功能，增加相应的配电网数据采集、信息接口等服务器，实现配电网数据采集与信息交互，为各县级配调增加配电网监控客户端。

（2）非地县一体化调度自动化系统，在原有地县调度自动化系统扩展配电网运行监控等基本功能，增加相应的配电网数据采集、信息接口等服务器，实现配电网数据采集与信息交互。

2. 独立建设模式

在配电网10kV线路规模达到一定规模（200条以上）的地区一般建设独立的配电自动化主站系统，集成电网GIS，实现配电网电气接线图的电子化，主要实现配电网运行实时监控、智能告警、故障处理、用户管理等，并可实现分布式电源的接入和运行监控等功能。独立建设系统结构示意图如图1-2所示。

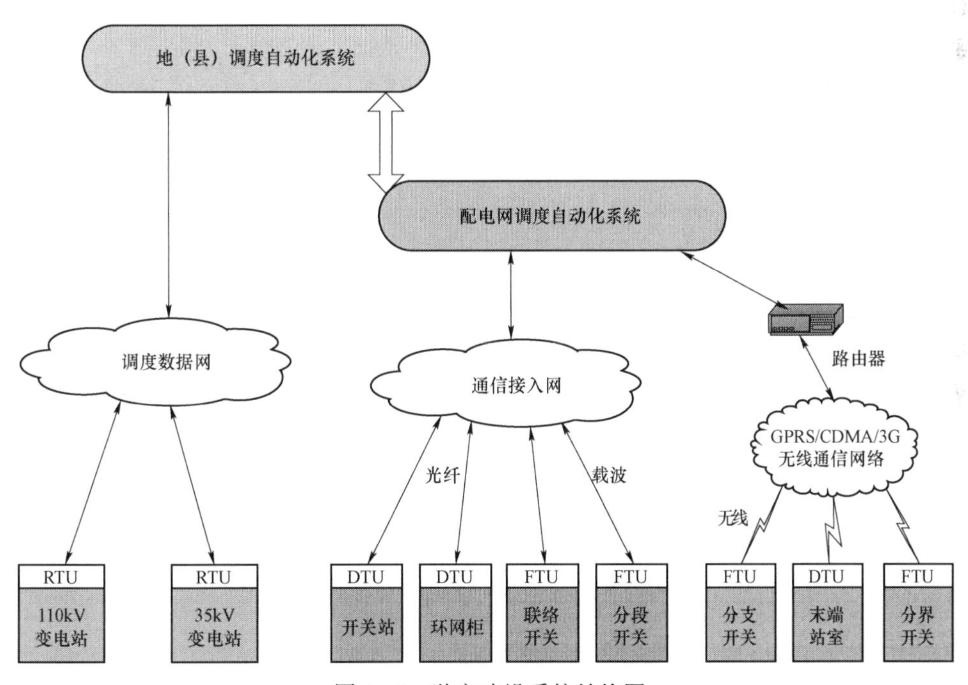

图1-2 独立建设系统结构图

建设方式应依据地县配电网规模，有如下两种方式：

（1）地县配电自动化主站系统一体化建设方式。针对配电网规模（含所有区县）不大的地区，配电自动化主站系统可考虑按照地县一体化建设方式，整个地区建设一套配电自动化主站系统，信息采集可采用分布式方式。

（2）地县独立建设方式。针对配电网规模较大的地区，配电自动化主站系统可考虑地县独立建设。

3. 省地县一体化建设模式

省地县一体化系统架构如图 1-3 所示。

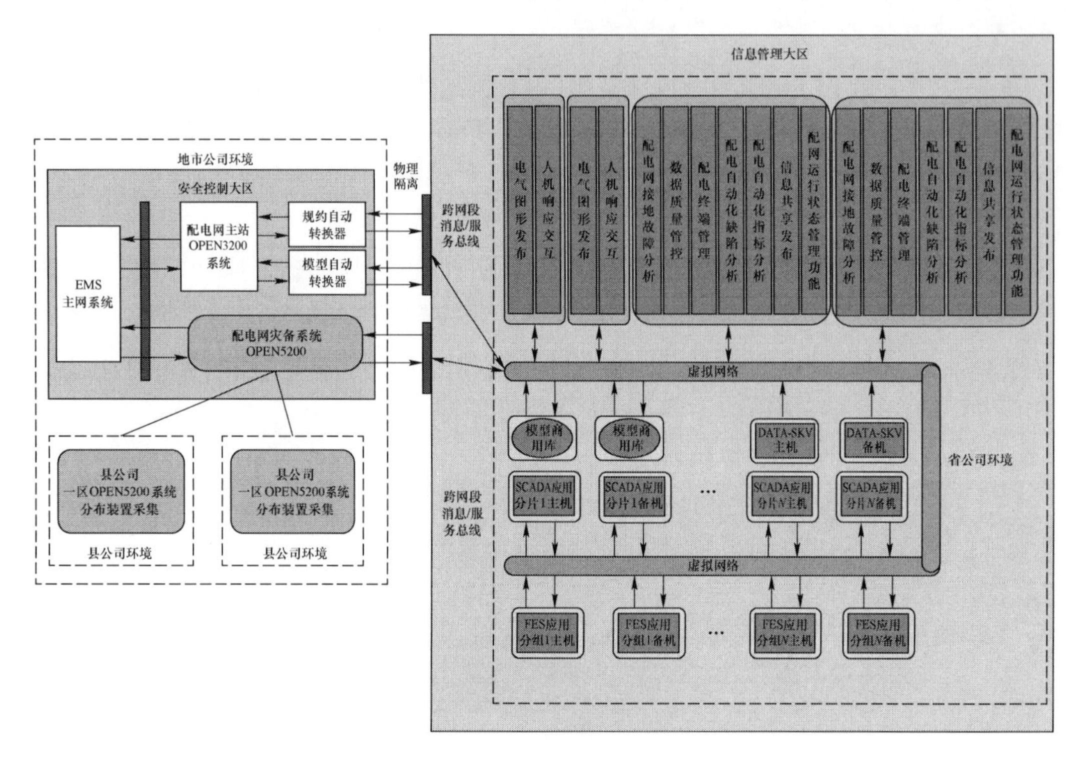

图 1-3 省地县一体化系统架构

省地县（1+*N*+*X*）的配电自动化主站建设模式，在省公司管理信息大区云平台统一部署配电自动化Ⅳ区系统，各地市分别独立部署配电自动化Ⅰ区主站系统，地县一体化采用远程工作站模式和广域分布式采集模式相结合的方式。采用远程工作站模式的县级配调仅是地市配调的一个远程终端，只配置若干台远程工作站。采用广域分布式采集模式的县级配电网除配置工作站外，还配置前置服务器、独立的安全接入区及相关的采集装置。

省地县一体化平台架构如图 1-4 所示。

跨区一体化平台通过跨区一体化技术主要实现了跨区协同管控，为配电自动化主站生产控制大区和生产管理大区横向集成、纵向贯通提供基础技术支撑；实现跨区数据交互，具备安全生产控制大区与安全生产管理大区之间的穿透能力，能够通过正/反向物理隔离装置实现跨安全区的信息交互；实现跨区服务调用，使得跨区传输功能及服务接口对系统应用完全透明，实现配电自动化主站横跨生产控制大区与管理信息大区一体化支撑能力，满足配电网的运行监控与运行状态管控需求，支撑配电网调控运行、生产运维，为配电网规划提供数据支撑。

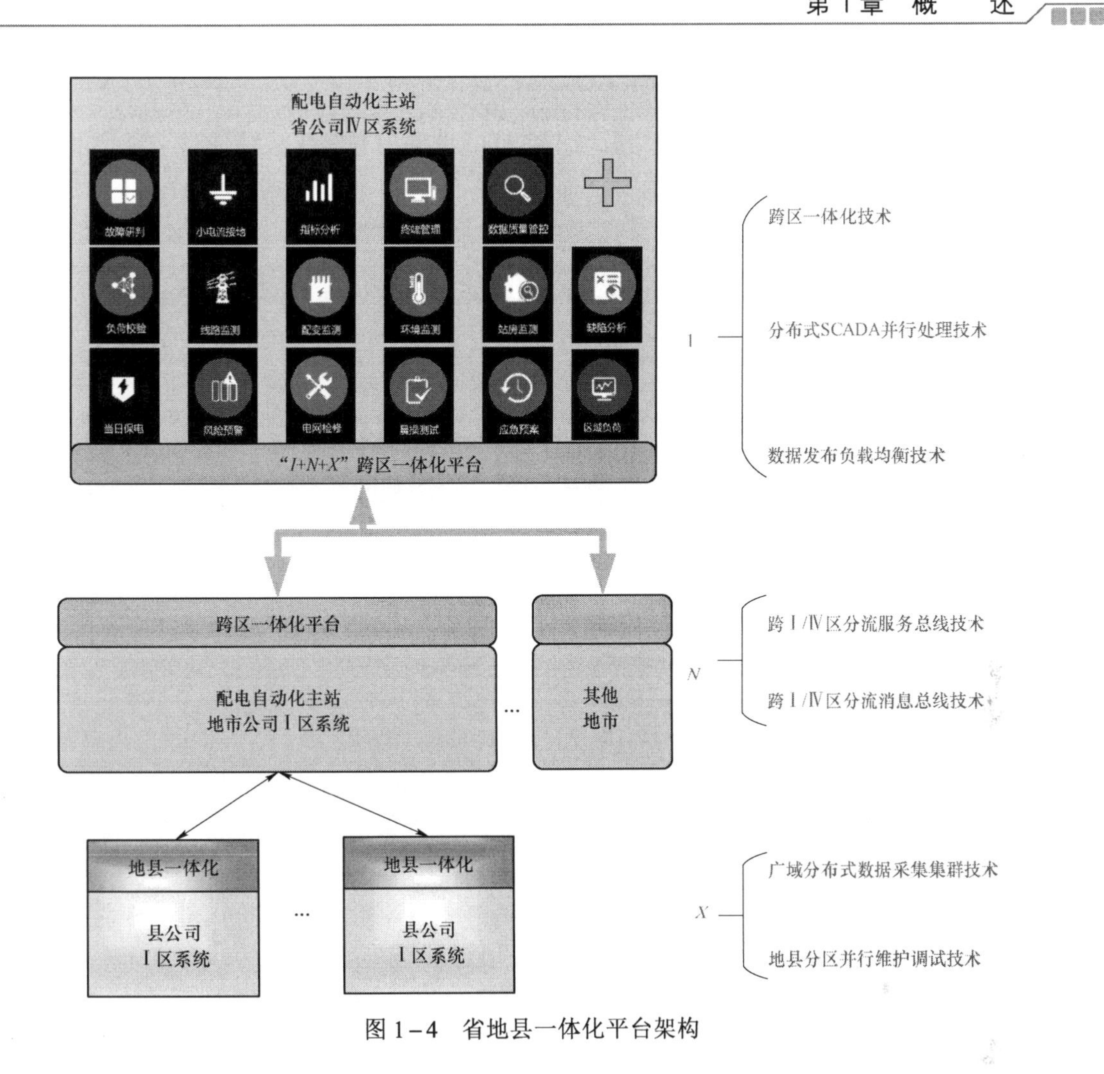

图 1－4 省地县一体化平台架构

1.6 智能配电自动化相关技术

用于智能配电网的自动化技术种类繁多。理论上，应用在主网监控的各类技术都可应用于配电网，但同时配电网又存在量大面广、要求成本低、可靠性高的特点。本小节归纳了用于智能配电网自动化的主要技术，如配电网监控技术（含主站、终端、通信、即插即用、云平台、云端终端协同机制、配电模型中心、5G 应用、同步测量等）、系统集成及信息交互、馈线自动化、运行优化与决策支持、配电自动化测试与运维等在下面的章节中将对这些技术进行一一描述。

1. 智能配电网实时监控技术

从业务需求角度来看，智能配电网实时监控技术是支撑配电网调控和配电网运维检修、抢修业务等应用功能实现的基础技术，通常又称为配电自动化技术，是以配电网一次网架和设备为基础，综合利用计算机、信息及通信等技术，并通过与相关应用系统的信息集成，实现对配电网的监测、控制和快速故障隔离的系统技术。经过多年的发展，典型的配电自动化系统整体架构如图 1-5 所示。

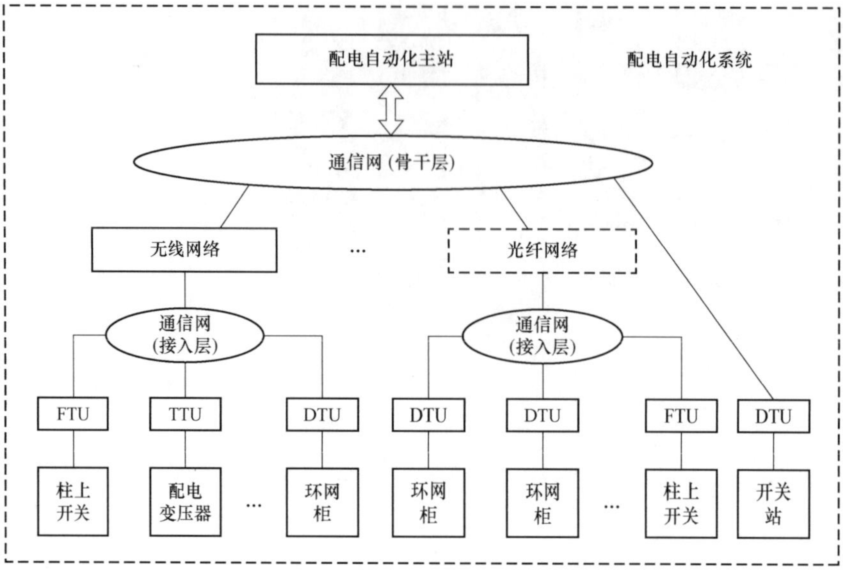

配电自动化主站
配电自动化系统
通信网（骨干层）
无线网络
…
光纤网络
通信网
（接入层）
通信网
（接入层）
FTU
TTU
DTU
DTU
DTU
FTU
DTU
柱上开关
配电变压器
…
环网柜
环网柜
环网柜
…
柱上开关
开关站

图 1-5　配电自动化系统整体架构

智能配电网实时监控技术主要由配电自动化主站系统、配电自动化终端、通信及信息安全三大支撑技术，以及基于系统、终端、通信的设备接入即插即用技术和解决配电网故障的馈线自动化技术等组成。

2. 配电网系统集成及信息交互技术

以往电力系统建设大多数仅面向某一部门的需要，数据共享性差、系统集成度不高，以至出现多个信息“孤岛”，给信息共享带来困难，同时引起重复建设，浪费资金。造成这种状态的主要原因是系统建设没有形成统一的规范，缺乏整体规划，特别是缺乏数据一致性、准确性及时效性要求的数据标准化规范和统一的业务模型。

公共信息模型（common information model，CIM）是一个描述电力企业中通常和运行相关的主要对象的抽象模型。CIM 通过提供一个标准的方法，把电力系统对象用类、属性及其之间的关系来表述，方便了由不同的供应商独立开发的软件应用程序的集成。通过定义一个基于 CIM 的公共语言（即语法和语义），这些应用程序或系统能够访问公共数据和交换信息，而不必关心这些信息在内部如何表示。

IEC 61970《能量管理系统应用程序接口（EMS-API）》系列标准制定了电力行业的公共信息模型（CIM）。IEC 61968 系列标准制定了企业管理系统中各个子系统之间的接口规范。这些标准的制定将使得一个组件（或应用）与另一个组件（或应用）在统一的信息模型表达方式下通过标准的数据交换平台进行信息交换成为可能，同时也规范了每个组件用标准的接口去访问公共信息。

通常信息交互传输机制包含异步与同步请求/应答两种方式：异步请求/应答（asynchronized request/reply）是基于异步机制的请求应答模式的简称，指某个系统发出请求调用后，该调用不等待接收方发回响应，接着发送下一数据包；同步请求/应答

(synchronized request/reply)是基于同步机制的请求应答模式的简称，指某个系统发出请求调用后，该调用一直等待，直到返回应答结果，并且应答结果通过原请求调用返回。

配电网资源共享交换多采用企业服务总线（enterprise service bus，ESB）和数据中心两种方式。两种方式在不同的应用场景下可单独或结合使用。以GIS专题图为例，通过企业服务总线方式与其他业务系统进行数据交换，电网GIS平台以电网专题图为单位，发布CIM/SVG或E语言格式数据，并通过企业服务总线发布数据更新消息，其他业务系统接收到数据更新消息后通过调用电网GIS平台矢量地图服务获取相应数据文件。

通过数据中心与其他业务系统进行数据交换，电网GIS平台通过ESB将专题图数据同步至数据中心，数据中心获取文件数据后，可直接以文件形式或将数据解析后按业务需求对外提供数据。

企业服务总线和信息交换总线在很多方面相似，但定位和部署位置的差异，决定了它们的主要功能不同。企业服务总线主要提供基础服务对各系统提供的数据进行集成，而信息交换总线则为信息交换提供接口。

3. 馈线自动化技术

馈线自动化是配电自动化建设的重要组成部分，也是其重要核心功能，贯穿于配电自动化建设的各个阶段，也是显著提升配电线路故障处理水平及供电可靠性的重要举措。国内典型的馈线自动化模式包括主站集中型、就地重合式和智能分布式三大类，不同类型的馈线自动化技术对配电终端、通信通道和主站系统有不同的功能和技术要求。本书第4章将详细展开描述。

4. 运行优化与决策支持技术

随着电力系统的迅速发展，电力系统的结构日趋扩大，运行方式日趋复杂，调度中心的自动化水平也不断提高。为保证电力系统运行的安全性和经济性，要求调度运行人员能够迅速、准确、全面地掌握电力系统的实际运行状态，预测和分析电力系统的运行趋势，对电力系统运行中发生的各种问题做出正确的处理。

配电网高级处理与决策技术的在线应用是辅助配电网调度运行人员实现上述要求的有力工具，是配电网调度自动化系统的重要组成部分。准确而完整的数据库是电力系统应用软件成功应用的基础。由于在数据现场采集、传送过程中的各个环节可能存在干扰，使得主站侧获得的遥测数据存在不同程度的误差和不可靠性。此外，由于测量装置在数量及种类上的限制，往往无法得到电力系统分析所需要的完整、足够的数据。为提高遥测量的可靠性和完整性，需进行状态估计。通过运行状态估计程序能够提高数据精度，滤掉不良数据，并补充一些量测值，为电力系统高级应用程序的在线应用提供可靠而完整的数据。

基于正确的状态估计结果，在线调度员潮流模块能够进行在线潮流计算或模拟操作潮流计算，得出线路、变压器电流、母线电压的越限信息，为实际调度操作的可行性或操作后的方式调整提供理论依据，从而保证电力系统的安全可靠运行。结合配电网调度的实际情况，应用较多的功能为解合环操作前的模拟操作潮流计算。

电网运行的经济性是电力系统运行时必须考虑的目标。对于电压等级较低的配电网，主要考虑尽量减少系统因无功功率的不足或过剩而导致的有功功率损耗，提高全网的电压水平，这可以通过电压无功功率优化以及电网损耗（以下简称“网损”）分析来实现。

电网运行的安全性是电力系统运行时必须考虑的主要目标。从电力系统运行调度的角度看，当系统正常运行时，应该预先知道系统是否存在隐患，以便及早采取相应的措施防患于未然。电力系统安全分析正是为这一目的而设立的，当系统出现故障时，短路电流计算能针对不同类型的故障做出分析和计算。

5. 配电自动化测试与运维技术

配电自动化系统的各项重要功能的实现必须采用系统的测试技术来加以保证，如具有故障定位、隔离和健全区域恢复供电功能的馈线自动化（FA）功能是配电自动化系统最重要的内容之一，故障处理需要主站、终端、通信系统和开关设备共同参与、协调配合，因此必须采用系统的测试方法才能进行检测，而其中最为关键的技术是故障现象的模拟发生。

在 20 世纪末到 21 世纪初的配电自动化试点热潮中，由于缺乏测试手段，故障处理、压力测试等在验收时未做严格测试，或仅仅针对理想情况进行了论证，而没有考虑信息误报、漏报以及开关拒动和通信障碍等异常现象，需要依靠长期运行等待故障发生才能检验故障处理过程，导致问题不能在早期充分暴露和解决，严重影响了实际运行水平，甚至打击了运行人员对配电自动化系统的信心，使得许多配电自动化系统逐渐废弃不用，造成了巨大的浪费。

配电自动化系统进行系统测试对于确保配电自动化系统可靠运行具有重要意义。为此，本书从配电自动化主站、终端设备及馈线自动化三个方面提出了相应的测试要求，并在本书第 6 章详细介绍了相应技术。

第2章
配电网实时监控

配电自动化系统作为配电网智能感知的重要环节，主要实现配电网数据采集与监控等基本功能和分析应用等扩展功能，为调度运行、生产及故障抢修指挥服务，配电自动化系统体系一般采用三层结构，在系统层次上分为配电自动化主站层、子站层、终端设备层。

2.1 配电自动化主站

2.1.1 系统结构

1. 整体系统结构

国内主要的配电自动化系统组成结构如图2-1所示。

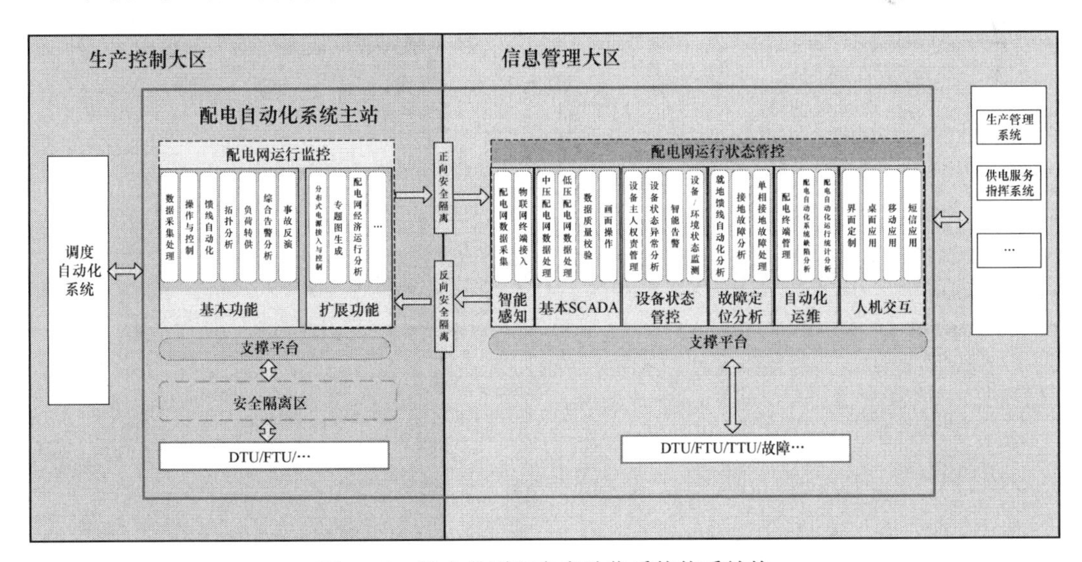

图2-1 国内典型配电自动化系统体系结构

主站层是整个系统的最高层，从整体上实现配电网的监视和控制，分析配电网的运行状态，协调配电子网之间的关系，对整个配电网络进行有效的管理，使整个配电系统处于最优的运行状态。它是整个配电网监控和管理系统的核心。

配电自动化主站主要由计算机硬件、操作系统、支撑平台软件和配电网应用软件组成。其中，支撑平台软件包括系统基础服务和信息交换服务，配电网应用软件包括配电网运行监控与配电网运行状态管控两大类应用。

配电运行监控应用部署在生产控制大区，从管理信息大区调取所需实时数据、历史数据及分析结果；配电运行状态管控应用部署在管理信息大区，接收从生产控制大区推送的实时数据及分析结果。生产控制大区与管理信息大区基于统一支撑平台，通过协同管控机制实现权限、责任区、告警定义等的分区维护、统一管理，并保证管理信息大区不向生产控制大区发送权限修改、遥控等操作性指令。外部系统通过信息交换服务与配电自动化主站实现信息交互。硬件采用物理计算机或虚拟化资源。

软件上，配电自动化主站系统一般采用基于 Unix 操作系统或采用基于 Windows NT 系统的计算机作为硬件支撑平台，数据库大多选用大型商业数据库作为数据库支撑平台。系统软件是基于开放式、一体化设计思想的软件支撑平台。

配电终端设备层是整个系统的底层，完成柱上开关、环网开关、箱式变压器、配电变压器、开关站（配电站）等各种现场信息的采集处理及监控功能。

2. 配电自动化系统主站软件结构

配电自动化系统主站从功能上分为配电网运行控制、配电网应用分析和配电网运行管理三大类，其软件结构图如图 2-2 所示。其中，配电网运行控制、配电网应用分析子系统属于实时应用，部署在安全Ⅰ/Ⅱ区，同时可以为Ⅲ/Ⅳ区应用提供服务支撑，配电网运行管理应用子系统部署在安全Ⅲ/Ⅳ区，满足配电网图模异动管理、抢修指挥以及 Web 发布等方面配电网运行控制需求，其中配电网运行控制及应用分析主要服务于大运行，配电网运行管理应用子系统主要服务于大检修。

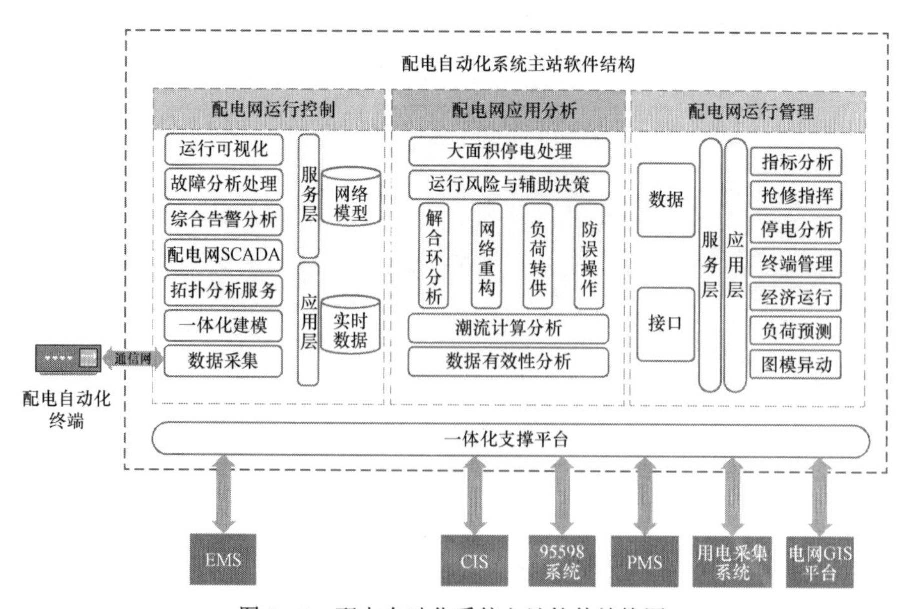

图 2-2　配电自动化系统主站软件结构图

系统基于一体化支撑平台实现跨安全区（生产控制大区和信息管理大区）应用，即支持配电网运行监控、配电网分析应用、配电网运行管理应用的一体化运行，实现“一个支撑平台、三大应用子系统”架构体系。灵活的系统体系架构应能适应各级调度中心的应用需求和系统建设目标的要求，遵循 SOA（面向服务的体系结构）思想，构建一个面向应用、安全可靠、标准开放、资源共享、易于集成、好用易用、维护最小化的技术支持系统，实现了“远程调阅、告警直传、横向贯通、纵向管理”的功能。

配电网运行监控子系统是配电网实时调度业务的技术支撑，综合利用一、二次信息实现实时监控、智能告警分析、故障判断与处理、分布式电源/储能/微网监控等应用，保障配电网安全运行。

配电网分析应用子系统完成对配电网运行状态的有效分析，利用配电网运行数据和其他应用软件提供的电网数据来分析和评估配电网运行情况，为调度员提供辅助决策，支撑配电网的经济、优化运行。应用功能包括网络分析、运行方式管理、风险预警与辅助决策以及安全防误等。

配电网运行管理子系统用于支撑配电网调度实时运行管理业务，包括图模异动管理、停电分析、经济运行分析及数据统计、信息发布等业务功能，支持接入其他相关业务实时信息，支持智能配电房信息、视频信息等面向生产的配电相关应用功能，支持与其他业务系统数据共享与业务融合，为调度运行所需的图模异动管理、抢修指挥提供系统支撑。

3. 配电自动化系统主站资源配置结构

配电自动化系统主站的硬件设备主要包括服务器、工作站、网络设备和采集设备。服务器和工作站均按逻辑划分，物理上可任意合并和组合，具体硬件配置与系统规模、性能约束和功能要求有关。所有设备根据安全防护要求分布在不同的安全区中，安全区Ⅰ与安全区Ⅲ之间设置正向与反向专用物理隔离装置。网络部分除了系统主局域网外还包括数据采集网、调试子系统局域网和县公司网等，各局域网之间通过防火墙或物理隔离装置进行安全隔离。

配电自动化系统主站典型硬件结构如图 2-3 所示，逻辑上可分为运行监控子系统、调试子系统、专网前置采集子系统、公网前置采集子系统、运行管理子系统和县公司子系统。

（1）运行监控子系统。运行监控子系统部署在安全Ⅰ区，是整个主站系统的核心主系统，面向配电网调度实时运行控制及电网运行分析业务，担负着支撑平台、运行控制应用、应用分析应用的运行等功能。通过主干网连接数据库服务器、数据采集与监控（SCADA）服务器、配电网数据采集和安全监控（D-SCADA）服务器、应用分析服务器、地理信息服务器等于服务器，以及配调工作站、运维工作站等客户端。

（2）调试子系统。调试子系统是一套独立的系统，用于完成模型导入与验证、专题图生成与绘制、终端远动调试等。调试子系统通过防火墙与运行监控子系统通信，硬件包括数据库服务器、应用服务器、前置服务器、工作站等。其中前置服务器同样与配电终端通信，通过前置心跳线与前置子系统协调通信连接。

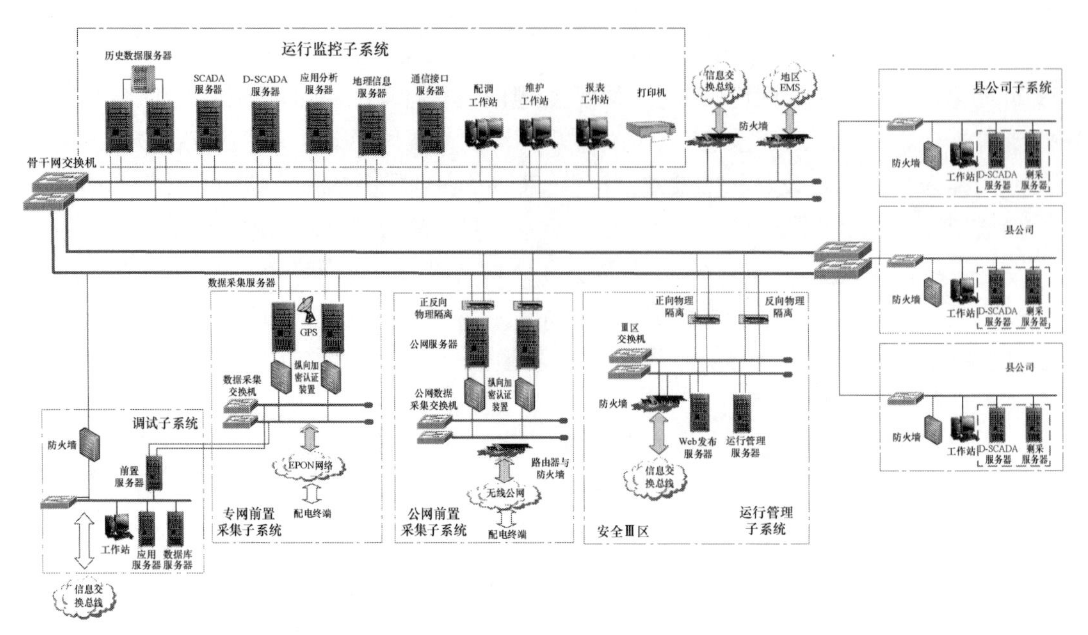

图 2－3　配电自动化主站系统典型硬件结构图

（3）专网前置采集子系统。专网前置采集子系统是主站系统的眼睛，负责通过配电层通信专网与配电终端进行通信，采集开关、配电变压器等一次设备的测量数据。主站系统最多可以配置八组专网前置子系统，每组通常由两台四网卡前置服务器组成，其中两块网卡与终端层通信，另外两块网卡与运行监控子系统通信。

（4）公网前置采集子系统。公网前置采集子系统扮演角色与专网前置采集子系统相同，差别在于公网前置采集子系统通过社会公共通信网（通常是移动、联通等通信公司通信网）实现与配电终端通信，因此，按照安全防护要求，公网前置服务器与运行监控子系统通过物理隔离通信。

（5）运行管理子系统。运行管理子系统部署在安全Ⅲ区，通常用于部署运行管理应用中的 Web 发布、抢修指挥、数据共享等面向Ⅲ区用户业务应用软件。硬件上通常由 Web 服务器、运行管理应用服务器、数据库服务器等组成，通过物理隔离与运行监控子系统通信。

（6）县公司子系统。县公司子系统不是一套完整的独立系统，仅用于处理县公司数据采集、数据处理任务，通常由前置服务器、应用服务器、工作站组成，前置服务器负责县级单位本区域内的配电终端通信，与前置子系统组成广域分布式前置。根据系统负载，其中前置服务器、应用服务器可选择合并或不配置，其职责由运行子系统和前置子系统担负，在理想情况下，县公司仅需配置工作站。

4. 配电自动化系统主站数据流结构

模型数据流与实时数据流构成配电自动化系统主站两条主要数据流，支撑所有业务应用。

（1）模型交换数据流。配电自动化系统模型数据流框图如图 2－4 所示。系统基于调配用一体化网络模型构建全电网分析功能，基础网络模型中主网部分来自调度自动化系统（EMS），中低压网络模型来自电网 GIS 平台或配电生产管理系统（PMS），用户信息则来自营销业务系统（CIS），三者网络模型经图模导入后进入调试子系统。当调度员进行红转黑操作时，系统通过与运行子系统的实时网络模型增量分析，调试子系统将增量模型同步至运行子系统中，支撑实时运行控制、管理等应用。

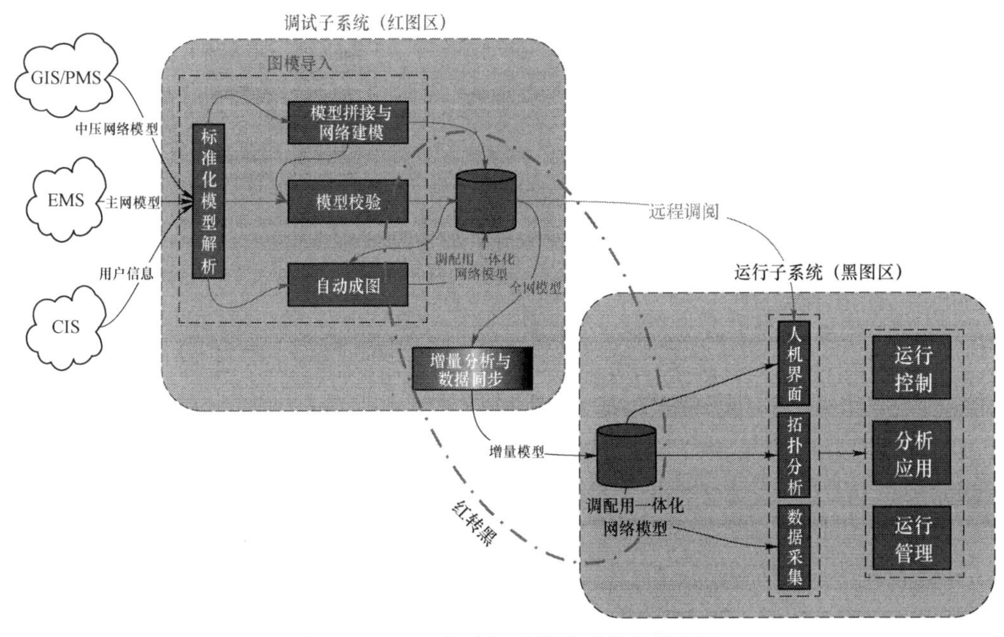

图 2-4　配电自动化系统模型数据流框图

数据源：EMS 提供主网网络模型及图形；GIS/PMS 提供中低压网络模型及图形；CIS 提供用户信息；支持 IEC 61968/IEC 61970，支持国内主要的图模接口规范，支持 CIM/E 及 CIM/G 规范。

图模导入：将外部数据导入至调试子系统中，包括基于 IEC 61968/IEC 61970 标准化图模数据解析、模型拼接及网络建模、模型校验、自动成图等步骤。

远程调阅：运行控制人员可以在运行子系统中调阅调试子系统中的图模数据。

红转黑：运行控制人员根据业务需要，将调试子系统中的部分或全部图模数据同步至运行系统，该方式以增量方式进行。

（2）实时控制数据流。配电自动化系统实时数据流框图如图 2-5 所示。现场设备的报警/事件、全数据/变化数据等实时信息通过通信网接入配电自动化系统主站的前置子系统，前置服务器进行接口协议转换，转换为系统内部的熟数据，即实时数据。上下级调度中心调度自动化系统的数据经调度数据网送到配电自动化系统主站的前置子系统，前置服务器进行接口协议转换，同样转换为系统内部的实时数据。

系统运行控制应用直接构建在基础数据之上，保证面向最真实的数据，确保最高的可靠性及响应速度；分析应用构建在运行控制应用基础上，面向潮流计算、风险预警等高级分析，为调度员提供辅助决策支持；运行管理应用基于运行控制应用，面向调度员日常运行调度，包括停电管理、抢修指挥、图模异动管理等。

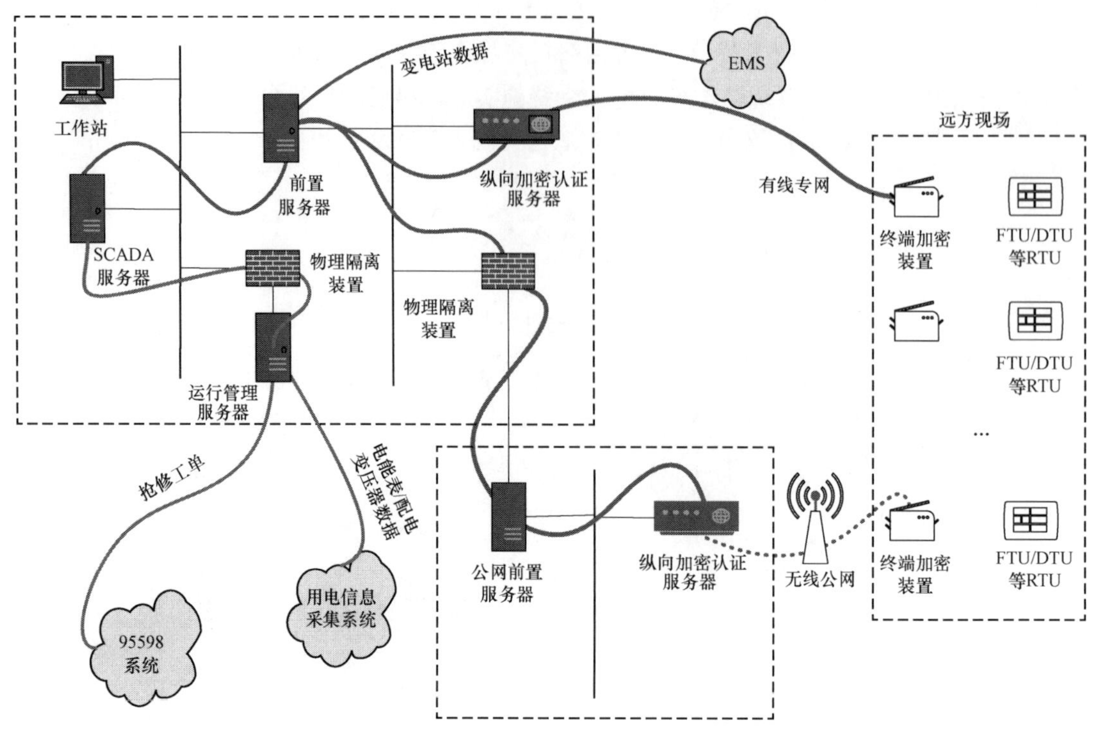

图 2-5　配电自动化系统实时数据流框图

2.1.2　系统主要功能

2.1.2.1　系统功能演化

配电自动化系统功能如图 2-6 所示，图中的“简易型”“标准型”和“集成型”大致可对应如下三个阶段。

第一阶段：基于自动化开关设备相互配合的馈线自动化系统（FA），其主要设备为重合器和分段器，不需要建设通信网络和主站计算机系统，其主要功能是在故障时通过自动化开关设备相互配合实现故障隔离和健全区域恢复供电。这一阶段的配电自动化技术，以日本东芝公司的重合器与电压—时间型分段器配合模式和美国库伯（Cooper）公司的重合器与重合器配合模式为代表。

第二阶段：随着计算机技术和通信技术的发展，一种基于通信网络、馈线终端单元和后台计算机网络的配电自动化系统（DAS）应运而生，它不但可以实时监视配电网运行状况，而且可以通过遥控改变电网运行方式，能够及时察觉故障，并由调度员通过遥控隔离故障区域和恢复健全区域供电。

第三阶段：随着负荷密集区配电网规模和网格化程度的快速发展，仅凭借调度员的经验调度配电网越来越困难。同时，为加快配电故障的判断和抢修处理，进一步提高供电可靠率和客户满意度，一种集实时应用和管理应用于一体的配电自动化系统逐渐占据了主导地位，它能覆盖整个配电网调度、运行、生产的全过程，还支持客户服务，这就是配电管理系统（DMS）。这类系统结合了配电 GIS 应用系统（基于地理信息背景的自动成图和设备管理系统，即 AM/FM/GIS）、停电管理系统（OMS）、故障报修服务（TCM）、配电工作管理（WMS）等，并且与需求侧负荷管理（DSM）相结合，实现配电和用电的综合应用功能。国外知名公司，如 ABB、SIEMENS、GE、SNC、ASC 等都有自己的 DMS 产品，并且得到广泛应用。

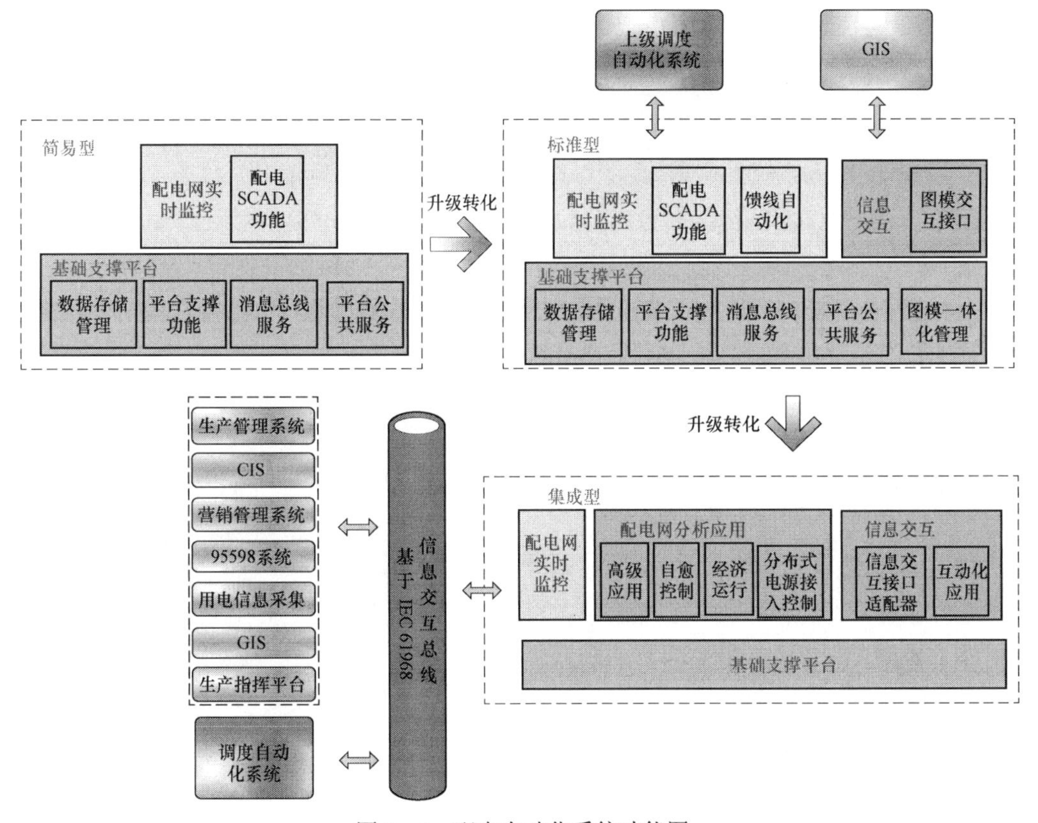

图 2－6　配电自动化系统功能图

以上三个阶段的配电自动化系统在国外依然同时存在。其中，日本、韩国侧重全面的馈线自动化；而欧美国家除了在一些重点区域实现馈线自动化之外，更加侧重于建设功能强大的 DMS，在主站端具备较多的高级应用和管理功能；最近几年东南亚国家（如新加坡、泰国、马来西亚等）以及我国香港、台湾地区新建的配电自动化系统，基本上也是走的欧美模式。

2.1.2.2　模型管理

配电自动化主站系统模型范围覆盖主网及配电网，包括 10kV 配电网图模数据及 EMS 上级电网图模数据。依据图模维护的唯一性原则，配电自动化主站系统模型管理的总体思路为：10kV 配电网图模信息从 PMS 获取，主网模型从 EMS 获取，在配电自动化主站系统完成主、配电网模型的拼接及模型动态变化管理功能，构建完整的配电网分析应用模型。配电主站系统与相关系统的图模交换全部通过信息交换总线实现。

1. 10kV 配电网图模转换流程

在 PMS 框架内，建立与其他服务平台（特别是电网资源管理）紧密耦合的电网 GIS 服务平台，包括对空间数据的管理、电网图形数据的管理、电网特殊区域管理、空间数据分析服务、电网拓扑分析服务、电网图形操作服务以及各类专业高级分析服务。

2. 上级电网模型数据转换流程

地调 EMS 维护有完整的上级电网的图形和模型信息，EMS 按照 CIM/SVG 格式导出上级电网的模型以及相关图形，配电自动化主站系统通过信息交换总线接收 EMS 导出的上级电网图模信息。

3. 电网数据模型拼接

配电自动化主站系统通过信息交换总线获取 10kV 配电网图模数据和主网图模数据，然后在图模库一体化平台上实现馈线模型与站内模型拼接，在配电自动化主站系统中可以得到 10～220kV 完整的电网网络模型，为配电网调度的指挥管理提供完整的电网模型以及拓扑资料。

2.1.2.3 配电网 SCADA 功能

配电网数据采集及监控功能由多个广域节点共同完成，称为广域分布式数据采集结构。

1. 一体化软件集成平台

各广域节点采用同一套软件平台，实现软件资源完全共享，满足调配监等各类用户的需求。具备统一建模及数据共享的功能，各广域采集节点可在当地进行所辖厂站的建模，数据统一存储至地调主系统，同一个厂站只需在一侧一次建模，全网共享。同时，也支持在任意广域节点访问系统数据库中的任意数据。

2. 分布式数据采集

数据采集应用可以部署在任意位置，相应的前置服务器及采集设备可以部署在主系统，也可以部署在各个数据采集节点。广域分布式数据采集应用协调工作，共同完成整个系统的采集任务，任意位置采集的数据可共享至全网。

3. 分区解列运行

若各个数据采集节点出现无法获取地调主系统服务的故障情况，如地市配调主系统异常和数据采集节点联网中断，则系统处于分区解列运行状态。在解列的子系统具备数据采集能力的前提下，仍可保证 SCADA 实时监控基本功能的正常运行。

4. 实时数据分布式计算

（1）分布式公式计算。基于分布式实时库，对量测数据进行后续处理，包括本地公式计算、断面计算、遥测越限判断、电能统计、负载率计算等 SCADA 应用计算任务，由于处理所需要的数据均能通过本地实时库直接获取，且不同分区的计算任务互相独立，此部分计算任务可以在各个分区内进行分布式并行处理，并写入各自的实时库中。

（2）分布式拓扑计算。分布式拓扑计算通过对各分布式计算节点电网拓扑结构分布式协同计算，包括电气岛带电与接地情况分析、逻辑母线数量分析，完成拓扑着色、设备状态分析、配电电网供电分区等电网统一的拓扑计算功能，实现大规模配电网模型下的快速拓扑计算，提高拓扑相关功能模块的计算效率。

2.1.2.4　配电网分析应用

1. 网络拓扑

拓扑分析功能，以设备的连接关系为基础，结合实时的遥测、遥信数据，通过对电力模型图的深度优先或广度优先搜索，实现电气岛分析、线路拓扑着色、电源点追踪着色、供电范围着色、负荷转供着色及全网拓扑着色等功能。

电气岛分析将连通的电气设备划分电气岛，并通过颜色区分接地岛、带电岛及可疑接地岛；线路拓扑着色则是对开关所在馈线以不同颜色显示；电源点追踪着色从目标开关追踪到电源点，以白色显示电源点路径追踪结果；供电范围着色从目标站外开关追踪到下游供电范围，以白色显示着色结果；负荷转供着色通过搜索目标站外开关所连接的所有分段开关，将其中分段的所有带电线路以不同的颜色显示出来。通过上述拓扑分析，以实现全网的拓扑着色功能。

在分布式拓扑系统中，每个分片对分片内的设备进行独立的拓扑分析，涉及全网分析功能，如电气岛分析，则各分片之间通过消息进行信息交互，位于相邻分片之间的边界设备，则由两个分片各自完成计算。拓扑分析在Ⅰ、Ⅳ区分别进行，分析完成后Ⅰ、Ⅳ区将拓扑分析结果分别发往对侧安全区，由各自区域的拓扑校验进程进行结果比对，如果有不一致，则告警。

2. 潮流计算

为了对电力系统进行实时安全监控，需要根据实时数据库所提供的信息，随时判断系统当前的运行状态并对预想事故进行安全分析，这就需要进行广泛的潮流计算，并且对计算速度等还提出了更高的要求，从而产生了潮流的在线计算。

潮流计算主要用于静态及暂态稳定计算、故障分析及优化计算、规划及运行规划研究。调度员可以用它研究当前电力系统可能出现的运行状态，计划工程师可以用它校核调度计划的安全性，分析工程师可以用它分析近期运行方式的变化。同时，配电网潮流计算是配电网网络分析和控制的基础，网络重构、故障处理、网络规划、无功优化都需要用到配电网潮流计算的结果。配电网潮流计算程序是开发配电自动化系统的基础。

3. 负荷转供

在发生事故时，或者设定停电检修区间时，可能导致除事故区间或检修区间以外的区间停电，故需要对这些区间进行负荷转移，使由于事故或检修而导致的停电范围最小，此时需要使用负荷转供功能。负荷转供根据目标设备分析其影响负荷，并将受影响负荷安全转至新电源点，提出包括转供路径、转供容量在内的负荷转供操作方案。

4. 解合环分析

解合环操作将引起原供电电源区域的潮流变化，为了保证电网运行的安全性，有必要进行解合环潮流计算，以检验相关支路的有功功率、无功功率、电流及母线电压是否越限。合环潮流给出开关合闸时的最大冲击电流、稳态合环电流并分析安全校验的结果。通过合环潮流计算判定合环电流是否会导致合环开关的过电流保护或速断保护误动作，同时考虑合环是否会导致系统其他开关的过电流保护或速断保护误动作。解环计算需判定解环后设备是否出现过载情况。

5. 运行状态趋势分析

配电网运行趋势分析利用配电自动化数据，对配电网运行进行趋势分析，支持对配电变压器、线路的重过载趋势分析与预警，主要是根据配电网当前的运行状态，考虑电网电源、负荷、运行方式以及外部环境可能发生的变化，预测配电网的运行趋势走向，预估电网的未来运行状态，为调度员提供决策参考。

6. 经济运行分析

通过综合分析配电网网架结构和用电负荷等信息，生成配电网络优化方案，并通过改变配电网运行方式等相关措施，达到降低配电网网损的目的。

7. 短路电流分析

电气设备和载流导体的选择、继电保护、自动装置的整定、限制短路电流措施的确定都需进行短路电流分析。电力系统短路分为对称短路和不对称短路两种类型。对称短路也称三相短路，不对称短路指单相短路、两相短路和两相接地短路。

短路电流分析主要是在配电网出现短路故障情况下，确定各支路的电流和各母线上的电压故障，包括单相、两相、三相及接地等类型。在正常运行方式下，检查保护特性，检查现行系统开关的遮断能力，在接线方式变化时应能自动计算校核和告警，同时可以设置故障线路、故障距离、故障类型。

8. 网络重构

网络重构实际上是网络结构的优化。在配电线路上，通常沿线设有一定数量的分段开关，在主干线或主支线末端设有少量的联络开关以获取备用电源。在正常运行情况下，考虑经济及安全方面的原因，综合分析配电网网架结构和用电负荷等信息，并通过改变配电网运行方式等相关措施，使负荷在各馈线之间转移以达到合理分配的目的。

2.1.2.5 配电网运行状态管控

配电网运行状态管控主要包括以下方面：

（1）配电网配电变压器和线路的安全性分析，包括负载率、重过载等，根据分析结果实现对配电变压器、线路等的告警。

（2）分析配电网重要用户的运行状态，包括用户负载率、重过载等，实现重要用户的整体状态评估及超重载风险预警；分析重要用户的电源供电状态，实现重要用户失电风险预警。

（3）基于大量设备数据的环境状态监测，分析评估设备的环境运行状况，对监测量的超标进行异常预警。

2.1.3　系统关键技术

2.1.3.1　分布式实时数据管理技术

1. 数据分片与存储技术

在分布式 SCADA 中，为了实现数据的分布式存储和处理，对实时数据进行了分片。分片采用水平分片和导出分片两种方式，水平分片方式下，实时数据管理根据数据表的关键字对数据进行划分；导出分片方式下，实时数据管理根据数据表的外键，对数据进行划分。

以图 2–7 所示的分片过程为例，馈线表采用水平分片方式，8 个不同馈线的记录被划入 4 个分片，开关表采用的是导出分片方式，以开关的所属馈线作为外键，属于不同馈线的开关记录被划入对应馈线所属的分片。

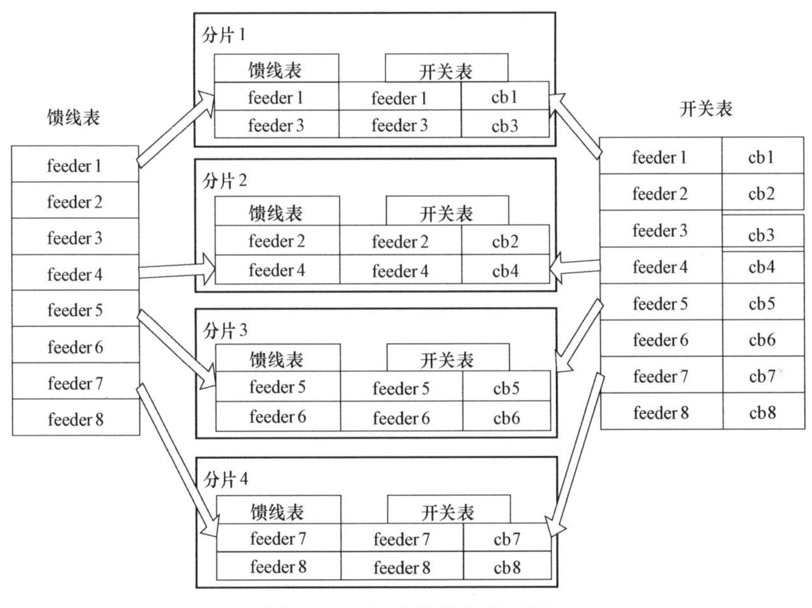

图 2–7　实时数据分片示例

分布式数据管理根据数据分片的结果将数据存储在系统中的不同节点上，并且每个分片至少存储在 3 个节点上，以实现数据分片的冗余互备。表 2–1 是数据分片在系统中各节点分布存储的例子。

表 2–1　　实时数据分片存储

数据分片（主）	数据分片（热备）	数据分片（冷备）	节点名
1，2，3	4，7，10	5，9，12	scada01
4，5，6	1，8，11	3，7，11	scada02
7，8，9	2，5，12	6，8，10	scada03
10，11，12	3，6，9	1，2，4	scada04

2. 分布式数据定位与访问技术

（1）分布式数据定位。实时数据存储在系统不同的节点上，为了高速定位数据，分布式数据管理利用索引技术实现从主键到所属分片的映射。索引表采用“关键字－分片号”的 key－value 结构，分布式数据管理根据数据的分片信息生成其索引项，并通过分布式哈希技术把索引表存储在不同的节点上，这些节点构成逻辑独立的索引节点集群。

索引节点集群的多个节点同时提供在线服务，以保证单个节点离线的情况下索引的可用性。节点间通过同步写入和定时比较实现数据一致，一般情况下，查询访问在节点间负载均衡，故障状态下，查询全部转向正常节点。同时，分布式数据管理在客户端缓存查询过的索引数据，可以大大降低索引表访问频率，提高常用数据的定位效率。

（2）分布式数据访问。分布式数据访问技术在分布式数据定位基础上，实现了数据的统一和位置透明访问，所有数据访问都可以通过数据定位获得数据的分片信息和所在节点，数据访问请求被并行地发送给数据存储节点的访问服务，以完成数据访问。分布式数据访问流程如图 2－8 所示。

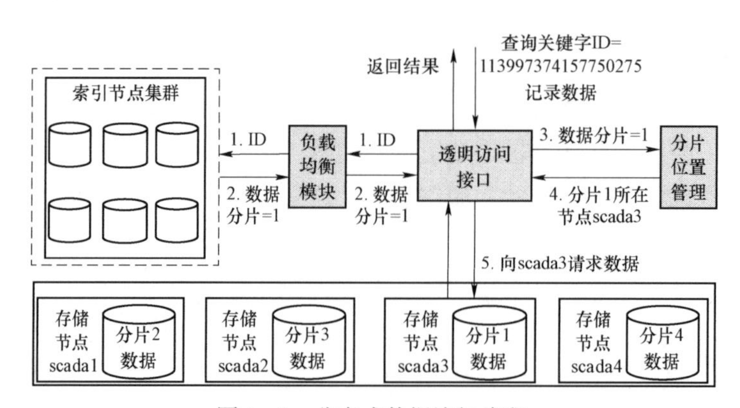

图 2－8　分布式数据访问流程

2.1.3.2　分布式实时数据处理技术

分布式数据采集与处理原理如图 2－9 所示。分布式遥测、遥信处理和分布式数据采集存在对应关系。协同分区中存放需要跨区处理的数据，譬如跨区公式计算、协同拓扑计算相关数据都放在协同处理分区。

1. 分布式实时数据采集

分布式数据采集模块根据 SCADA 应用的数据分区原则，将数据采集逻辑上对应地分为多个组，每组负责采集该数据分区对应的馈线数据，不同数据采集组使用不同的消息通道号传输规约解析过的熟数据，以避免对其他 SCADA 分区遥测处理、遥信处理形成干扰，进而降低其他 SCADA 分区的处理效率。对于尚未分配隶属分区的新馈线，遥测、遥信在协同处理分区（0 分区）中处理。通过分布式处理，在馈线规模不断扩大的情况下，增加数据采集分组，就可以不断提升采集吞吐能力。

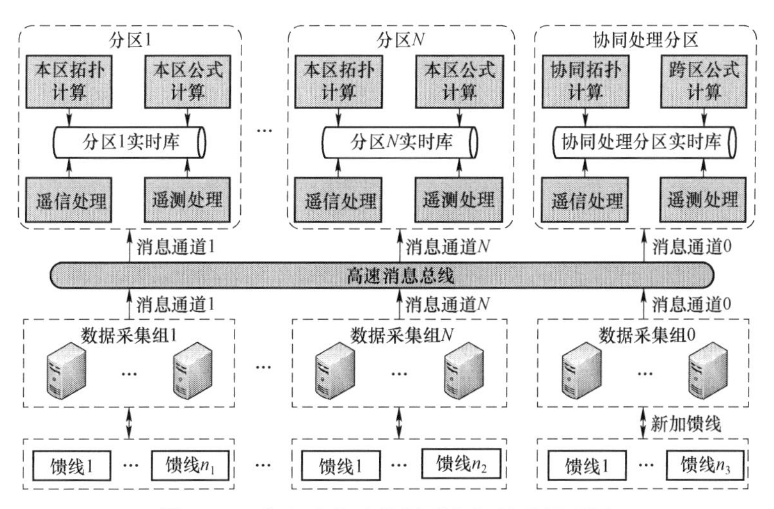

图2－9 分布式实时数据采集与处理原理图

2. 实时数据分布式处理

各个分布式处理节点接收本节点模型的遥测遥信数据并进行处理。遥信处理中的信号合成和判断，如事故分闸、双位、三相开关，均在厂站内部完成，得益于以厂站为粒度的模型分区，各分区的遥信处理进程之间不需要进行交互就可以完成全部处理流程，处理完成后写入本地实时库。遥测处理中，不涉及跨分区的线路量测，可在本地直接完成处理，并写入本地实时库。

2.1.3.3 配电网告警处理技术

1. 告警信息产生

各分片对应的SCADA进程在数据处理过程中，发现异常情况则生成告警信息，通过消息总线发送给本安全区的告警服务进行处理。

2. 告警服务处理

告警服务程序负责接收本安全区各个分片下应用程序发送的告警消息，解析后根据配置执行相应的动作，包括告警窗显示、推画面、语音、入告警库等。安全Ⅰ区的告警服务程序不进行告警入库操作。

3. 告警窗口展示

告警信息通过告警窗，进行分层分类展示。告警窗采用多窗口加tab页模式设计，可以同时监控多个类型的告警信息，也可以重点监视某个窗口，还可以定制不同的显示模式，定制内容包括显示的字体、显示的窗口、窗口视图等，以满足不同专业人员的不同监控需求，以及同专业人员不同的显示需求。

4. 告警分区分流

安全Ⅰ、Ⅳ区均有完整的告警服务机制，告警信息由安全Ⅰ、Ⅳ区应用程序独立产生，但安全Ⅰ区没有历史数据库，因此，安全Ⅰ区产生的告警上告警窗但不入库，安全Ⅳ区产生的告警上告警窗后直接入库。安全Ⅰ区查询历史告警需要将查询结果同步到安全Ⅰ区。

对于遥测相关的告警（比如遥测越限）信息，以直采遥测所在安全区产生的告警信息为准，比如安全Ⅰ区采集的遥测发生越限告警，则首先将告警信息发送给本区的告警服务，由告警服务将发给告警客户端的报文转发一份至安全Ⅳ区，安全Ⅳ区告警客户端收到后显示告警信息，同时安全Ⅰ区告警服务将存历史告警的结构化查询语言（SQL）同步到安全Ⅳ区入库；而安全Ⅳ区直采遥测产生的告警，将告警客户端的报文发送到安全Ⅰ区显示即可。

2.1.3.4 配电网运行监控操作

安全Ⅰ、Ⅳ区的操作消息通过跨区消息总线进行同步。需要注意的是，对于遥测的操作，应当以操作侧的数据为准，不应被同步过来的遥测断面数据所覆盖。比如在安全Ⅳ区对安全Ⅰ区直采的遥测进行封锁，应当在安全Ⅳ区执行封锁操作，同时将操作消息同步至安全Ⅰ区处理，然而安全Ⅰ区在操作消息到达前收到了断面同步请求，会将遥测断面同步给安全Ⅳ区，此时安全Ⅳ区不应该将此遥测覆盖已执行的封锁操作。

远程控制包括遥控、遥调以及调挡操作。在安全Ⅰ、Ⅳ区均可支持远程控制操作，并且本安全区既可以对本区直采量测进行远程控制，也支持对对侧安全区直采的量测进行远程控制。例如在安全Ⅰ区遥控安全Ⅳ区直采的开关，则安全Ⅰ区的远程操作服务进程需通过跨区消息总线与安全Ⅳ区的前置通信进程进行消息交互（在规划安全Ⅰ、Ⅳ区消息同步通道时，可考虑尽量将远程控制上下行的消息通道独立出来，保证反向传输的实时性）。

遥控支持普通遥控和直接遥控。遥控操作方式分为单人遥控或监护遥控，监护遥控支持监护人员跨区监护。当安全Ⅰ、Ⅳ区有多人同时在遥控时，给出提醒。

2.1.3.5 设备运行状态智能管控及运维

随着国内各地配电自动化线路覆盖率的上升，接入终端数量及信息较现有已建系统出现指数级增长，“大数据”“云架构”成必然趋势。配电自动化主站系统从为安全Ⅰ区调度服务上升至为整个配电专业服务，增加了安全Ⅳ区设备运行状态管控模块，在当前大数据、物联网等新兴科学技术涌现的年代，利用先进技术，来保障这个设备运行状态的智能化运维，提高配电网系统的智能化，提升系统的先进水平。

1. 负荷预测

随着配电网信息化的快速发展和电力需求影响因素的逐渐增多，负荷预测的大数据特征日益凸显，传统的预测方法已经不再适用。由于智能预测方法具备良好的非线性拟合能力，近年来配电网预测领域出现了大量的研究成果，遗传算法、粒子群算法、支持向量机和人工神经网络等智能预测算法开始广泛地应用于负荷预测中。传统的负荷预测，受限于较窄的数据采集渠道或较低的数据集成、存储和处理能力，使得研究人员难以从其中挖掘出更有价值的信息。通过将体量更大、类型更多的电力大数据作为分析样本，可以实现对电力负荷的时间分布和空间分布预测，为规划设计、电网运行调度提供依据，提升决策的准确性和有效性。

2. 配电网趋势分析

配电网运行趋势分析综合配电自动化实时、准实时、历史数据，对配电网设备运行、馈线断面和系统运行进行趋势分析。主要是根据配电网当前的运行状态，考虑电网电源、负荷、运行方式以及外部环境可能发生的变化，预测配电网的运行趋势走向，预估电网的未来运行状态，为调度员提供决策参考。主要包括四个方面：综合环境监测数据，进行设备异常趋势分析与告警；对配电变压器、线路的重过载趋势分析与预警；对重要用户丢失电源或电源重载等安全运行预警；配电网运行方式调整时的供电安全分析与预警。

3. 配电网预警分析

适应大数据及云架构的电网调度建设，研发与电网规模和坚强智能电网运行特点相适应的跨区配电网风险预警配电网评估系统。基于实时的 EMS 数据、DMS 数据，引入专用变压器和用户信息，在线评估电网运行风险。在短期负荷预测和假想运行方式基础上，评估电网风险等级，用户迅速定位风险区域；从电网运行方式的角度分析配电网存在的风险，做到提前发现、及时处理，提高配电网供电可靠性。

4. 配电网运行状态管控

基于大数据技术的配电网运行状态管控包括以下方面：

（1）配电网中配电变压器和线路的安全性分析，包括负载率、重过载等，根据分析结果实现对配电变压器、线路等的告警。

（2）分析配电网重要用户的运行状态，包括用户负载率、重过载等，实现重要用户的整体状态评估，及超重载风险预警；分析重要用户的电源供电状态，实现重要用户失电风险预警。

（3）基于大量设备数据的环境状态监测，分析评估设备的环境运行状况，对监测量的超标进行异常预警。

5. 低压配电网运行监测

以配电自动化系统为应用中心，以智能配电变压器终端为数据汇聚和边缘计算中心，以低压传感设备为感知设备，以边缘计算和站端协同为数据处理方式，通过配电设备间的全面互联、互通、互操作实现配电网的全面感知、数据融合和智能应用，满足配电网精益化管理，支撑能源互联网快速发展。采用配电物联网技术，规范低压设备的信息模型，通过低压智能设备和智能配电变压器终端的模型自描述技术，实现低压智能设备对智能配电变压器终端、智能配电变压器终端对配电自动化主站的即插即用，提升低压配电网的装备智能化和信息化水平。

2.1.4　系统建设模式

2.1.4.1　独立配电自动化系统建设模式

国家电网有限公司多采用独立配电自动化系统建设模式，如图 2－10 所示。其支撑平台包括系统信息交换总线和基础服务，配电网应用软件包括配电网运行监控与配电网运行状态管控两大类应用，系统分区包括生产控制大区、管理信息大区、安全接入区。

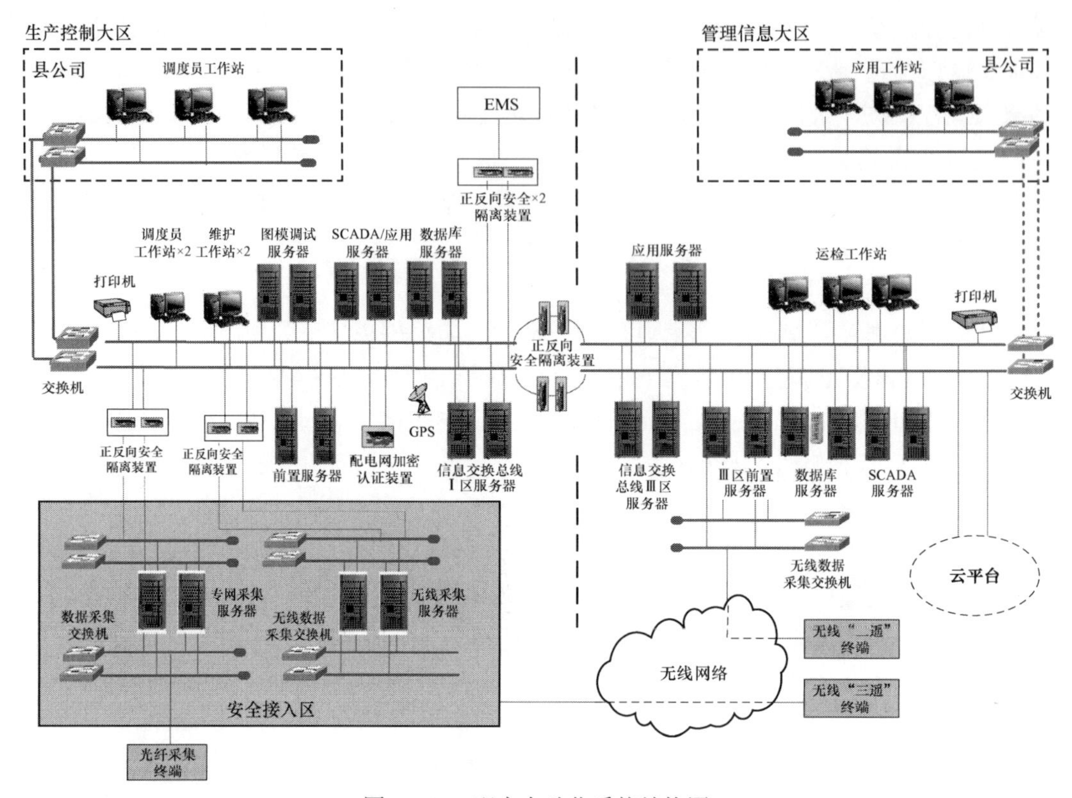

图 2-10　配电自动化系统结构图

生产控制大区主要硬件设备包括前置服务器、数据库服务器、SCADA/应用服务器、图模调试服务器、信息交换总线服务器、调度及维护工作站等；软件部署配电运行监控应用，负责完成“三遥”配电终端数据采集与处理、实时调度操作控制，进行实时告警、事故反演及馈线自动化等功能，同时从管理信息大区调取所需实时数据、历史数据及分析结果。

管理信息大区主要硬件设备包括前置服务器、SCADA/应用服务器、信息交换总线服务器、数据库服务器、应用服务器、运检及报表工作站等；软件部署配电运行状态管控应用，负责完成“二遥”配电终端及配电状态监测终端数据采集与处理，进行历史数据库缓存并对接云存储平台，实现单相接地故障分析、配电网指标统计分析、配电网主动抢修支撑、配电网经济运行、配电自动化设备缺陷管理、模型/图形管理等配电运行管理功能，接收从生产控制大区推送的实时数据及分析结果，同时保证管理信息大区不向生产控制大区发送权限修改、遥控等操作性指令。

安全接入区主要设备包括专网采集服务器、公网采集服务器等，与安全控制大区强隔离，完成光纤通信和无线通信“三遥”配电终端实时数据采集与控制命令下发。

为满足配电网地县一体化建设需求，地县配电终端将采用集中采集或分布式采集方式，并在县公司部署远程应用工作站。EMS 通过正反向物理隔离与配电自动化系统实现信息交互。

1. 1+1 建设模式

（1）建设模式简介。1+1 建设模式即生产控制大区与信息管理大区省级部署模式，根据地区配电网的建设发展需求，在生产控制大区部署稳定、实用的配电自动化调控功能，在管理信息大区进行配电运行状态管控应用建设，具备“二遥”终端数据接入能力。1+1 建设模式图如图 2-11 所示。

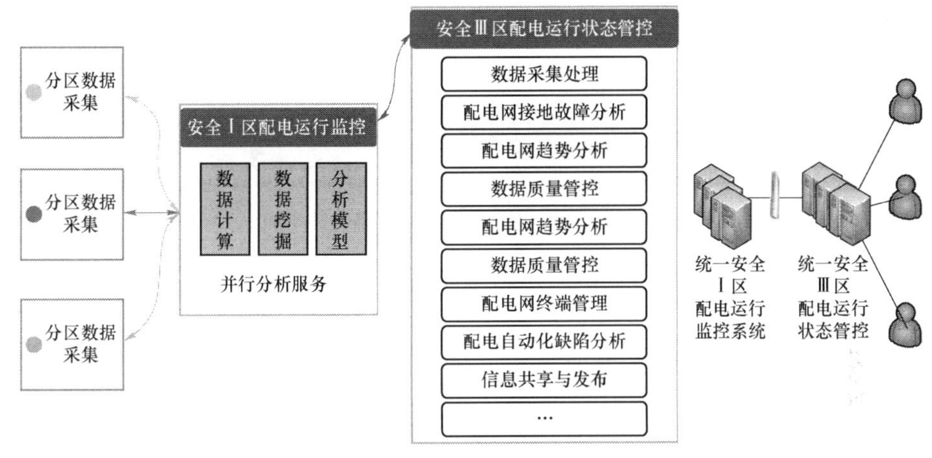

图 2-11 1+1 建设模式图

配电自动化系统接入地区所有配电网终端的信息，采集及数据处理可以根据定制的处理逻辑分区域处理。配电运行监控应用部署在生产控制大区，通过并行分析服务，完成各类实时数据获取及分析。配电运行状态管控应用部署在管理信息大区，并通过信息交换总线接收从生产控制大区推送的实时数据、历史数据及分析结果。

系统的生产控制大区与管理信息大区基于统一支撑平台，通过协同管控机制实现权限、责任区、告警、采样、报表等的分区维护、统一管理，系统所有模型维护、权限修改、数据维护、遥控等操作只能在一区进行。

地市远程工作站通过配电数据网连接到核心网络，实现其管辖区域的主配电网图模文件和实时数据（包括量测值、挂牌信息、告警、采样等）的系统运行管理。

（2）建设模式特点。1+1 建设模式特点见表 2-2。

表 2-2　　1+1 建设模式特点

序号	特点分项	内　容
1	硬件建设	硬件省级集中建设，配电相关人员单独管理，灵活定制
2	应用建设	1）与主网系统需进行模型拼接。 2）配电网数据独立采集，安全控制大区与管理信息大区均由省级集中采集。 3）以配电自动化应用为主，支持低压配电网、综合能源等数据接入要求。 4）经过与主网系统交互后，实现主配协同分析等高级应用
3	运行维护	安全控制大区与管理信息大区由统一维护，权限细粒度控制
4	运行监控	安全控制大区集中运行，数据规模庞大，应用大数据、分布式技术等新技术
5	运行状态管控	管理信息大区集中运行，数据规模庞大，应用大数据、分布式技术等新技术
6	安全防护	主配之间要求使用正反向隔离

2. *N*+*N* 建设模式

（1）建设模式简介。*N*+*N* 建设模式即生产控制大区与信息管理大区均地市级部署模式，如图 2–12 所示，“二遥”配电终端接入地市的管理信息大区，“三遥”配电终端接入地市的生产控制大区；配电自动化主站具备横跨生产控制大区与管理信息大区一体化支撑能力，为运行控制与运维管理提供一体化的应用，满足配电运行监控与运行状态管控需求。

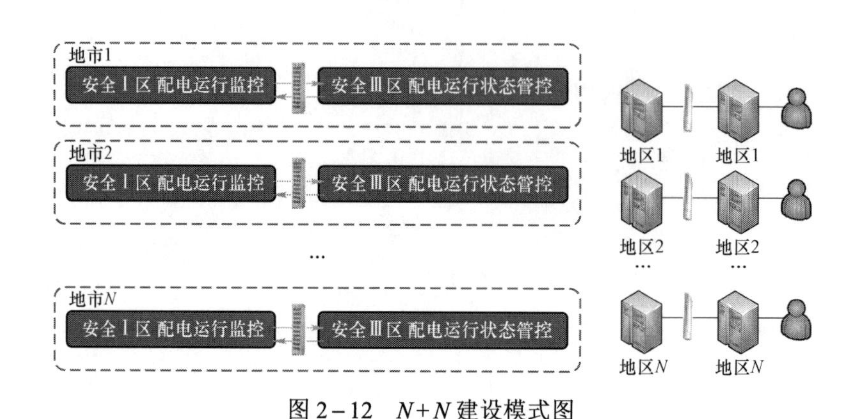

图 2–12　*N*+*N* 建设模式图

（2）建设模式特点。*N*+*N* 建设模式特点见表 2–3。

表 2–3　*N*+*N* 建设模式特点

序号	特点分项	内　容
1	硬件建设	硬件地市级独立建设，配电相关人员单独管理，灵活定制
2	应用建设	1）与主网系统需进行模型拼接。 2）各地区安全控制大区与管理信息大区均独立采集。 3）以配电自动化应用为主，支持低压配电网、综合能源等数据接入要求。 4）经过与主网系统交互后，实现主配协同分析等高级应用
3	运行维护	各地区独立维护权限、图形、报表等，地区间互不影响
4	运行监控	各地区独立运行，个性化建设，互不影响
5	运行状态管控	各地区独立运行，个性化建设，互不影响
6	安全防护	主配之间要求使用正反向隔离

3. *N*+1 建设模式

（1）建设模式简介。*N*+1 建设模式即生产控制大区地市级部署，信息管理大区省级部署，如图 2–13 所示。配电自动化主站管理信息大区的功能在省公司统一部署，全部的硬件设备都集中在省公司统一运维。各地市配电网应用功能与其他地市逻辑上相互独立，互不影响。配电自动化主站在生产控制大区的功能仍然采用地市级部署方式，两部分数据有机融合，满足配电运行监控与运行状态管控需求。

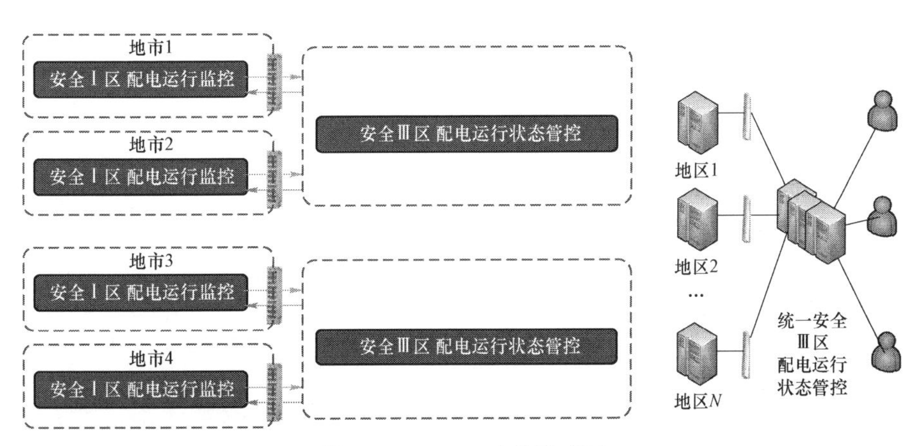

图 2－13 $N+1$ 建设模式图

（2）建设模式特点。$N+1$ 建设模式特点见表 2－4。

表 2－4　　$N+1$ 建设模式特点

序号	特点分项	内　容
1	硬件建设	安全控制大区硬件地市独立建设，管理信息大区省级统一建设
2	应用建设	1）各地区需与主网系统需进行模型拼接。 2）各地区配电网数据独立采集，管理信息大区省级集中采集。 3）在管理信息大区统一实现各类大数据分析等高级应用。 4）支持省地间 $1+N$ 方式的模型、图形、消息等各类信息同步
3	运行维护	各地区安全控制大区独立维护，管理信息大区省级统一维护
4	运行监控	各地区安全控制大区独立运行，个性化建设，互不影响
5	运行状态管控	管理信息大区省级统一分析，集约化，省级配电网管理体系
6	安全防护	主配之间要求使用正反向隔离

2.1.4.2 调配一体化建设模式

调配一体化架构图如图 2－14 所示。中国南方电网有限责任公司以调配一体化建设模式为主，一体化系统（OS2）由省、地（县、配）各级主站系统和厂站系统共同组成，每级主站/厂站系统划分为基础资源平台（BRP）、运行控制系统（OCS）、停电管理系统（OMS）、电力系统运行驾驶舱（POC）或变电运行驾驶舱（SOC）、镜像测试培训系统（MTT）五大组成部分。其中，配电自动化模块为运行控制系统（OCS）的关键组成部分。配电网应用以电网运行控制（配电网）为主，配电自动化各项功能根据应用需要分别部署在安全Ⅰ区、安全Ⅲ区和安全接入区。其中，安全Ⅰ区主要包括数据采集与交换功能群、应用功能群；安全Ⅲ区主要包括数据采集与交换功能群、应用功能群、Web 服务和移动终端服务；安全接入区负责配电网数据安全接入。

安全Ⅰ区主要硬件设备包括配电网前置服务器、配电网数据库服务器、配电网稳态监视服务器、调度及维护工作站等；软件部署电网运行控制（配电网），负责完成配电运行监视、馈线故障处理、停电损失负荷统计、用电风险分析、在线状态估计、在线潮流计算、配电网快速仿真、用户电源追溯、解合环、智能告警等功能。

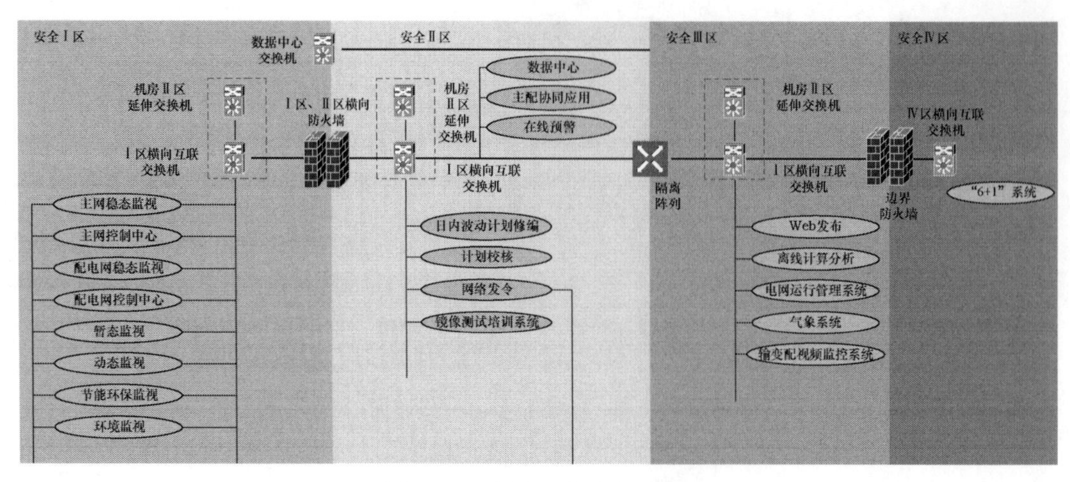

图 2-14　调配一体化架构图

安全Ⅲ区主要硬件设备包括 Web 应用服务器等；软件部署 Web 应用，实现终端管理、缺陷分析、信息交互等配电运行管理功能。

安全接入区主要设备包括专网采集服务器、公网采集服务器等，与安全Ⅰ区强隔离，完成光纤通信和无线通信“三遥”配电终端实时数据采集与控制命令下发与“二遥”配电终端的实时数据采集。

为满足地县一体化建设需求，地县配电终端将采用集中采集方式，并在县公司部署远程应用工作站，主配之间要求加装防火墙进行安全防护。调配一体化建设模式特点见表 2-5。

表 2-5　　调配一体化建设模式特点

序号	特点分项	内　容
1	硬件建设	1）主配复用硬件：交换机、防火墙、工作站、Web 服务器等，小型地调共用存储设备。 2）主配不复用硬件：应用服务器、前置服务器等，大型地调因数据量庞大，采用主配分库分服务技术，不共用存储设备
2	应用建设	1）可实现主配电网无缝模型拼接。 2）配电网数据独立采集，分布式处理，与主网系统一体化展示。 3）支持面向主网、配电网设备的统一监控，可实现主配监视灵活切换。 4）可实现基于主配一体化协同分析等高级应用
3	运行维护	各地区独立维护各自数据，地区内一体化运维，地区间互相不受影响
4	运行监控	各地区独立运行监控，地区间互相不受影响，主要应用为配电网自愈、停电负荷管理等
5	运行状态管控	各地区独立运行，地区间不受影响，主要应用为终端管理、缺陷管理等
6	安全防护	主配之间采用防火墙

2.2　配电自动化终端

2.2.1　配电终端分类、结构及功能

配电自动化终端装置（以下简称“配电终端”）是实现配电自动化的基础环节，是

安装在配电网的各类远方监测、控制单元的总称，完成数据采集、控制、通信等功能。

配电终端一般在户外运行，其工作环境与变电站自动化装置相比恶劣得多。因此，对于配电终端装置的适应温度范围、适应湿度范围、防磁、防震、防潮、防雷、电磁兼容性等方面的要求也更加严格。随着配电自动化的不断建设和发展，对配电终端的可靠性与技术要求越来越高。配电终端将进一步朝小型化、低功耗、模块化、高可靠、即插即用等方向发展。

2.2.1.1　配电终端的分类

配电终端按照类型的不同可以分为站所终端（distribution terminal unit，DTU）、馈线终端（feeder terminal unit，FTU）、配电变压器终端（transformer terminal unit，TTU）；各类终端按照功能划分，又可分为“三遥”（遥信、遥测、遥控）终端及“二遥”（遥信、遥测）终端；按照通信方式划分可分为有线通信方式与无线通信方式等。

1. 站所终端

站所终端是安装在配电网开关站、配电室、环网单元、箱式变电站等处的配电终端，依照功能分为“三遥”终端和“二遥”终端，其中为方便统一建设，国家电网有限公司相关企业标准又将“二遥”终端分为用于配电线路遥测、遥信及故障信息的监测，实现本地报警，并具备报警信息上传功能的“二遥标准型终端”和用于配电线路遥测、遥信及故障信息的监测，并能实现就地故障自动隔离与动作信息主动上传的“二遥动作型终端”。站所终端柜体及内部装置如图 2－15 所示。

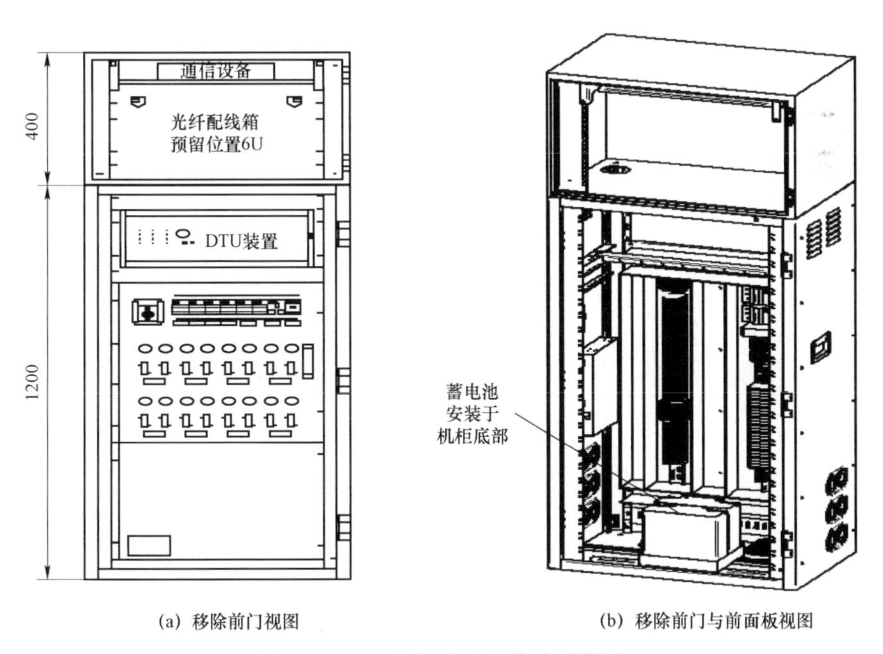

(a) 移除前门视图　　(b) 移除前门与前面板视图

图 2－15　户外立式站所终端结构图

2. 馈线终端

馈线终端是安装在配电网网架空线路杆塔等处的配电终端，按照功能分为“三遥”

终端和“二遥”终端。“二遥”终端又可分为基本型终端、标准型终端和动作型终端，其中基本型终端是指用于采集或接收故障指示器发出的线路故障信息，并具备故障报警信息上传功能的配电终端。馈线终端按照结构不同可分为罩式终端和箱式终端，其箱体及内部装置如图 2-16、图 2-17 所示。

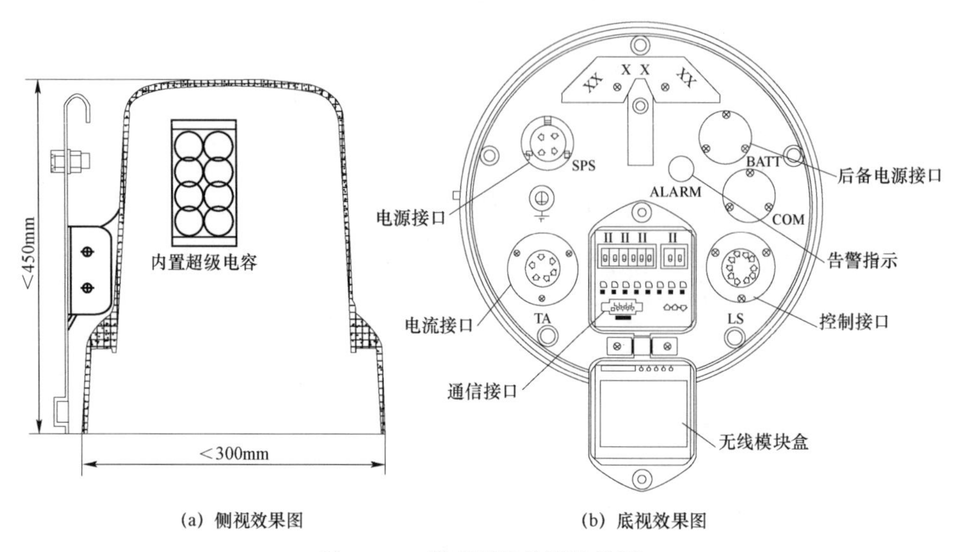

(a) 侧视效果图　　(b) 底视效果图

图 2-16　罩式馈线终端结构图

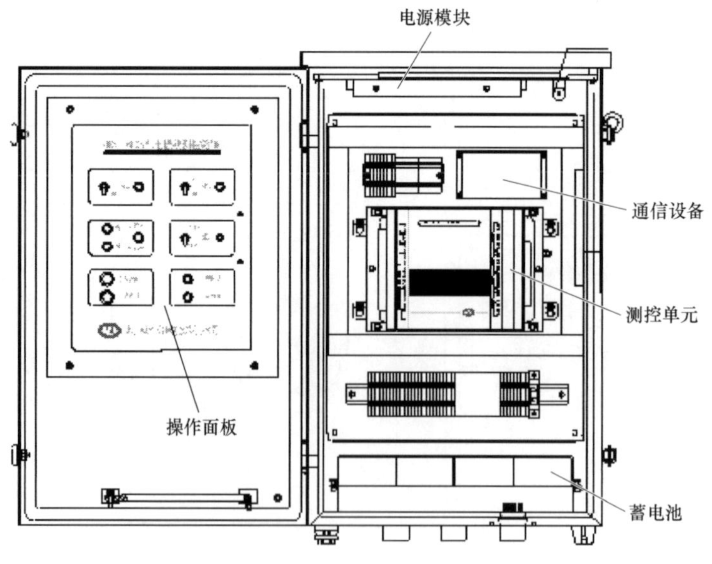

图 2-17　箱式馈线终端结构图

3. 配电变压器终端

配电变压器终端是安装在配电变压器、用于监测配电变压器各种运行参数的配电终端。配电变压器终端样式如图 2-18 所示。

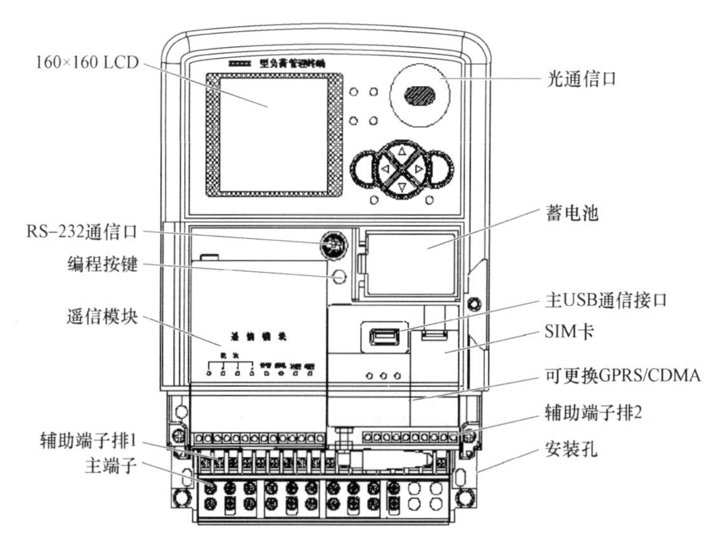

图 2－18　配电变压器终端结构图

配电终端监测故障信息的主要方式是判断线路是否有故障电流，也有通过判断馈线是否有电压实现故障监测功能的电压—时间型配电终端，这种终端与电压型一次设备开关配套使用。当馈线失电压时，分段开关依次断开；当馈线来电时，分段开关依次延时闭合。若开关闭合后，在故障探测时间Δt内，馈线又失电，该分段开关就闭锁。

另外，也有将一种用于配电网络上、直接采集故障信息的“故障指示器”列入独立配电终端的归类方法，因为相对简单，本处不再赘述。

2.2.1.2　配电终端的结构

1. 配电终端的基本组成部分

配电终端的基本构成包括中心监控单元、人机接口电路、操作控制回路、通信终端、电源电路等几部分，如图 2－19 所示。

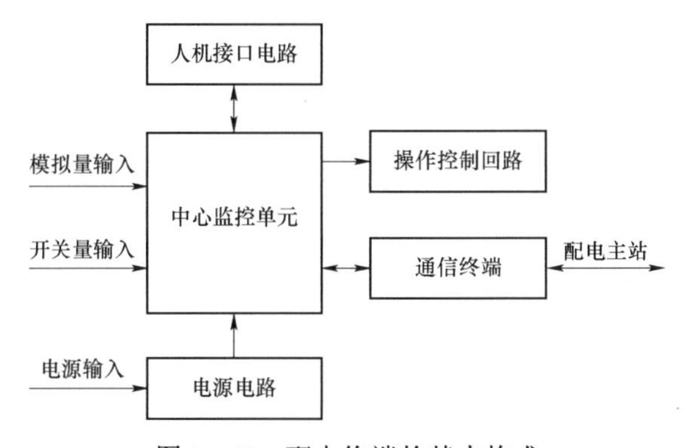

图 2－19　配电终端的基本构成

中心监控单元是配电终端的核心部分。它完成的主要功能有：模拟量输入与开关量输入信号的采集，故障检测，电压、电流、有功功率等运行参数的计算，控制量的输出，远程通信等。市场上主流的配电终端都采用平台化、模块化设计，其输入量、输出量与通信接口的形式与数量根据实际需要配置。

人机接口电路用于对配电终端进行简单的配置维护，包括对故障检测定值等主要运行参数进行整定，显示电压、电流、功率等主要测量数据以及其他反映装置运行状态的信息。为简化配电终端的设计、提高装置的可靠性，不少配电终端不配备人机接口电路，主要依靠维护人员使用便携式个人计算机（PC）对其进行配置维护。

操作控制回路主要用于提供人工操作开关的按钮。回路能够显示开关位置，供操作人员了解开关状态。

根据所接入的通道类型的不同，通信终端可包括光纤通信终端、无线通信终端、载波通信终端等。

配电终端的交流工作电源通常取自线路电压互感器（TV）的二次侧输出，特殊情况下，使用附近直接引入的低压交流电（比如市电），后备电源采用蓄电池或超级电容供电。

2. 配电终端的结构

根据配电终端的类型、应用场合不同，配电终端的结构也不同。

（1）站所终端（DTU）。站所终端一般采用标准机柜集中组屏安装，中心监控单元采用标准插箱，蓄电池及其充电模块、操作回路、通信终端等全部安装在机柜内部。

（2）馈线终端（FTU）。箱式 FTU 结构与 DTU 结构类似，一般安装在采用耐腐蚀材料（如不锈钢）制成的防雨、防潮、防尘的机箱内，直接挂装在架空线杆上，中心监控单元及其外围的操作控制回路、蓄电池、通信终端等都安装在机箱内部。由于馈线终端一般只监控一条线路，输入、输出量较少，其中心监控单元一般采用平铺结构，便于在机箱内安装。

罩式 FTU 结构普遍应用于“二遥”终端设备，其整体结构如图 2–16 所示，包含电源/后备电源接口、电流接口、通信接口、控制接口以及告警指示等。终端后备电源采用超级电容内置形式，并配置无线通信模块，无线通信要求兼容市面上主流通信方式[4G/3G/2G、通用分组无线服务（GPRS）/码分多址（CDMA）等]。

（3）配电变压器终端。通常采用主流工业级微处理器构建统一的核心硬件平台，硬件功能采用模块化设计，采集配电变压器中低压电气信息，并上行与主站通信。终端具备多种通信模块接口，可集成各类储能元件，如采用超级电容、锂电池、镍氢电池、蓄电池等。后备电源可由终端自动启动，一般要求后备电源维持终端工作 10min 以上。在特殊情况下，终端还需具备无功功率补偿模块，以满足配电台区无功功率补偿的要求。

2.2.1.3 配电终端的基本功能

配电终端因其监控对象与应用场合不同，对其功能的要求也不同。即使监控同样的设备，由于主站完成的功能与设计要求的不同，对配电终端的功能要求也有所不同。本节介绍对各种配电终端的基本功能要求，实际工程中，应根据具体的应用要求对其功能进行取舍。

1. SCADA 功能

SCADA 功能即传统的“三遥”（遥测、遥信、遥控）。配电终端要能够测量正常运行状态下的电压、电流、有功功率、无功功率、视在功率、功率因数、有功电能、无功电能、频率以及零序、负序电压与电流这些反映系统不平衡程度的电气量，此外还要能接入直流输入量，主要用于监视使用的蓄电池的电压与供电电流。遥信主要是接入配电开关辅助触点信号、储能机构储能正常信号、装置控制的“软压板”（如当地/远方控制压板）信号等。遥控除包括配电开关合闸与跳闸输出外，还包括用于蓄电池活化控制等功能的开关量输出。一般来说，配电终端不要求模拟量输出，线路变压器调压控制、无功功率补偿电容的投切等配电设备调节功能通过开关量输出信号控制。实际工程应用中，DTU 与 FTU 都要具备 SCADA 功能。如果具备实时通信条件，TTU 也要能够及时上传实时测量数据。

2. 故障检测与记录

配电自动化系统的一个核心功能是配电线路故障定位、隔离与自动恢复供电，这就要求配电终端能够采集并记录故障信息，配电终端采集记录的故障信息主要包括：

（1）故障电流、电压值。实际应用中，可像故障录波器一样，记录下故障电压、电流的波形；为了简化装置的构成及减少数据传输量，也可以只记录几个关键的故障电流、电压幅值，如故障发生及故障切除前后的值。

（2）故障发生时间及故障历时。

（3）小电流接地故障电流。配电终端应该能够检测小电流接地系统单相接地产生的零序电流，以供 DAS 确定接地故障的位置。

（4）故障方向。有些情况下，如双电源闭环供电线路中，配电终端需要测量故障电流方向，供确定故障位置使用。

以上故障信息采集的要求主要适用于对配电线路进行监控的 DTU 与 FTU。一般来说，TTU 只采集、记录负荷变化情况，不要求其进行故障检测。个别情况下，要求 TTU 能够记录故障电流幅值与故障历时。

3. 负荷监测

负荷监测功能主要适用于 TTU，用于检测记录配电变压器低压侧运行数据。部分供电企业设计的 DAS，要求 DTU 和 FTU 也具有负荷监测功能，能够记录线路的主要运行参数。

4. 电能质量监测

为了准确地统计评估电网的电能质量状况，及时采取措施提高电能质量，一些供电企业建立了电能质量在线监测系统。如果能够在 DAS 里实现电能质量监测功能，可避免建立专用的监测系统带来的额外投资。电能质量检测一般作为配电终端的一个选配功能。

2.2.2　配电终端工作原理

2.2.2.1　数据采集

配电终端数据采集包含模拟量采集和开关量输入/输出两大类。

1. 模拟量采集

模拟量采集系统主要包括电压形成、模拟低通滤波器（LFP）、采样保持（S/H）、多路转换开关（MUX）、模数转换（A/D）等功能模块，完成将电压、电流等模拟输入量转换为微处理器能够识别的数字量，如图 2–20 所示。

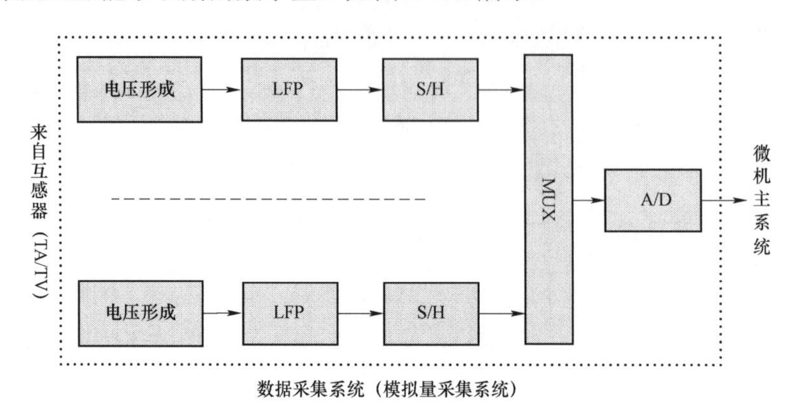

图 2–20　模拟量采集系统框图

反映配电设备运行状态的模拟量主要是来自电压互感器（TV）或电流互感器（TA）二次侧的交流电压、电流信号等。模拟信号在进入配电终端测控单元的中央处理器（CPU）之前，首先被转换成与 CPU 相匹配的电平信号，经过前置模拟低通滤波器滤除其中的高频分量后，利用采样保持器对模拟信号进行采样离散化处理，最后经过 A/D 转换器把模拟量转化成相对应的数字量，CPU 利用得到的数字量并结合一定算法就可以求得各电参数的值。

2. 开关量输入/输出

开关量输入电路的基本功能是将配电终端需要的状态信号引入 CPU，如一次设备开关位置状态、开关储能状态等。输出电路主要是将 CPU 送出的数字信号或数据进行显示、控制或调节，如开关跳闸命令、合闸命令等。

（1）开关量输入回路。开关量输入（digital input，DI，简称开入），主要用于识别开关运行方式、运行条件等。对配电终端装置的开关量输入，为装置外部经过端子排引入装置的触点，如各种压板、开关位置、弹簧储能、转换开关以及继电器的触点等。

对于从装置外部引入的触点，直接接入将给微机引入干扰，故应经光电隔离，如图 2–21 所示。S2 断开时，光敏三极管截止；S2 闭合时，光敏三极管饱和导通。因此，三极管的导通和截止完全反映外部触点的状态，将可能带有电磁干扰的外部接线回路限制在微机电路以外。利用光电耦合器的性能与特点，既传递开关 S2 的状态信息，又实现两侧电气的隔离，大大削弱干扰的影响，保证微机电路的安全工作。在图 2–21 中，电阻 R 的取值主要考虑 S2 闭合时，光电耦合器处于深度饱和状态。采用两个电阻 R 的目的是防止一个电阻击穿后可能引起其他器件的损坏。

对于某些必须立即得到处理的外部触点的动作，如果用软件查询方式会带来延时，那么，也可以将光敏三极管的集电极直接接到微型处理器的中断请求端子。

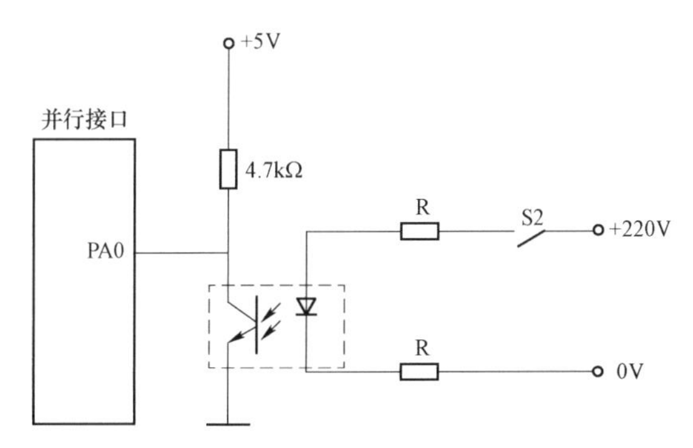

图 2－21　装置外部触点与微机接口连接图

现场应用 TLP521 型光电耦合器，采集开关位置信号的典型原理图如图 2－22 所示。

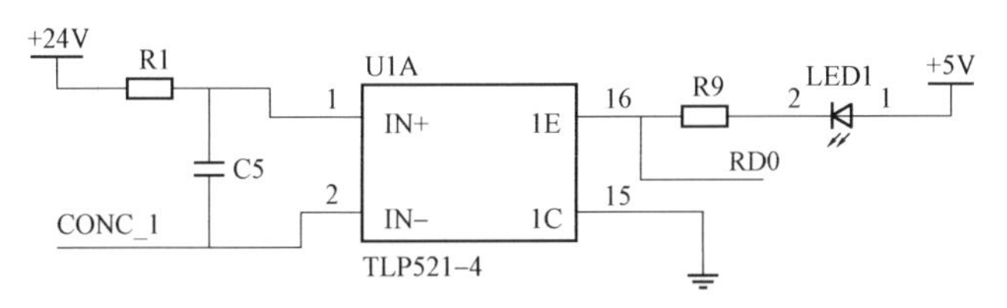

图 2－22　接触器辅助触点开关量输入电路

外部断路器开关的辅助触点 CONC_1 通过接到光电耦合器的输入端，开关处于合位置时，CONC_1 输出低电平，光电耦合器输入 IN 导通，输出 1E 和 1C 之间导通，RD0 输出低电平，直接与处理器的 I/O 引脚相连。其中，发光二极管 LED1 起指示作用，其压降很小，RD0 的电平完全能被处理器识别并区分出高低电平。

（2）开关量输出回路。开关量输出（digital output，DO，简称开出）主要包括遥控出口、保护跳闸出口等。一般都采用并行接口的输出口来控制有触点继电器（干簧或密封小中间继电器）的方法。为进一步提高抗干扰能力，最好经过一级光电隔离，如图 2－23 所示。只要由软件使并行接口的 PB0 输出“0”、PB1 输出“1”，便可使与非门 H1 输出低电平，光敏二极管导通，继电器 K 被吸合。

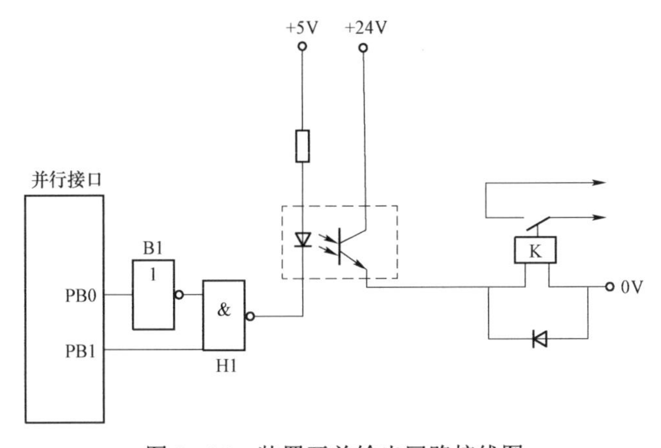

图 2－23　装置开关输出回路接线图

在初始化和需要继电器 K 返回时，应使 PB0 输出“1”、PB1 输出“0”，设置反相器 Bl 及与非门 H1 而不是将发光二极管直接同并行接口相连，一方面是因为并行接口带负荷能力有限，不足以使光电耦合器处于深度饱和状态；另一方面因为采用与非门后要满足两个条件才能使继电器 K 动作，增强抗干扰能力，也提高芯片损坏情况下的防误动能力。

应当注意，图 2-23 中的 PB0 经反相器，而 PB1 却不经反相器，这样接线可防止拉合直流电源的过程中继电器 K 短时误动。因为在拉合直流电源过程中，当 5V 电源处在中间某一临界电压值时，可能由于逻辑电路的工作紊乱而造成出口误动作，特别是对于电源接有大容量的电容器时，无论是 5V 电源还是驱动继电器 K 用的电源，都可能相当缓慢地上升或下降，从而完全来得及使继电器 K 的触点短时闭合。

为确保遥控操作的可靠性，要求遥控出口具备软硬件防误动措施，保证控制操作的可靠性，控制输出回路最好提供明显断开点，继电器触点断开容量：交流 250V/5A、直流 80V/2A 或直流 110V/0.5A 的纯电阻负载；触点电气寿命：不少于 105 次。典型的配电遥控回路原理图如图 2-24 所示。其中 Q2、Q3 为光电耦合器，YK1_H 为处理器遥控输出管脚，当 YK1_H 输出低电平时，R1、Q2 输入端二极管、YK1_H 形成回路导通，则 Q2 输出管脚 3、4 导通，YK12V 与 Q2 的管脚 3、4 及继电器 DSP1 的线圈导通，则合闸线圈得电后，导通 HZ0 与 COM0 端，接通遥控合闸回路的中间继电器，进而接通合闸回路，实现开关的远方遥控合闸。遥控分闸回路同理。

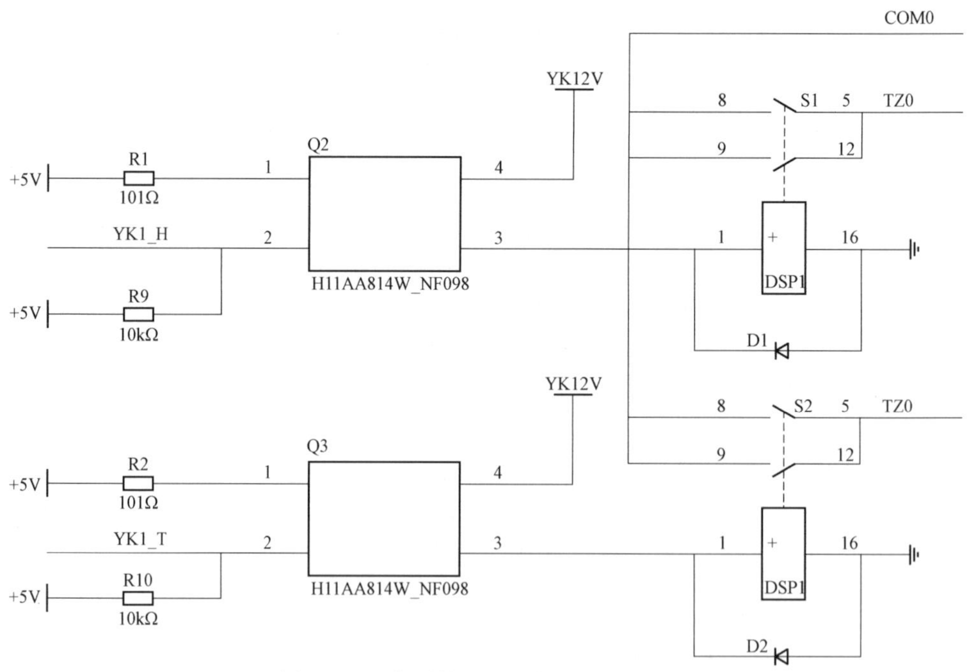

图 2-24　典型的 DTU 遥控回路原理图

2.2.2.2　故障检测及处理

1. 配电终端故障检测原理

电力系统正常运行与短路的区别在于故障前后电流幅值的变化，如图 2-25 所示，一般采用电流突变量来检测故障，以保证具有足够的灵敏度。由于电力系统大部分时间都处于正常运行状态，如果每个采样周期内都进行故障方向判别、选相判断和测量运算并不现实。而且这些元件的计算量比较大，CPU 无法抽出充足的时间来进行其他工作。因此，设置故障检测元件进行在线检测故障就显得十分必要，故障检测元件既要尽量简单且计算量小，又要能对所监视范围内的故障做出准确、灵敏的反应。

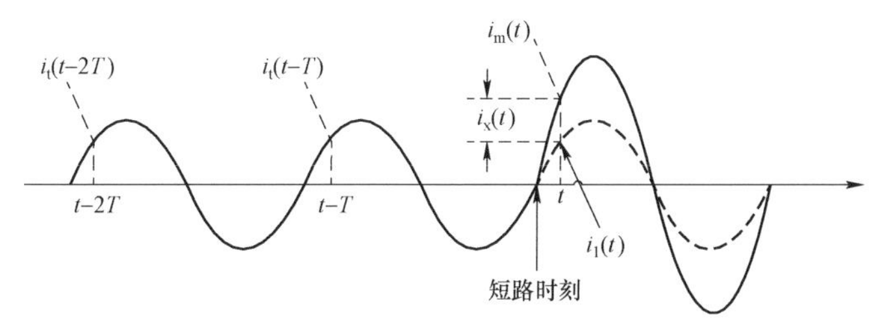

图 2－25　短路前后的电流波形示意图

2. 配电终端故障检测原理及逻辑图

配电线路的主要故障类型为短路故障和接地故障，配电终端一般配置过负荷告警、过电流保护、零序电流保护、重合闸等继电保护功能，能够快速判别并切除故障线路。

（1）过负荷告警主要用于线路安全运行的监视，可通过控制字选择告警投入或退出。其检测原理及逻辑如图 2－26 所示。

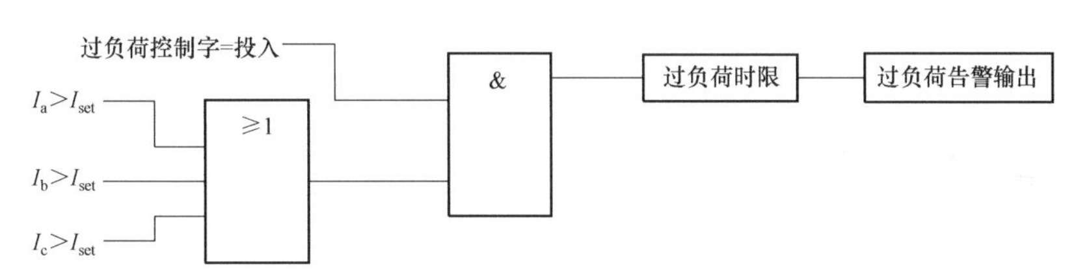

图 2－26　过负荷告警检测原理图

（2）过电流保护主要用于短路故障的判别，可通过控制字选择告警或跳闸。这里以过电流 I 段保护为例，其检测原理及逻辑如图 2－27 所示。

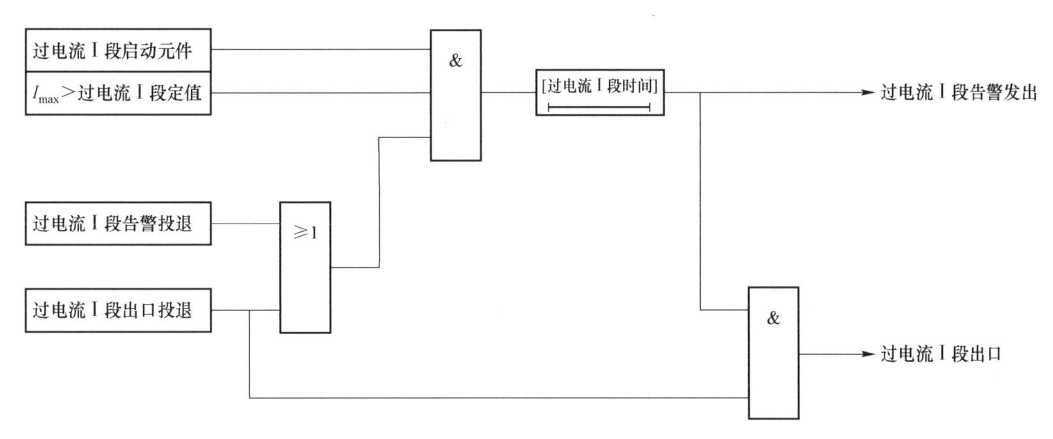

图 2－27　过电流告警检测原理图

（3）零序电流保护主要用于接地故障的判别，可通过控制字选择告警或跳闸。其检测原理及逻辑如图 2-28 所示。

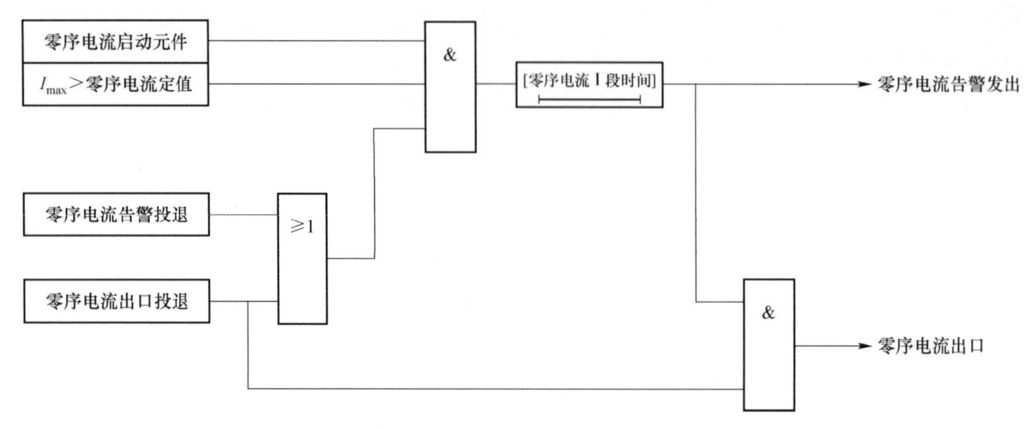

图 2-28　零序电流保护告警检测原理图

（4）重合闸功能是将因故障跳开后的断路器按需要自动投入，快速恢复瞬时性故障线路供电的一种自动功能，可通过控制字选择投入或退出。其原理及逻辑如图 2-29 所示。

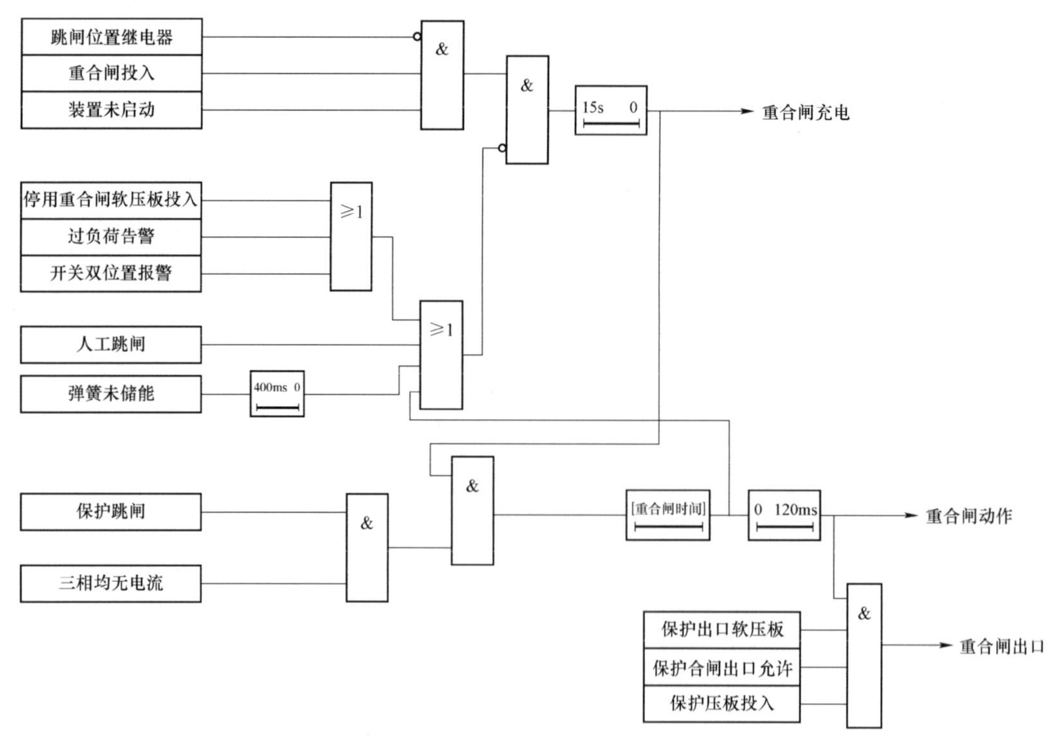

图 2-29　重合闸功能逻辑图

3. 配电终端故障处理方式

（1）故障信息上报模式。

1）检测过电流上报：当装置检出过电流后上报故障信息，即不区分是否为临时故障或永久故障。适用于电缆线路开关为断路器的模式。如果接入开关为负荷开关，并且故障隔离程序可以检出变电站出口跳闸后启动，那么也可以应用该模式。

2）故障跳闸后上报：当装置检出过电流故障信息，并且变电站出口或者开关本体跳闸后上报，仍然不区分是否为临时故障或永久故障。适用于电缆线路开关为负荷开关模式。

3）重合闸闭锁后上报：当装置检出过电流故障信息，并且变电站出口或者开关本体一次重合闸失败后上报，确认为永久故障。适用于架空线路。

（2）故障跳闸。根据现场应用模式，用户可以通过软压板投退故障跳闸，并通过控制字选择跳闸模式。

1）过电流跳闸：装置检出故障后跳闸。适用于分支线断路器模式。

2）过电流失电压跳闸：装置检出故障并失电压后跳闸。适用于用户分支线接入负荷开关的模式。

2.2.3　配电终端通信接口和通信规约

配电终端通信接口的主要功能是按照指定的通信规约实现数据的采集、转发和上传。为满足配电终端与主站、终端与其他智能设备以及终端间的有效通信，通信方式、通信协议、通信接口都要满足 DAS 信息传输和故障处理的要求。

（1）配电终端硬件设计要求具备多种类型的通信接口，一般要求不少于 1 个 RS－232 接口、1 个 RS－232/RS－485 接口，以及 2 个以太网接口。

（2）支持多种通信方式的接入，如光纤工业以太网、以太网无源光网络（EPON）、远距离无线通信网络（无线公网 GPRS、CDMA/3G/4G，无线专网等）、短距离无线通信网络（无线传感器网络、蜂舞协议 ZigBee 等）多种通信方式的接入或级联。

（3）支持多种通信协议，配电终端本身应具有丰富的通信规约库，如 IEC 60870－5－104《远动设备和系统　第 5－104 部分：传输协议　使用标准传输轮廓的 IEC 60870－5－101 所列标准的网络存取》、IEC 60870－5－101《远动设备和系统　第 5－101 部分：传输协议　基本远动任务的配套标准》、IEC 61850《变电站通信网络和系统》等标准的通信规约，并根据各地配电自动化应用需求进行规约定制。

2.2.3.1　配电终端通信接口分类与原理

配电终端通信接口和通信规约实现与主站的数据上送，接受并执行主站下达的遥控命令、对时命令，进行故障处理，并可实现对站内其他智能设备的数据采集和转发等功能。配电终端通信接口按传输介质可分为有线通信接口和无线通信接口两大类。配电终端常用的有线通信接口主要有以太网通信接口和串行通信接口；无线通信接口主要有远距离无线通信接口和短距离无线通信接口，远距离无线通信接口（无线公网或无线专网）一般用于配电终端与配电主站的连接，短距离无线通信接口用于配电终端与其他智能终端实现级联或自组网。

一般而言，要求采用以太网通信方式接入时具备通信状态监视及通道端口故障监测功能，采用无线通信方式接入主站时具备监视模块状态、SIM卡状态、无线信号监视等功能。

1. 以太网通信接口

以太网的通信容量大、高效稳定，可满足配电网故障信息快速响应的要求，并且基于TCP/IP协议具有开放性好、成熟可靠、传输速度快的特点，能够很好地实现配电终端与主站的无缝连接，同时网络的安全性也得到提高，选用以太网通信技术构成DAS通信网，具有速率高、通信可靠、网络节点之间可以通信等特点，为配电终端实现集中型或就地型FA功能创造条件。

配电终端采用有线方式接入主站主要为光纤以太网（包括EPON、工业以太网等），以EPON网络为例，配电终端通过以太网通信接口与光网络单元（ONU）设备的以太网口相连，ONU设备负责将电信号转换为光信号，通过EPON完成主站和终端的数据传输。

2. 串行通信接口

串行通信的特点是通信线路简单，只要一对传输线就可以实现双向通信，从而大大降低成本，但传送速度较慢。串行通信的距离可以从几米到几千米，根据信息的传送方向，串行通信可以进一步分为单工、半双工和全双工三种。配电终端常用的串行通信接口有RS-232和RS-485两种。

配电终端要求具有多个标准的RS-232和RS-485串行接口，用于与附近的TTU通信或与站内测控单元、站内其他自动化装置通信（如级联无线通信终端，通过无线通信终端与远方配电主站进行通信）。此外，配电终端通常还会预留1路串行通信接口作为现场调试、就地数据查看用。

2.2.3.2 通信规约

在DAS中，为实现主站、终端正确传送和接收信息，必须有一套关于信息传输顺序、信息格式和信息内容的约定，这一套约定称为通信规约或协议。DAS比较常见的通信规约包括IEC 60870-5-101、IEC 60870-5-104等。而随着智能电网、智能配电网研究和建设的深入，对配电终端智能化的要求越来越高，IEC 61850作为智能电网的三大核心技术标准之一，已开始从变电站自动化进一步拓展应用于发电（风电、水电、分布式能源）、设备状态监测、配电、用电等多个领域。

IEC 60870-5-101规约（以下简称“101规约”）是国际电工委员会（IEC）技术委员会TC 57在IEC 60870《远动设备和系统》系列标准的基础上制定的一个配套标准，针对IEC 60870-5基本标准中的FT1.2异步式字节传输帧格式，对物理层、链路层、应用层、用户进程做大量具体的规定和定义，是应用于配电网自动化和电网调度自动化系统的传输规约基本远动任务配套标准。

101规约架构依据ISO的开放系统互联（OSI）7层标准模型转化而来，考虑传送效率，101规约选用的参考模型只有3层，即应用层、链路层和物理层。配套标准所选用的标准条文见表 2－6。

表 2－6　　IEC 60870－5－101 规约结构

选用内容	层次
从 IEC 60870－5－5《远动设备和系统　第 5 部分：传输规约　第 5 节：基本应用功能》选用的应用功能	用户进程
从 IEC 60870－5－3《远动设备和系统　第 5 部分：传输规约　第 3 节：应用数据的一般结构》选用的应用服务数据单元	应用层 （第 7 层）
从 IEC 60870－5－4《远动设备和系统　第 5 部分：传输规约　第 4 节：应用信息元素的定义和编码》选用的应用信息元素	
从 IEC 60870－5－2《远动设备和系统　第 5 部分：传输规约　第 2 节：链路传输规程》选用的链路传输规则	链路层 （第 2 层）
从 IEC 60870－5－1《远动设备和系统　第 5 部分：传输规约　第 1 节：传输帧格式》选用的传输帧格式	
从 ITU－T 建议中选用	物理层（第 1 层）

（1）物理层。采用国际电信联盟远程通信标准化组织（ITU－T）建议，定义自动化主站和终端的数据通信的物理链路。

（2）链路层。定义 101 规约的两种传输方式：平衡式和非平衡式。平衡式传输方式即主站端和子站端（终端）都可以作为启动站；而非平衡式传输方式的 101 规约是问答式规约，只有主站端可以作为启动站，子站端（终端）只能被动响应。

（3）应用层。配套标准应按照 IEC 60870－5－3 的一般结构定义相应的应用服务数据单元，采用 IEC 60870－5－4 中应用信息元素的定义和编码规范构建应用服务数据单元（ASDU），即所需传输的数据本身。

2.2.4　配电终端电源和储能设备

2.2.4.1　配电终端电源系统概述

1. 配电终端电源系统架构

配电终端的工作电源通常取自线路 TV 的二次侧输出，特殊情况下，使用附近的低压交流电，比如市电，供电电压为 AC 220V，屏柜内部安装电源模块，将 AC 220V 转换成 DC 24/48V，给终端供电，并具备无缝投切的后备电源。一般而言，配电终端电源回路由防雷回路、双电源切换、整流回路、电源输出、充放电回路、后备电源等几个部分构成，如图 2－30 所示。

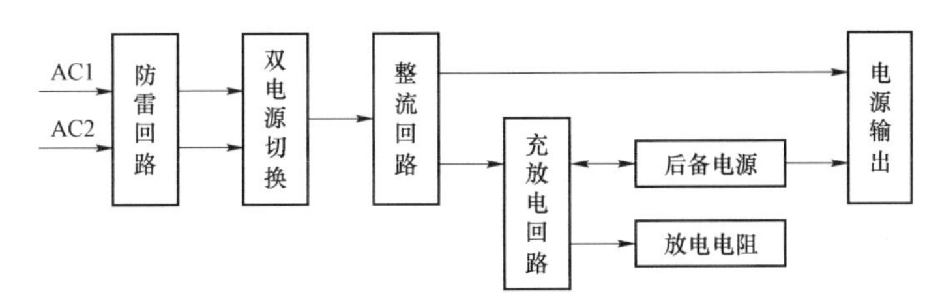

图 2－30　配电终端电源回路构成示意图

（1）防雷回路。为防止雷电和内部过电压的影响，配电终端电源回路必须具备完善的防雷措施，通常在交流进线安装电源滤波器和防雷模块。

（2）双电源切换。为提高配电终端电源的可靠性，在能够提供双路交流电源的场合（比如，在柱上开关安装两侧 TV、环网柜两条进线均配置 TV、站所两段母线配置 TV 等），需要对双路交流电源自动切换。正常工作时，一路电源作为主供电源供电，另一路作为备用电源；当主供电源失电时，自动切换到备用电源供电。

（3）整流回路。把交流输入转换成直流输出，给输出回路、充电回路供电。

（4）电源输出。将整流回路或蓄电池的直流输出给测控单元、通信终端以及开关操动机构供电，具有外部输出短路保护功能。

（5）充放电回路。用于蓄电池的充放电管理。充电回路接收整流回路输出，产生蓄电池充电电流，在蓄电池容量缺额比较大时，首先采用恒流充电，在电池电压达到额定电压后采用恒压充电方式，当充电完成后，转为浮充电方式；放电回路接有放电电阻，定期对蓄电池活化，恢复其容量。

（6）后备电源。在失去交流电源时提供直流电源输出，以保证配电终端、通信终端以及开关分合闸操作进行不间断供电。

2. 电源及储能设备配置原则

配电终端电源系统需要给装置本身、开关操作、通信设备以及其余柜内二次设备供电，并应具备无缝投切的后备电源的能力，因此，必须要对供电电源系统提出满足配电网运行环境的基本要求，如图 2－31 所示。

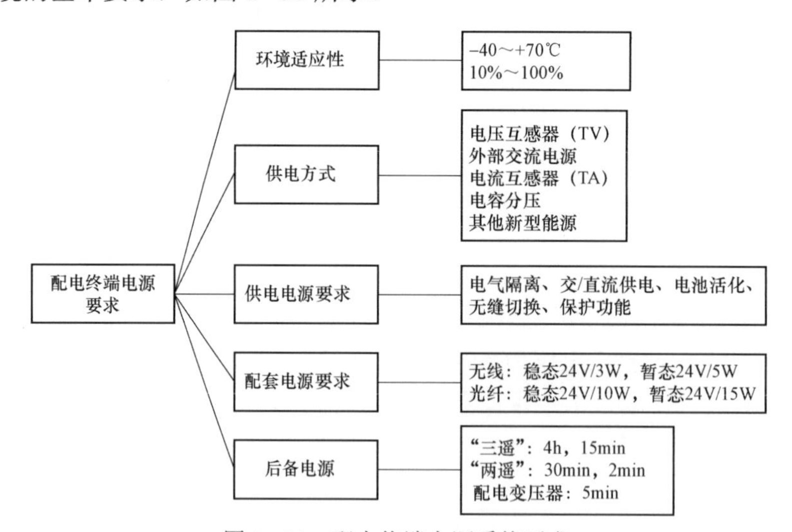

图 2－31　配电终端电源系统要求

（1）应支持双交流供电方式，采用蓄电池或超级电容作为后备电源供电，正常情况下，由交流电源供电，支持 TV 取电。当交流电源中断时，装置应在无扰动情况下切换到另一路交流电源或后备电源供电；当交流电源恢复供电时，装置应自动切回交流供电。

（2）应能实现对供电电源的状态进行监视和管理，具备后备电源低电压告警、欠电压切除等保护功能，并能将电源供电状况以遥信方式上送到主站系统。

（3）具有智能电源管理功能，应具备电池活化管理功能，能够自动、就地手动、远方遥控实现对蓄电池的充放电，且放电时间间隔可进行设置。

配电终端后备电源应能保证配电终端运行一定时间，满足表 2－7 要求。

表 2－7　　后备电源的技术参数表

序号	终端	维持时间
1	“三遥”终端	蓄电池：应保证完成分－合－分操作并维持配电终端及通信模块至少运行 4h； 超级电容：应保证分闸操作并维持配电终端及通信模块至少运行 15min
2	“二遥”终端	应保证维持配电终端及通信模块至少运行 5min
3	配电变压器终端	应保证维持配电变压器终端及通信模块至少运行 5min

2.2.4.2　配电终端电源及储能设备原理

1. 电源模块基本原理

配电终端电源系统的核心部件为电源管理模块，采用金属外壳封装，便于抗干扰和适应应用需求。根据变换器的工作状态，供电模式大致可分为两种：一是电网直接为变换器提供交流输入，变换器实现 AC/DC 功能，将交流转变为直流后，给配电终端供电，同时对电池进行充电或维护；二是电网供电出现问题，电池为变换器提供直流输入，变换器实现 DC/DC 功能，将电池直流转变为所需要的直流后，给配电终端供电。电源模块内部原理图如图 2－32 所示。

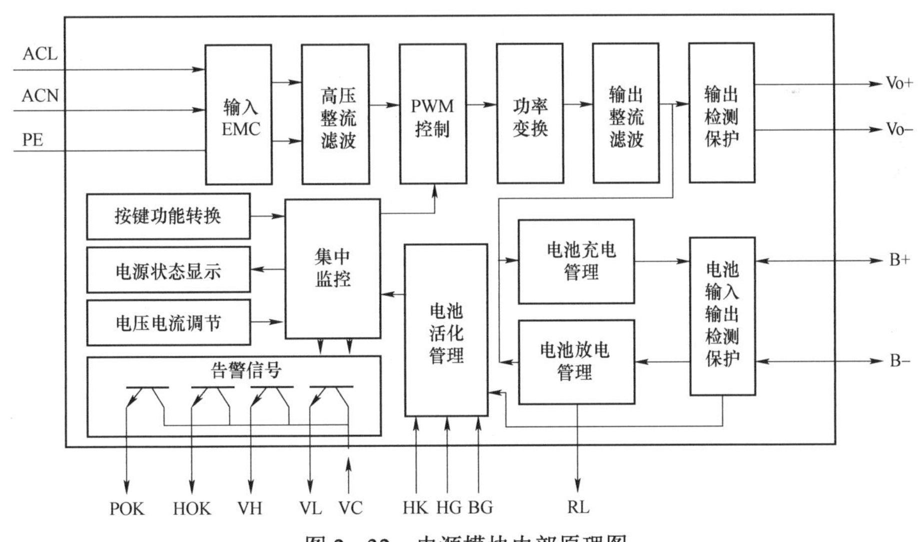

图 2－32　电源模块内部原理图

此外，电源模块还具有智能充电功能，可对外接的 24/48V 电池充电，在交流断电时电池能不间断地对负载供电，还应具有防止电池过放电的保护功能、电源的状态显示功能、电池活化功能等，以实现手动或通过外部信号自动对电池进行活化维护等。

2. 配电终端常用储能设备

（1）铅酸蓄电池。阀控式密封铅酸蓄电池是一种新型的蓄电池，使用过程中无酸雾排出，不会污染环境和腐蚀设备，蓄电池可以和配电二次设备安装在一起，平时维护比较简便，不需加酸和加水。配电终端后备电源在用的蓄电池基本为阀控式铅酸蓄电池（VRLA），其结构如图 2-33 所示。

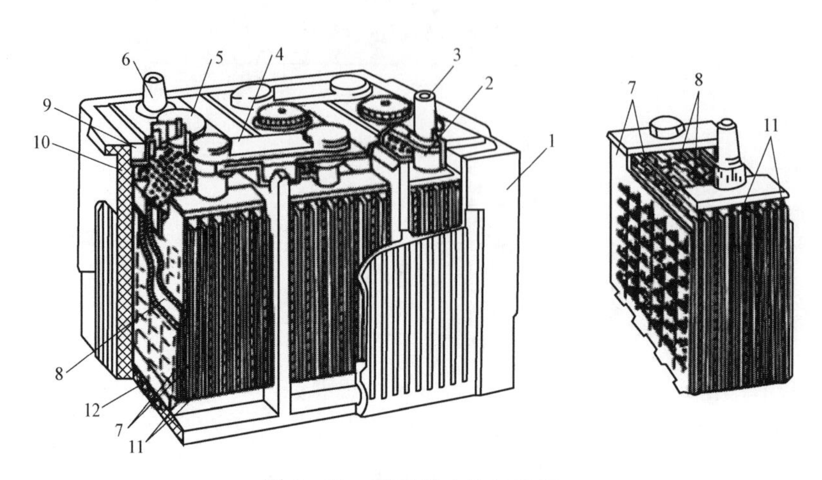

图 2-33　铅酸蓄电池结构图

1—蓄电池外壳；2—电极衬套；3—正极柱；4—连接条；5—加液孔螺塞；6—负极柱；7—负极板；8—隔板；9—封料；10—护板；11—正极板；12—肋条

阀控式铅酸蓄电池的化学反应原理就是充电时将电能转化为化学能在电池内储存起来，放电时将化学能转化为电能供给外系统。铅酸蓄电池技术成熟，通用性好，成本低。但是，铅酸蓄电池存在污染环境、充电时间长以及受温度影响大等缺点，这些缺点制约了铅酸蓄电池的发展。

（2）锂电池。锂电池是一类由锂金属或锂合金作负极材料、使用非水电解质溶液的电池，如图 2-34 所示。由于锂金属的化学特性非常活泼，使得锂金属的加工、保存、使用对环境要求非常高。

锂电池大致可分为两类：锂金属电池和锂离子电池。锂离子电池不含有金属态的锂，并且是可以充电的。可充电锂金属电池在 1996 年诞生，其安全性、比容量、自放电率和性能价格比均优于锂离子电池，但由于其自身的高技术要求限制，现在只有少数几个国家的公司在生产这种锂金属电池。锂电池应用于配电终端后备电源系统，具有寿命较长、体积小等优点，缺点是温度范围窄、对环境要求高、功率密度一般。

（3）超级电容器。超级电容器是从 20 世纪 70 年代发展起来的通过极化电解质来储能的一种电化学元件，是一种新型储能装置，如图 2-35 所示。因其储能的过程不发生化学反应，储能过程可逆，故可以反复充放电，充放电次数可达数十万次。

超级电容器和其他化学电源相比，具有充电时间短、使用寿命长、工作温度范围宽、功率密度高、放置时间长、免维护及绿色环保等优点。因此，超级电容器被广泛应用于工业、军事、能源以及运输业等各个领域。但是，其缺点是价格高、体积大、能量密度相对较小。超级电容器已在部分 DAS 区域作为柱上 FTU 设备的后备电源在运行。

图 2-34　锂电池

图 2-35　超级电容器

2.3　配电自动化通信及安全防护

2.3.1　通信基础知识

1. 通信

通信，指人与人或人与自然之间通过某种行为或媒介进行的信息交流与传递。通信的基本目的是在信息源和受信者之间进行有效的信息交换。在如今的自然科学中，“通信”几乎是“电通信”的同义词，故本书所讲的通信就是指电通信，消息的传递是通过电信号来实现的。

2. 通信系统

通信系统是指用电信号（或光信号）传输信息所需的一切技术设备和传输媒质的总体，也称电信系统，如图 2-36 所示。通信系统一般由信源（发端设备）、信宿（接收端设备）和信道（传输媒介）等组成，俗称为通信的三要素。

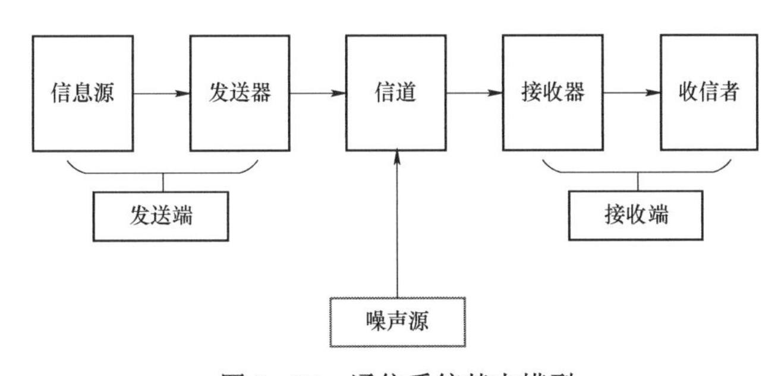

图 2-36　通信系统基本模型

通信系统的分类方法较多，按消息的物理特征来分类，可分为电话通信、电报通信、数据通信和图像通信等；按传输媒质来分类，可分为无线通信与有线通信；按信道中传输的信号分类，可分为模拟信号通信和数字信号通信；按调制方式来分类，根据是否采用调制方式，可分为基带传输和调制传输（又叫频带传输）两大类；按复用方式分类，可分为基带复用、时分复用、频分复用与码分复用四种复用方式；按通信双方的分工及数据传输方向分类，可分为单工通信、半双工通信及全双工通信三种；按系统组成的特点来分类，可分为短波通信系统、微波中继通信系统、卫星通信系统、光纤通信系统、电视通信系统、移动通信系统和计算机通信系统。

3. 通信网络

通信网络是指将各个孤立的设备进行物理连接，按照预先约定的规则（或称协议等），实现人与人、人与计算机、计算机与计算机之间进行信息交换的链路，从而达到资源共享和通信的目的。通信网络系统一般由用户终端接入系统、传输与汇聚系统、路由转换交换系统及电信级质量监控保障系统组成。通信网络来源于通信系统又高于通信系统，通信网络是通信系统发展的必然结果。通信网络的分类有多种方式，按照通信网完成的功能，可分为公用网、专用网、支撑网；按照传输信号，可分为数字网和模拟网；按照组网的方式，可以分为移动通信网、卫星通信网等。

2.3.2 配电自动化通信需求

智能配电网主要涉及高级配电运行（advanced distribution operation，ADO）、高级量测体系（advanced metering infrastructure，AMI）、高级资产管理（advanced asset management，AAM）等三方面业务。在ADO方面主要包括纵联网络保护、高级配电自动化、分布式电源和储能站等业务应用通信需求；在AMI方面主要包括智能电能表、负荷需求侧管理等方面业务应用通信需求；在AAM方面，主要是设备全生命周期管理的业务应用通信需求。由于网络承载的业务种类较多，各种业务对传输实时性要求、可靠性要求、带宽要求等不尽相同，且配电网具有线长、点多、分布面广、结构复杂且时有变更等特点，这些都使得配电相关业务的通信实现较为复杂，因此智能配电通信网的建设需要以适应智能配电网发展各阶段要求为目标，针对各类业务对通信服务的不同需求，统筹规划网络的建设方案，按需进行分析配置，支持各类业务的灵活接入，提供“即插即用”的安全可靠信息交互通道和电力通信保障。

1. 通信的可靠性

配电网自动化的通信系统是在户外运行，容易导致材料老化，故要求其能经受恶劣气候的考验。另外，通信系统还要经受噪声、电磁、雷电等的干扰，保持稳定运行。在电力设备发生故障时，应能抵抗事故所产生的瞬间强电磁干扰，完成故障诊断、故障隔离和恢复非故障区域供电的通信任务。

2. 通信的实时性

配电网自动化的重要功能就是能够实时监控网络运行并进行在线分析，实时性对通信传输速率提出了较高的要求。特别是当配电网发生故障时，主站系统和配电网终端间需要及时交换数据，快速传送故障数据或控制命令。

3. 通信的双向性

对主站来说，不仅需要向终端下发控制命令，还需要接受终端上传的数据，如故障区域隔离和恢复正常区域供电的功能，远方的配电网终端必须能够向主站上报故障信息以供主站确定故障区域，主站必须再向配电网终端下达控制命令，才能实现故障区域隔离和恢复非故障线路的正常供电。因而，配电网自动系统各层次之间的通信是双向的，通信系统必须具有双向通信的能力。

4. 通信的经济性

由于配电网通信网络规模巨大，网络的建设投资、运行维护和使用成本十分可观。成本问题是制约配电网通信发展的关键问题，也是选择各种配电网通信方案要考虑的最重要的问题之一。

2.3.3　配电自动化通信技术

2.3.3.1　通信与信息体系架构

智能配电通信网的网络层架构分为配电主站系统（平台层）、骨干层和接入层，如图 2－37 所示。其中，配电主站与配电子站之间的通信通道为骨干层通信网络，实现配电主站和配电子站之间的通信，配电子站汇聚的信息通过路由器接入，采用 IP 技术的城域网传输技术，具备动态路由迂回能力；配电子站至配电终端之间的通信通道为接入层通信网络，实现配电子站和配电终端/分布式电源/储能装置/微电网之间的通信，可采用光纤专网、配电线载波、无线等多种通信方式。

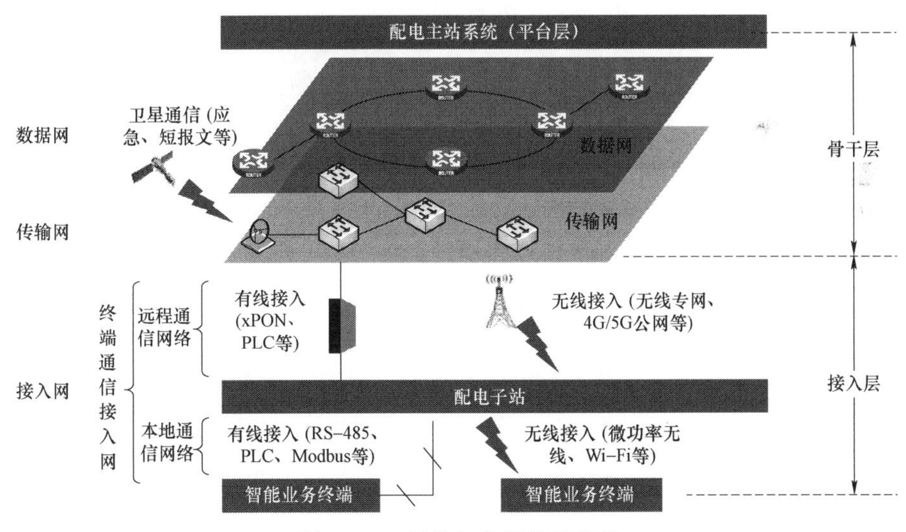

图 2－37　通信与信息体系架构

2.3.3.2　骨干层技术

骨干层的组成部分包括通信主站，以及各 220、110、35kV 变电站通信子站。各子站与主站间交换的信息量大，通信可靠性与实时性要求高。可选的通信方式包括光纤 SDH、MSTP、PTN、OTN 等。

1. 同步数字系列（SDH）

同步数字系列（synchronous digital hierarchy，SDH）是一种将复接、线路传输及交换功能融为一体，并由统一网关系统操作的综合信息传送网络。SDH 组建的网络具有高度统一、标准化、智能化的特征，采用全球统一的接口来实现设备多厂家的兼容，实现管理和操作的高效协调，具有网络自愈功能，能够提高网络资源利用率，降低设备运行维护费用，因此受到世界范围内电力通信的广泛重视。

2. 多业务传送平台（MSTP）

（基于 SDH 的）多业务传送平台（multi-service transport platform，MSTP）同时实现 TDM、ATM、以太网等业务的接入、处理和传送，提供统一网关的多业务节点。MSTP 能对多种技术进行优化组合，提供多种业务的综合支持能力，提供统一网管，是传送网与业务网的一体化。

3. 分组传送网（PTN）技术

分组传送网（packet transport network，PTN）技术是以分组交换为核心，面向分组数据业务的新一代传送网技术。PTN 技术是 IP/MPLS、以太网和传送网三种技术相结合的产物，以分组技术为核心，增加独立的控制面，以提高传送效率的方式拓展有效带宽，支持统一的全业务提供，保持了适应数据业务的特性，继承了 SDH 传送网的传统优势，具有丰富的操作、维护和网络管理功能，针对分组业务流量的突发性和统计复用传送的要求而设计，因此具有更低的总体使用成本。

4. 光传送网（OTN）技术

光传送网（optical transport network，OTN）技术是综合了 SDH 和 WDM 优势，并考虑了大颗粒传送和端到端维护等新需求而提出并实现的技术。OTN 跨越了传统的电域（数字传送）和光域（模拟传送），是管理电域和光域的统一标准。OTN 处理的基本对象是波长级业务，它将传送网推进到真正的多波长光网络阶段。由于结合了光域和电域处理的优势，OTN 可以提供巨大的传送容量、完全透明的端到端波长/子波长连接以及电信级的保护，是传送宽带大颗粒业务的最优技术。

2.3.3.3 接入层技术

配电通信网接入层的通信方式可以再细分为远程通信网（配电终端与子站的通信网络，比如 10kV 通信接入网）和本地通信网（智能业务终端与配电终端的通信网络，比如 0.4kV 通信接入网）。对于远程通信网和本地通信网，其通信方式可分为有线方式和无线方式。有线方式包括架空明线或电缆、电力线载波 PLC、光纤等；无线方式包括微波、无线电通信，以及基于移动通信技术的 3G、4G、5G 通信等。从国内外配用电自动化系统采用的通信方式看，尚没有一种通信技术可以很好地满足配用电系统所有层次的通信需要，由于配电网网络的复杂性，配用电自动化的最终通信方式将是多种通信方式混合使用。

1. 远程通信网

（1）有线方式。

1）以太网/工业以太网。以太网是应用最普遍的局域网技术，IEEE 组织的 IEEE

802.3 标准制定了以太网的技术标准，取代了其他局域网技术，如令牌环（Token－Ring）、光纤分布式数据接口（FDDI）和令牌总线（ARCnet）。以太网使用总线型拓扑和CSMA/CD（carrier sense multiple access/collision detection，即载波侦听多路访问/冲突检测协议）的总线技术。

工业以太网是基于 IEEE 802.3（Ethernet）的强大的区域和单元网络。工业以太网提供了一个无缝集成到多媒体世界的新途径，还可以应用于生产和过程自动化。采用何种性能的以太网取决于用户的需要，通用的兼容性允许用户无缝升级到新技术。

2）以太网无源光网络（Ethernet passive optical network，EPON）。无源光网络（passive optical network，PON）是一种为了支持“点到多点”应用而发展起来的光接入技术。现已实现的 PON 技术包括 APON/BPON、GPON 和 EPON/GEPON。EPON 是基于以太网的 PON 技术，是当前技术最为成熟、性价比最高、应用最广泛的 PON 技术。EPON 将以太网和 PON 技术结合，在物理层采用 PON 技术，在数据链路层使用以太网协议，利用 PON 的拓扑结构实现以太网接入，上行以突发的以太网包方式发送数据流，可提供上下行对称的 1.25Gbit/s 线路传输速率。因此，它综合了 PON 技术和以太网技术的优点，即低成本、高带宽、扩展性强、与现有以太网兼容、方便管理等。

以太网无源光网络 EPON 由局侧的光线路终端（OLT）、用户侧的光网络单元（ONU）和光分配网络（ODN）组成。它是一种采用点到多点结构的单纤或双纤双向光接入网络，通常采用树形和手拉手主备冗余环网组网。EPON 技术采用的分光器为无源器件，其无法实现对光信号的放大，所以在传输距离上有一定的限制，一般从 OLT 至 ONU 最远不超过 20km。此外，分光比需要事先规划好，不能随意接入新的设备，扩展性相对较差。用户侧接口应支持 10/100BASE－T 接口或 RS－232/RS－485 串口；网络侧接口应支持 GE 接口或 RS－232/RS－485 串口，可选支持 10/100BASE－T。

3）电力线载波（power line carrier，PLC）通信。PLC 通信是利用高压电力线（在电力载波领域通常指 35kV 及以上电压等级）、中压电力线（指 10kV 电压等级）或低压配电线（380/220V 用户线）作为信息传输媒介进行语音或数据传输的一种特殊通信方式。PLC 是电力系统特有的通信方式，其最大的特点是不需要架设网络，只要有电线，就能进行数据传递。PLC 具有无须经过 FCC 的许可、易形成电力专网、安全自控、组网灵活、无须架设其他通道系统建设成本低等优点。但是，电力线信道复杂多变，特别是在“最后一公里”的低压配电网中，信道特性很大程度影响了通信的质量。随着负载的变化，配电网的拓扑结构、衰减特性、噪声干扰都不断变化。受技术的局限，基于中压配电线路的载波通信技术只是对光纤和无线通信方式的一个补充，需要根据电力业务需求及配电网通信的覆盖条件进行综合选择。

（2）无线方式。

1）3G 通信。3G 是英文 3rd－Generation 的缩写，表示第三代移动通信技术。面向高速、宽带数据传输，国际电信联盟（ITU）称其为 IMT－2000（international mobile telecommunication－2000）。它能够处理图像、音乐、视频流等多种媒体形式，提供包括网页浏览、电话会议、电子商务等多种信息服务。为了提供这种服务，无线网络必须能够支持不同的数据传输速度，在室内、室外和行车的环境中能够分别支持至少 2Mbit/s、384kbit/s 以及 144kbit/s 的传输速度。主流码分多址（CDMA）技术代表有 WCDMA（欧洲、日本）、CDMA2000（美国）和 TD－SCDMA（中国），这三种技术都属于宽带 CDMA 技术。国内支持国际电信联盟确定三个无线接口标准，分别是中国联通的 WCDMA、中国电信的 CDMA2000 和中国移动的 TD－SCDMA。

2）4G 通信。4G 通信技术是指第四代移动通信技术（4th－Generation），该技术包括 TD－LTE 和 FDD－LTE 两种制式，是在 3G 技术的基础上结合了 WLAN 通信技术。4G 通信技术具有通信速度快、网络频谱宽、通信灵活、智能性能高、兼容性好、提供增值服务、通信质量高、频率效率高、费用低等优点，但是也面临标准多、技术难、终端容量受限、市场消化困难、投资大、成本高等问题。

3G 和 4G 通信技术应用于配电网具有很多优势，其覆盖面广泛，是双向通信系统，支持数据的双向传输，适用于分布广泛、有下行操控命令和上行监测数据传输需求的配电网监测点接入。在低速环境下，3G 的通信速率在 2Mbit/s 以上，而 4G 的通信速率达到上行 50Mbit/s、下行 100Mbit/s 以上，完全能够满足配电网自动化的信息传输要求。4G 通信采用更趋于扁平化的网络架构，降低了呼叫建立时延（100ms 以内）及用户数据的传输时延（10ms 以内），完全满足配电自动化对响应时间和数据传送时间的要求。在保证数据传输的可靠性方面，使用了混合自动重传（hybrid automatic repeat request，HARQ）、前向纠错（forward error correction，FEC）和自动重传（automatic repeat request，ARQ）等技术，以保证数据吞吐量和可靠性，同时具有用户认证机制，对传输数据进行加密和防火墙隔离，保证配电网自动化系统的安全可靠。

3）5G 通信。第五代移动通信技术（5th－Generation）是最新一代蜂窝移动通信技术，也是继 3G 和 4G 通信系统之后的延伸。5G 通信的优势是高数据速率、减少延迟、节省能源、降低成本、提高系统容量和大规模设备连接。

国际电信联盟（ITU）给 5G 定义了三大场景，即增强移动带宽（eMBB）、超高可靠低时延通信（uRLLC）和大规模机器类通信（mMTC）。随着电力不断向数字化能源互联网的发展，从以前的大机组电网互联，再到现阶段蓬勃发展的电网智能管理、新能源接入、智能电能表等智能电网应用的全面智能方向的不断进化，电力系统的发电、输电、变电、配电、用电，以及应急通信等各个环节均有“智能电网＋5G”的需求。

在智能配电网中，5G 技术的应用比较广泛，涵盖故障监测定位到精准负荷控制的全流程。这些应用对低时延的要求非常高，其中配电网保护与控制、智能配电网微型同步相量测量都要求低于 10ms 的超低时延，基于用户响应的负荷控制也要求不超过 20ms 的低时延。同时，这一环节需要管理的连接数也比较大，基本都在百万级和千万级。在用电端，涉及用电信息采集、分布式能源及储能、电动汽车充电桩、智能家居等电能计量及用电管理的方方面面。这一层应用最突出的需求是广连接，基本都在千万级甚至上亿级。此外，在应急通信及电力设备日常维护方面，5G 技术也能更好地支持语音调度及视频监控等场景应用，提供更大的带宽和更广的连接，满足临时场景的爆发式需求。

专网通信与公网分开，其安全性、可靠性比较有保障。电网可根据业务满足的实际情况，通过 3G、4G 和 5G 技术，构建电力无线专网。

4）WiMAX。全球微波接入互操作性（world interoperability for microwave access，WiMAX）是一种基于 IEEE 802.16 标准（包括 IEEE 802.16d 固定 WiMAX 和 IEEE 802.16e 移动 WiMAX）的带宽无线接入 BWA 城域网技术，能提供面向互联网的高速连接，数据传输距离最远可达 50km。WiMAX 还具有 QoS 保障、传输速率高、业务丰富多样等优点，是一种提供“最后一公里”的宽带无线连接方案，具有更好的可扩展性和安全性。电力通信的特点是布局分散、覆盖面广、容量要求不是很大。WiMAX 技术的覆盖范围和传输速度完全可以满足电力通信网络的要求，而且 WiMAX 的成本要比光纤通信低廉，所以从技术角度考虑，WiMAX 技术将在地区级和县级电力通信网络中发挥重要作用。

2. 本地通信网

本地通信网主要解决智能业务终端到配电子站/配电主站的通信问题，解决配电自动化系统中“最后一公里”的通信问题。

（1）现场总线。现场总线是连接智能现场设备和自动化系统的数字式双向传输、多分支结构的通信网络。现场总线产品有 CAN、FF、Profibus、Lonworks 等。在配电自动化系统中，现场总线适合于站内自动化智能模块之间，以及邻近的 FTU 与 TTU 之间的通信。

（2）屏蔽双绞线。RS－485 是一种改进的串行接口标准，连接屏蔽双绞线。最多可支持 64～256 个发送/接收器，其功能和安全性都能满足基本要求（如输入/输出隔离、防静电、防雷击、微功耗等），具有通信效率高、可靠性好等优点，但用于大容量系统时，需铺设专用线路，工程造价较高。

（3）拨号电话。拨号电话是利用市电话网组成配电网通信系统，其特点是不需要投资建设专用通信网，开通费用低，但运行费用高。

（4）专线。在专线（以双绞线或音频电缆为介质）方式中，各用户端在与终端设备通信的过程中采用的轮询（polling）方式，通过调制解调器（modem）将数值信号转换成模拟信号在专线上传送，可实现不小于 1200bit/s 和不低于 10km 的通信，传输速率较低，运行维护费用高。该技术在光纤通信得到大规模应用之前，是一种主要的通信方式。由于带宽低，扩展性差，敷设及运行成本都非常高，该技术逐步被淘汰。

（5）数传电台。数传电台提供透明 RS－232 接口，传输速率达 19.2kbit/s，收发转换时间小于 10ms，具有场强、温度、电压等指示，以及误码统计、状态告警，网络管理等功能。数传电台使用 350～512MHz 或 800～900MHz 频带。数传电台具有发射功率大、覆盖范围广、传输时延小、数据易传、组网灵活等技术优点，同时具有建网成本低、建设周期短、维护量小、不占用耕地、无需查线检修、不受人为破坏等建设维护优势。不足之处在于：用轮询的方式进行数据交换，调制方式相对落后，无纠错能力和加密功能，无线信号可以被轻易地截获、解析和伪造，抗干扰能力差。

随着工业互联网与电力能源互联网在 IT 信息通信架构上的融合发展，越来越多的配电网智能化终端在与配电网子站（边缘物联代理）通信时，选择物联网通信技术，其主要分为两类：一类是蜂舞协议（ZigBee）、蓝牙（bluetooth）、无线宽带（Wi－Fi）等短距离通信技术；另一类是低功耗广域网（low－power wide－area network，LPWAN），即广域网通信技术。LPWAN 又可分为两类：一类是工作于未授权频谱的 LoRa 等技术；另一类是工作于授权频谱下，第三代合作伙伴计划（3rd generation partnership project，3GPP）支持的 2G/3G/4G 蜂窝通信技术，如 EC－GSM、LTE Cat－m、NB－IoT 等。

（6）蜂舞协议（ZigBee）。ZigBee 是基于 IEEE 802.15.4 标准而建立的一种短距离、低功耗的无线通信协议。可工作在 2.4GHz（全球流行）、868MHz（欧洲流行）和 915MHz（美国流行）3 个频段上，分别具有最高 250、20、40kbit/s 的传输速率。ZigBee 具有近距离、低复杂度、低功耗、低速率、低成本的特性，主要适用于家庭和楼宇控制、工业现场自动化控制、农业信息收集与控制、公共场所信息检测与控制、智能型标签等领域，可以嵌入各种设备。

（7）蓝牙（bluetooth）。蓝牙技术能够在 10m 的半径范围内实现点对点或一点对多点的无线数据和声音传输，其数据传输带宽可达 1Mbit/s。通信介质为频率在 2.402～2.480GHz 的电磁波，被广泛应用于无线办公环境、汽车工业、信息家电、医疗设备、学校教育和工厂自动控制等领域，蓝牙存在的主要问题是芯片大小、价格较高、抗干扰能力较弱。

（8）无线宽带（Wi－Fi）。Wi－Fi 是一种基于 IEEE 802.11 协议的无线局域网接入技术。Wi－Fi 突出的优势在于它有较广的局域网覆盖范围，其覆盖半径可达 100m 左右；传输速度非常快，其传输速度可以达到 11Mbit/s（IEEE 802.11b）或者 54Mbit/s（IEEE 802.11.a），适合高速数据传输的业务；无须布线，非常适合在一些火车站、汽车站、商场等人员密集地方的移动办公的高速网络接入需求；健康安全，具有 Wi－Fi 功能的产品发射功率不超过 100mW，实际发射功率约 60～70mW，与手机、手持式对讲机等通信设备相比，Wi－Fi 产品的辐射更小。

（9）LoRa。LoRa 是 LPWAN 通信技术中的一种，是美国 Semtech 公司采用和推广的一种基于扩频技术的超远距离无线传输方案。这一方案改变了以往关于传输距离与功耗的折中考虑方式，为用户提供一种简单的能实现远距离、低功耗（长电池寿命）、多节点、低成本、大容量的系统，进而扩展传感网络。LoRa 主要在全球免费频段运行，包括 433、868、915MHz 等。

（10）NB－IoT。NB－IoT 是 IoT 领域一项新兴技术，支持低功耗设备在广域网的蜂窝数据连接，也被叫作低功耗广域网（LPWAN）。NB－IoT 支持待机时间长、对网络连接要求较高设备的高效连接。NB－IoT 设备电池寿命可以提高至少 10 年，同时还能提供非常全面的室内蜂窝数据连接覆盖。NB－IoT 构建于蜂窝网络，只消耗大约 180kHz 的带宽，可直接部署于 GSM 网络、UMTS 网络或 LTE 网络，以降低部署成本，实现平滑升级。NB－IoT 在大规模应用下成本将降至 1 美元，单个连接模块还停留在 5 美元，而蓝牙、Thread、ZigBee 三种标准的芯片价格在 2 美元左右，仅支持其中一种标准的芯片价格还不到 1 美元，这种价格差距让企业思考 NB－IoT 时不得不考虑成本问题，最终要真正实现技术的产品化还有很长的一段路要走。

2.3.4　安全防护要求

现场配电终端主要通过光纤、无线网络等通信方式接入配电自动化系统，目前安全防护措施相对薄弱，黑客攻击手段不断增强，致使点多面广、分布广泛的配电自动化系统面临来自公网或专网的网络攻击风险，进而影响配电系统对用户的安全可靠供电。同时，当前国际安全形势出现了新的变化，攻击者存在通过配电终端误报故障信息等方式迂回攻击主站，进而造成更大范围的安全威胁。为了加强配电自动化系统安全防护，保障电力监控系统的安全，《电力监控系统安全防护规定》（中华人民共和国国家发展和改革委员会（2014）第 14 号）（以下简称“14 号令”）和《国家能源局关于印发电力监控系统安全防护总体方案等安全防护方案和评估规范的通知》（国能安全〔2015〕36 号）（以下简称“36 号文”）等对配电自动化系统的安全防护作出了原则性规定。

遵循 14 号令、36 号文的要求，参照“安全分区、网络专用、横向隔离、纵向认证”的原则，针对配电自动化系统点多面广、分布广泛、户外运行等特点，采用基于数字证书的认证技术及基于国产商用密码算法的加密技术，实现配电主站与配电终端间的双向身份鉴别及业务数据的加密，确保数据完整性和机密性；加强配电主站边界安全防护，与主网调度自动化系统之间采用横向单向安全隔离装置，接入生产控制大区的配电终端均通过安全接入区接入配电主站；加强配电终端服务和端口管理、密码管理、运维管控、内嵌安全芯片等措施，提高终端的防护水平。

配电主站生产控制大区采集应用部分与配电终端的通信方式原则上以电力光纤通信为主，对于不具备电力光纤通信条件的末梢配电终端，采用无线专网通信方式；配电主站管理信息大区采集应用部分与配电终端的通信方式原则上以无线公网通信为主。无论采用哪种通信方式，都应采用基于数字证书的认证技术及基于国产商用密码算法的加密技术进行安全防护，配电自动化系统整体安全防护方案如图 2－38 所示。

当采用 EPON、GPON 或光以太网络等技术时，应使用独立纤芯或波长。当采用 230MHz 等电力无线专网时，应采用相应安全防护措施。当采用 GPRS/CDMA 等公共无线网络时，应当启用公网自身提供的安全措施，包括：采用 APN＋VPN 或 VPDN 技术实现无线虚拟专有通道；通过认证服务器对接入终端进行身份认证和地址分配；在主站系统和公共网络采用有线专线＋GRE 等手段。

配电自动化系统边界划分如图 2－39 所示。按照配电自动化系统的结构，安全防护分为七个部分，每一部分的安全边界需要遵循如下要求。

（1）生产控制大区采集应用部分与调度自动化系统边界的安全防护（B1）。生产控制大区采集应用部分与调度自动化系统边界应部署电力专用横向单向安全隔离装置（部署正、反向隔离装置）。

（2）生产控制大区采集应用部分与管理信息大区采集应用部分边界的安全防护（B2）。生产控制大区采集应用部分与管理信息大区采集应用部分边界应部署电力专用横向单向安全隔离装置（部署正、反向隔离装置）。

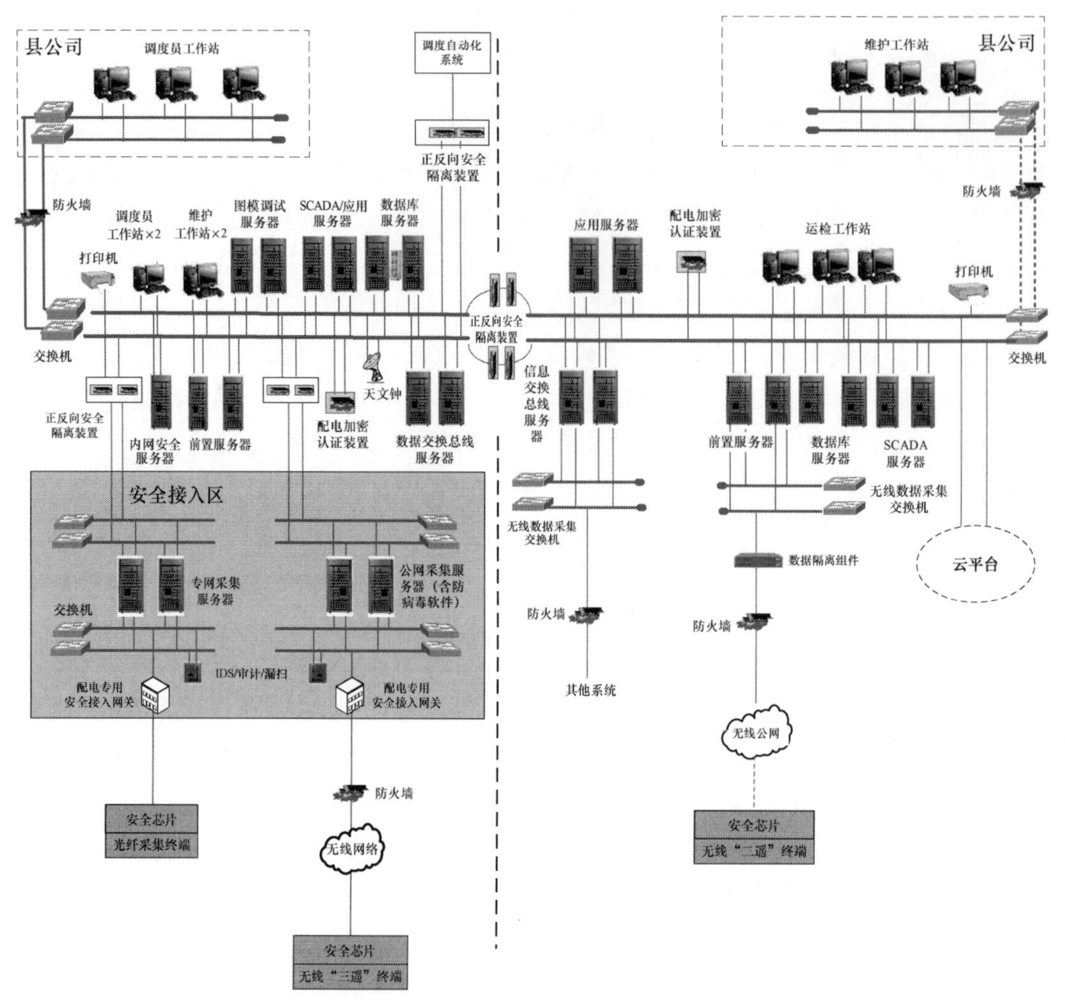

图 2－38　配电自动化系统整体安全防护方案

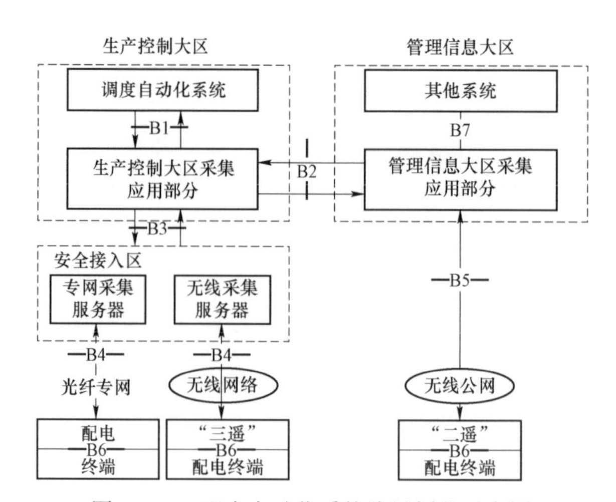

图 2－39　配电自动化系统边界划分示意图

（3）生产控制大区采集应用部分与安全接入区边界的安全防护（B3）。生产控制大区采集应用部分与安全接入区边界应部署电力专用横向单向安全隔离装置（部署正、反向隔离装置）。

（4）安全接入区纵向通信的安全防护（B4）。安全接入区部署的采集服务器，必须采用经国家指定部门认证的安全加固操作系统，采用用户名/强口令、动态口令、物理设备、生物识别、数字证书等至少一种措施，实现用户身份认证及账号管理。当采用专用通信网络时，相关的安全防护措施包括：使用独立纤芯（或波长），保证网络隔离通信安全；在安全接入区配置配电安全接入网关，采用国产商用非对称密码算法实现配电安全接入网关与配电终端的双向身份认证。当采用无线专网时，相关安全防护措施包括：启用无线网络自身提供的链路接入安全措施；在安全接入区配置配电安全接入网关，采用国产商用非对称密码算法实现配电安全接入网关与配电终端的双向身份认证；配置硬件防火墙，实现无线网络与安全接入区的隔离。

（5）管理信息大区采集应用部分纵向通信的安全防护（B5）。配电终端主要通过公共无线网络接入管理信息大区采集应用部分，首先应启用公网自身提供的安全措施，采用硬件防火墙、数据隔离组件和配电加密认证装置的防护：① 硬件防火墙采取访问控制措施，对应用层数据流进行有效的监视和控制；② 数据隔离组件提供双向访问控制、网络安全隔离、内网资源保护、数据交换管理、数据内容过滤等功能，实现边界安全隔离，防止非法链接穿透内网直接进行访问；③ 配电加密认证装置对远程参数设置、远程版本升级等信息采用国产商用非对称密码算法进行签名操作，实现配电终端对配电主站的身份鉴别与报文完整性保护；对配电终端与主站之间的业务数据采用国产商用对称密码算法进行加解密操作，保障业务数据的安全性。

（6）配电终端的安全防护（B6）。配电终端设备应具有防窃、防火、防破坏等物理安全防护措施。① 接入生产控制大区采集应用部分的配电终端：内嵌支持国产商用密码算法的安全芯片，采用国产商用非密码算法在配电终端和配电安全接入网关之间建立VPN 专用通道，实现配电终端与配电安全接入网关的双向身份认证，保证链路通信安全；利用内嵌的安全芯片，实现配电终端与配电主站之间基于国产非对称密码算法的双向身份鉴别，对来源于主站系统的控制命令、远程参数设置采取安全鉴别和数据完整性验证措施；配电终端与主站之间的业务数据采用基于国产对称密码算法的加密措施，确保数据的保密性和完整性；对存量配电终端进行升级改造，可通过在配电终端外串接内嵌安全芯片的配电加密盒，满足上述的安全防护强度要求。② 接入管理信息大区采集应用部分的“二遥”配电终端：利用内嵌的安全芯片，实现配电终端与配电主站之间基于国产非对称密码算法的双向身份鉴别，对来源于配电主站的远程参数设置和远程升级指令采取安全鉴别和数据完整性验证措施；对于配电终端与主站之间的业务数据，应采取基于国产对称密码算法的数据加密和数据完整性验证，确保传输数据保密性和完整性；对存量配电终端进行升级改造，可通过在终端外串接内嵌安全芯片的配电加密盒，满足“二遥”配电终端的安全防护强度要求。

（7）管理信息大区采集应用部分内系统间的安全防护（B7）。管理信息大区采集应用部分与不同等级安全域之间的边界，应采用硬件防火墙等设备实现横向域间安全防护。

2.4 配电自动化即插即用

2.4.1 即插即用背景及意义

智能配电网建设的一个重要特点就是现场自动化终端设备点多面广，这就导致了配电网自动化建设过程中的安装调试和运行维护的成本很高。同时，配电网自动化需要一个规模效应，只有当接入的配电终端、监测的配电网线路达到一定的规模之后，才能真正起到应有的作用。在配电自动化系统的建设工程和日常维护作业中，传统配电终端（环网箱 DTU、柱上开关 FTU 等）与配电主站之间的信息转发表的调试方式只解决了数据传输问题，主要过程是依靠人工制作和人工传递遥信、遥测、遥控点表，再由主站与厂站双方进行逐点对试校核，主站手动将点表信息录入数据库，这种方式存在如下问题：

（1）数据按模拟量、状态量、控制量等类型打包传输，数据含义不明确。不同厂商的设备难以实现互联互换，终端设备不能即插即用。

（2）终端与主站之间的互操作性差。终端设备缺乏自描述功能，缺乏统一的功能和接口规范，无法利用标准的文件格式描述自身包含的数据与服务，各数据之间缺少必要的关联关系，需要人工通过书面文件的交流说明数据的具体来源和含义。

（3）配电自动化系统中配电终端数量巨大，而且运行过程中配电线路的变化也比较多，由此带来的自动化设备的变动也比较多，因此配电自动化系统维护调试工作量巨大、效率低下。

（4）配电终端和主站需要分别进行通信的配置，双方对通信规约理解得不一致、通信信息表不能及时更新等原因，容易造成数据错位、数据类型不匹配等错误，从而产生数据误报，且查找错误原因相当困难。

（5）缺乏智能化的功能，不能适应智能配电网的需要。随着智能电网、智能配电网研究和建设的深入，对配电终端智能化的要求越来越高，传统的通信方式已无法满足进一步智能化的要求。

如何实现大量配电网自动化设备的有效接入和减少维护的工作量，一直是困扰配电网自动化发展的一大难题。实现配电网自动化设备的互操作、即插即用，减少施工和维护的工作量，解决配电网自动化中大量设备的有效接入问题，可进一步提高供电的可靠性，减少故障停电次数，缩短停电时间，缩小停电范围，快速实现非故障区域的恢复供电等。

2.4.2 即插即用目标

即插即用分阶段完成，其目标为终端配置无人化，主站配置轻量化。其原则为将人工参与度逐渐降低，终端侧实现无人工化配置，主站侧实现少量人工参与，最终实现整个系统的即插即用功能。即插即用由终端和主站间的即插即用与传感设备与终端设备的即插即用两部分组成。

配电变压器终端即插即用功能结合现有低压配电网数据交互的特点，借鉴智能变电站中的 IEC 61850 标准体系，实现配电自动化设备的互操作、即插即用、减少施工和维护的工作量，解决配电网自动化中大量设备的有效接入问题。

将终端与主站之间、终端与台区设备之间所有即插即用相关的注册、发现、数据交互都抽象成标准化配电物联网通信服务，并根据功能定义数据交互服务所需的基本数据类型和公共数据类，再映射到具体的协议，如终端与主站映射到 IEC 60870-5-104/MQTT 等协议。终端与低压智能设备之间的通信映射到 CoAP/MQTT/DL/T 645 等协议。传输时，可采用 DL/T 1232—2013《电力系统动态消息编码规范》（M 编码）进行对象数据编码和表示。配电变压器终端与低压设备均需要有一个标准化自描述模型，自描述模型参考 DL/T 860《变电站通信网络和系统》系列标准进行创建，根据标准化的即插即用流程及映射的应用通信协议，按照注册、发现流程实现终端与主站、终端与台区设备的即插即用。

1. 主站配置轻量化

终端设备的即插即用在用电信息采集系统已经广泛应用，在调度系统也有一些技术探索及经验积累，基本上都是采用模型源端唯一、自上而下的即插即用原理。配电主站从 PMS2.0 获取配电变压器终端及低压设备的模型信息，并配置终端 ID 或 IP 信息，与现场终端实现关联。配电主站通过配置工具生成终端模型配置文件，文件中包含低压传感器与配电变压器终端的对应关系，下发给配电终端。

配电变压器终端在安装到现场前是一台裸设备，安装到现场后，通过手持终端配置自身 IP 地址或资产 ID，并主动到主站完成注册。依据主站下发的终端配置文件，生成终端自身的配置信息，实现配电变压器终端设备的即插即用功能。配电变压器终端的即插即用包括终端对主站的即插即用及终端对低压传感器的即插即用两个部分。

2. 终端配置无人化

首先传感设备分为新型设备（IP 化设备）和传统设备（即串行总线等有线通信设备）。

网络型设备基于物联网协议（CoAP 或 MQTT）的自发现机制和统一的对下设备通信规约标准，实现终端对下设备的智能感知。

非网络型设备对于每种低压智能设备（不同通信协议），实现 APP 在 TTU 中的部署，对原有协议增加查询机制，由配电变压器终端向下对设备主动进行查询，以实现对下设备的即插即用。

2.4.3 即插即用基本流程

配电变压器终端即插即用是以设备模型标准化为基础，分为主站—智能配电变压器终端的即插即用、智能配电变压器终端—低压设备的即插即用。即插即用首先实现低压模型标准化和设备的标准化接入，再实现智能配电变压器终端和低压设备的即插即用。

基本思路如图 2-40 所示。

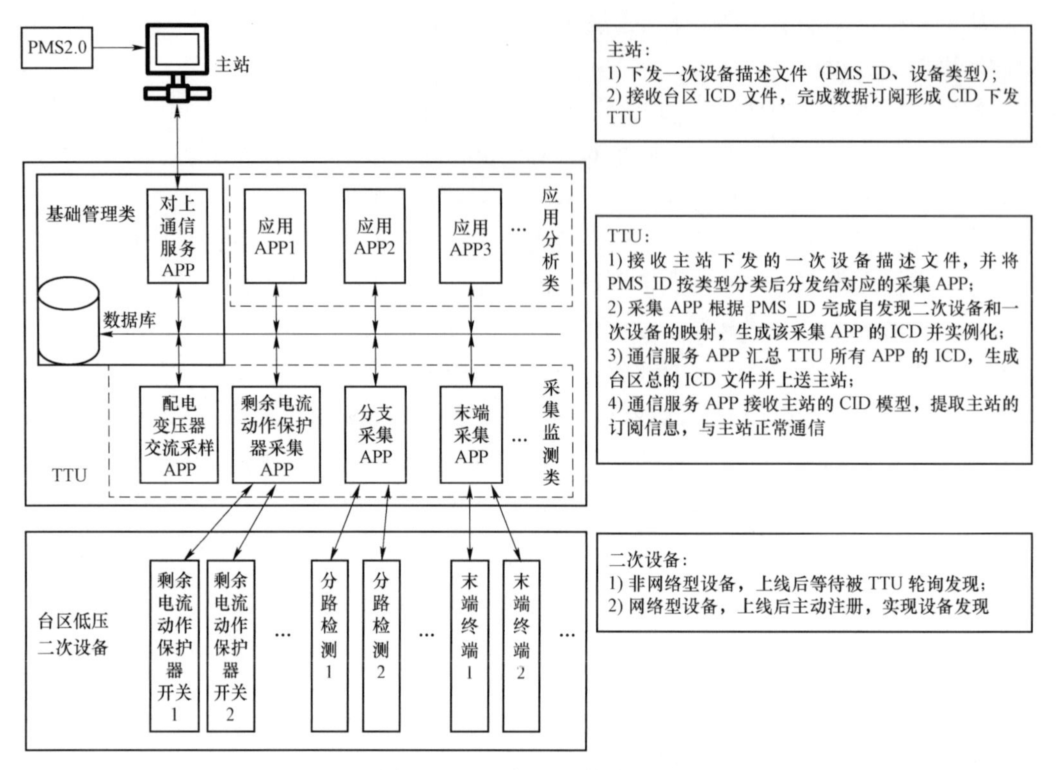

图 2-40 即插即用基本思路

1. 主站—智能配电变压器终端的即插即用

配电自动化主站与配电变压器终端的即插即用流程如图 2-41 所示。

（1）TTU 向配电主站上送注册信息。

（2）配电主站下发台区下一次设备描述文件给 TTU，一次设备描述文件中含有该台区一次设备的 PMS ID 及设备类型。

（3）TTU 终端内的通信服务 APP 完成一次设备描述文件解析，并将 PMS ID 分发至相应 APP 进行匹配。

（4）APP 完成所接入二次设备的注册发现和一二次设备映射，具体过程在本书第三章进行说明。

（5）采集 APP 对二次设备进行一二次设备映射，若某二次设备的一次 PMS ID 信息能在一次设备 PMS ID 清单中找到，则一二次设备映射成功，否则一二次设备映射失败。最终 TTU 形成映射成功的二次设备清单和映射失败的二次设备清单，并根据映射结果生成 ICD 文件，同时对 ICD 文件进行实例化。

（6）APP 与二次设备正常通信，并将该 APP 生成的此类型设备的 ICD 文件传输给通信服务 APP。通信服务 APP 合成台区总 ICD 文件并上送配电主站，该文件包含了台区内所有的数据点和默认上送主站的数据点。

（7）配电主站接收 TTU 上送的 ICD 文件，解析该文件从而完成主站侧通信模型的建立，并自动完成对数据集的订阅，生成 CID 文件。

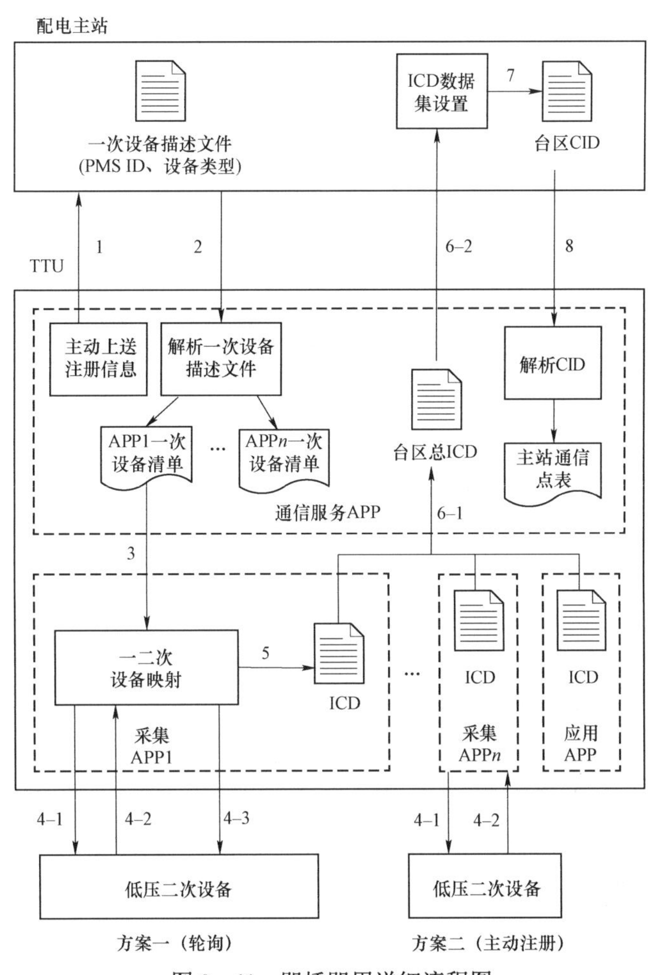

图 2－41　即插即用详细流程图

（8）配电主站将设置好数据集的 CID 文件下发给 TTU。TTU 通信服务 APP 解析主站下发的 CID 文件，生成 TTU 与主站信息交互的通信模型，并通过标准规约与主站进行正常信息交互。

2. 配电主站侧工作说明

新增 TTU 时，配电主站侧首先接收到 PMS 推送过来的该 TTU 对应的一次设备图模，然后等待 TTU 上送注册报文。TTU 注册完成后，配电主站下发一次设备模型，等待 TTU 对下发现所有的二次设备，自动实现一二次设备的关联和模型实例化。

TTU 第一次实例化所有低压设备完成后，向配电主站上送合成后的 ICD 文件。配电主站自动解析该 ICD 文件，自动完成配电主站采集模型的建立，在数据库中自动设置遥信、遥测和遥控信息点号，同时检测低压设备即插即用过程中是否出现一二次设备映射错误的情况，如有则通过四区应用推送给现场安装人员进一步分析排查，直至所有的错误消除完毕，从而实现数据接入流程的闭环。该过程考虑全自动实现，无需人工干预。

现场调试完成后，后续有两种情况，主站侧会重新触发该流程：

（1）由于配电主站侧应用需求发生变化，需要重新订阅数据，主站侧提供人机界面供用户挑选所需要的数据点，重新生成 CID 文件同时更新 CID 文件版本，然后发送给 TTU。TTU 接收到主站侧下发的 CID 文件后，根据版本号的变化推知主站侧订阅数据内容发生变化，并更新数据上送模型。

（2）如果出现台区内新增设备或设备退役的情况，首先在 PMS 进行维护（对于设备退役也需要指明），由 PMS 推送给配电主站，配电主站重新下发一次设备描述文件，通知 TTU 重新生成 ICD 文件。

3. 智能配电变压器终端—低压设备的即插即用

智能配电变压器终端和低压设备之间的即插即用，可以分为低压设备主动注册和 TTU 定时轮询两种方案。主动注册方案适用于 IP 化设备或经过 IP 化改造的设备，定时轮询方案适用于传统 RS－485 等半双工通信方式设备。

低压设备在现场安装接线完成后，现场人员在二次设备中录入一次设备 PMS ID 信息，然后低压设备主动向 TTU 发送注册请求进行自动注册。对于 IP 化设备，TTU 端作为服务器端，低压设备作为客户端主动发起连接，对于少量通过 RS－485 等非 IP 化的通信接口需要通过接口转换器接入，流程如图 2－42 所示。

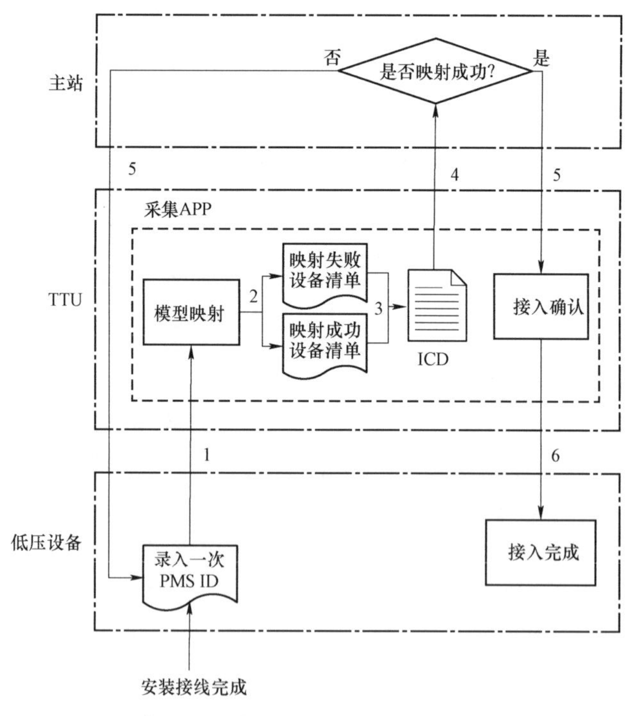

图 2－42　低压设备主动注册流程图

（1）低压设备完成安装接线，录入一次设备 PMS ID，然后向 TTU 发送注册请求，上报自身 IP 地址、通信地址、设备类型、一次设备 PMS ID 等自描述信息。

（2）TTU 接收到低压设备注册请求后，进行一二次设备映射，匹配一次设备 PMS ID

等信息。一二次设备映射成功，则完成该低压设备的模型实例化，生成映射成功二次设备清单；映射失败则生成映射失败二次设备清单。

（3）采集 APP 将二次设备实例化并生成 ICD 文件。

（4）统一由通信服务 APP 将采集监测类 APP 和应用分析类 APP 模型进行合并，由 TTU 将 ICD 文件上送配电主站。

（5）配电主站核查一二次设备是否全部映射成功，如没有错误则下发成功确认至 TTU，如出现错误则将错误信息推送至四区应用，由四区应用通知现场人员确认 PMS ID 录入是否正确，重复上述步骤直至所有一二次设备都映射成功。

（6）一二次设备映射结束后，TTU 将映射及注册结果回复至低压设备，如果回复注册成功，则低压设备完成接入，开始提供服务；若回复注册失败，则低压设备本地给出相应告警提示（如指示灯等形式），需要人工确认 PMS ID 是否录入正确及 PMS 设备资产信息是否准确。

4. TTU 定时轮询方案

低压设备在现场安装接线完成后，现场人员在二次设备录入一次设备 PMS ID 信息及设备地址，然后等待 TTU 发起设备扫描。TTU 需要预设各种类型低压设备最大数量，然后发送包含设备类型和设备地址的扫描信息，低压设备匹配 TTU 扫描信息，匹配成功则向 TTU 回复扫描确认命令，匹配失败则不响应，流程如图 2－43 所示。

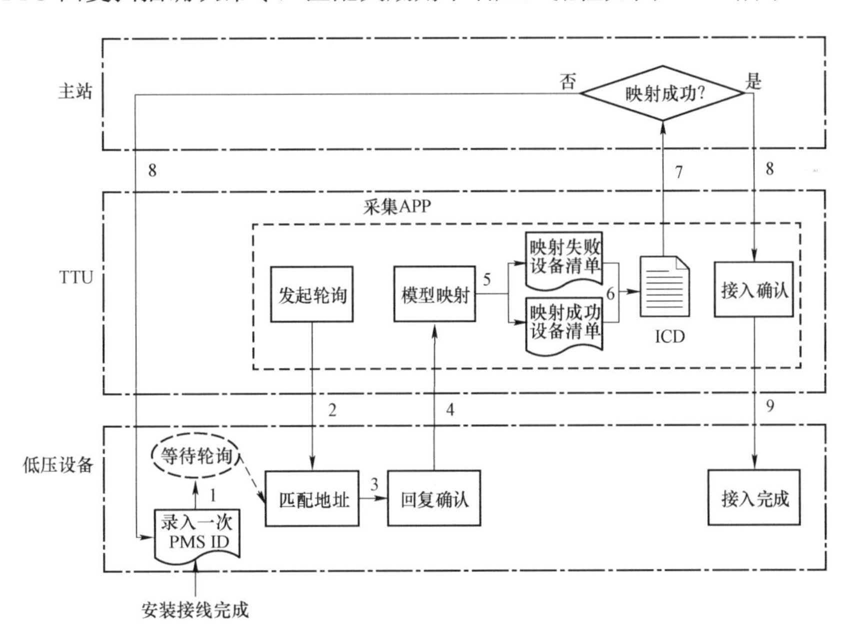

图 2－43　TTU 轮询发现低压设备流程图

（1）低压设备安装接线完成，录入一次设备 PMS ID，然后等待 TTU 发起设备轮询扫描。

（2）TTU 驱动相关采集监测类 APP 发起轮询扫描，扫描请求包含设备类型和设备地址。

（3）低压设备接收到 TTU 扫描请求后，对请求命令所携带的设备类型和通信地址进行匹配。

（4）如果匹配成功，则上报自身地址、一次设备 PMS ID 等自描述信息；匹配失败则不响应。

（5）TTU 接收到低压设备扫描回复后，进行一二次设备映射，匹配一次设备 PMS ID 等信息。一二次设备映射成功，则完成该低压设备的建模，生成映射成功二次设备清单；映射失败则生成映射失败二次设备清单。

（6）统一由通信服务 APP 将采集监测类 APP 和应用分析类 APP 模型进行合并，由 TTU 将合并的 ICD 文件上送配电主站。

（7）配电主站核查一二次设备是否全部映射成功，如没有错误则下发成功确认至 TTU，如出现错误则将错误信息推送至四区应用，由四区应用通知现场人员确认 PMS ID 录入是否正确，重复上述步骤直至所有一二次设备都映射成功。

（8）一二次设备映射结束后，TTU 将映射及注册结果回复至低压设备，如果回复注册成功，则低压设备完成接入，开始提供服务；若回复注册失败，则低压设备本地给出相应告警提示（如指示灯等形式），需要人工确认 PMS ID 是否录入正确及 PMS 设备资产信息是否准确。

5. 设备模型变更流程

设备退役或设备更换由 PMS 设备资产信息变更触发，当 PMS 维护设备退役或者设备更换时发起设备退役流程，由 PMS 向配电主站发起模型变更通知，配电主站接收到模型变更通知后将最新一次设备描述文件下发 TTU。TTU 将主站下发一次设备描述文件与原有一次设备描述文件进行对比，如发现变更则通知相应 APP 重新进行模型实例化，流程如图 2－44 所示。

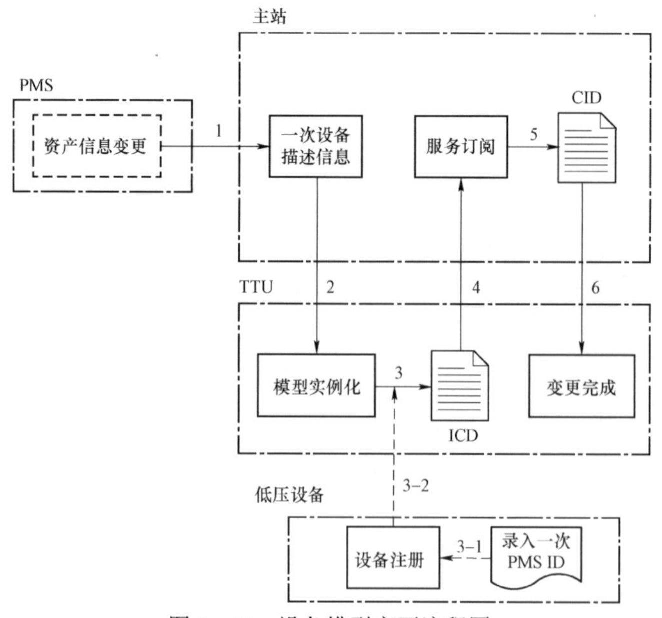

图 2－44　设备模型变更流程图

（1）PMS 设备资产信息变更后，将变更后的一次设备描述信息通知配电主站。

（2）配电主站将变更后的一次设备描述信息下发 TTU。

（3）TTU 按照新的一次设备描述信息进行本地模型实例化，无新增设备则直接进入第 4 步；有新增设备或者设备替换则进入 3－1、3－2 步。

（4）现场设备更换/安装完成后，在二次设备录入一次设备 PMS ID 信息。

（5）低压设备按照即插即用流程主动注册或者等待 TTU 轮询扫描完成设备注册及接入。

（6）TTU 将 ICD 文件上送配电主站。

（7）配电主站检查 TTU 服务信息模型并对服务进行订阅，生成 CID 文件。

（8）配电主站将订阅结果（CID 文件）下发 TTU，模型变更完成。

2.4.4　配电终端 IEC 61850 建模

1. 模型数据基本要求

配电终端按照 DL/T 860 建立数据模型，具体要求如下：

（1）数据模型包括直接采集数据和通过通信接入设备的数据。

（2）数据模型采用 ICD 文件进行描述，文件名固定为 device.icd。

（3）ICD 文件应包含模型自描述信息。如 LD 和 LN 实例应包含中文“desc”属性，实例化的 DOI 应包含中文“desc”和“dU”赋值。

（4）ICD 文件应明确包含制造商（manufacturer）、型号（type）、配置版本（configVersion）等信息。

（5）ICD 文件宜包含参数相关数据属性如“units”“stepSize”“minVal”和“maxVal”等配置实例。

2. 配电终端智能电子设备（IED）模型要求

（1）物理设备模型建模要求如下：

1）IED 模型的访问点设置采用“S1”。

2）装置模型 ICD 文件中 IED 名应为终端唯一 ID。

3）一个物理设备，应建模为一个 IED 对象。该对象是一个容器，包含 server 对象；server 对象中至少包含一个 LD 对象；每个 LD 对象至少包含 3 个 LN 对象，即 LLN0、LPHD、其他应用逻辑接点。

4）实例化 LD 应包含 desc 属性。该属性值为功能，如测量 LD、控制 LD、公用 LD、保护 LD。

5）实例化 LN 应包含 desc 属性。该属性值为×××开关。

6）实例化 DO 应同时包含 desc 和 dU 属性，其值应一致。该属性值为实际数据名称，如 803 开关 A 相电流幅值。

7）实例化 DA 宜包含单位、步长、最大值、最小值属性。

8）装置模型 ICD 文件中 IED 名应为“TEMPLATE”。实际系统中的 IED 名由系统配置工具统一配置。

（2）逻辑设备（LD）建模。配电终端至少包含 5 个逻辑设备，逻辑设备按照以下几种类型进行区分：

1）公用 LD，inst 名为“LD0”，包含配电终端自身数据，以及装置的自检信息硬件异常、软件异常、系统参数等。

2）测量 LD，inst 名为“MEAS”，包含配电终端采集的及通信获取的数据，如直流量、交流量等。

3）控制及开入 LD，inst 名为“CTRL”，包括设备采集的状态信息和设备的遥控信息。

4）保护 LD，inst 名为“PROT”，包括保护相关功能，如事件、告警、定值等。

（3）逻辑节点（LN）建模。每个最小功能单元建模为一个 LN 对象，属于同一功能对象的数据和数据属性应放在同个 LN 对象中。LN 类的数据对象扩充应遵循 DL/T 860 系列标准的要求。没有定义或不是 IED 自身完成的最小功能单元应选用通用 LN 模型。为区分不同回线的信息，将回线描述信息配置到 LN 对象的 NamPlt 节点下，使用 vendor 描述，如下示例：

```
<DOI name = "NamPlt" desc = "NamPlt">
    <DAI name = "vendor">
        <Val>BAY001</Val>
    </DAI>
    </DOI>
```

2.5 其他技术

2.5.1 云平台架构

近年来，云计算技术取得了飞速的发展，云计算也正在成为信息技术产业发展的战略重点，全球的信息技术企业都在纷纷向云计算转型。配电自动化系统作为配电网管理重要的信息化系统，随着配电网业务向低压配电网延伸，以及配电物联网业务的深度应用，传统集中式架构的处理能力已渐渐不能适应配电网业务的发展需求，因此，配电自动化业务上云成为了必然的趋势。

按照云计算平台的通用划分原则，配电云平台由 IaaS 层、PaaS 层、SaaS 层组成。横向上，平台提供水平环节的开放共享，全面加强大数据应用创新。面向能源互联网服务，增强大数据分析挖掘和增值变现能力，实现大数据与业务活动深度融合，并基于平台的能力开放，实现第三方系统/平台之间的互操作，充分支撑产业发展。纵向上，平台提供与智能配电终端即插即用等云端一体协同机制，通过物联代理、物联管理中心屏蔽底层网络差异，实现全环节物物相连的一次水平化；通过能力开放中心，资源整合打通用户、业务与终端以实现协同，实现全业务云上运行的二次水平化；平台支持云端一体化处理，电力业务数据流、设备数据流、安全数据流基于全业务数据中心存储、管理、分析，“一次采集，处处使用”，拓展全业务支撑能力。配电云平台的总体架构如图 2-45 所示。

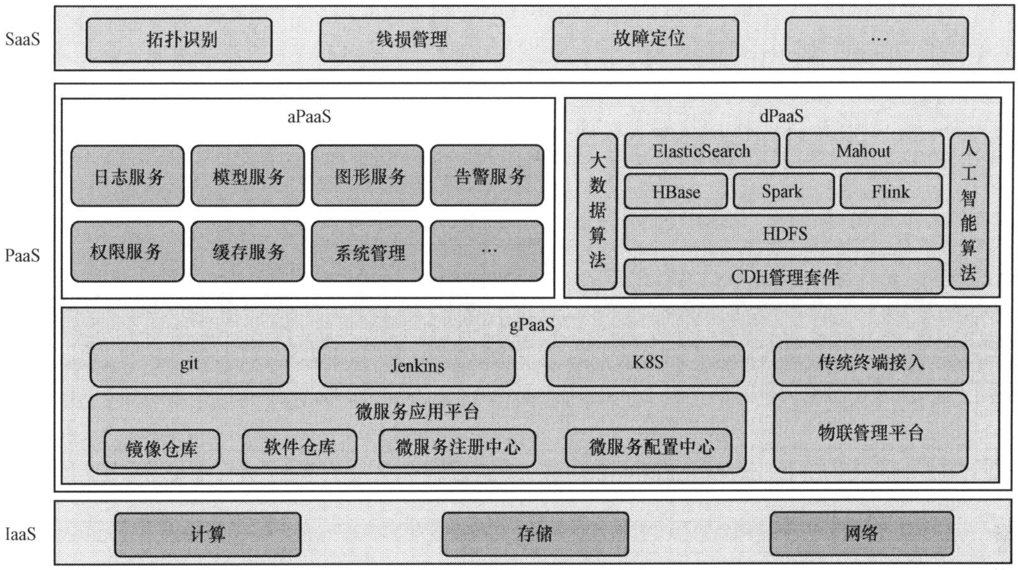

SaaS
拓扑识别
线损管理
故障定位
…
PaaS
aPaaS
日志服务
模型服务
图形服务
告警服务
权限服务
缓存服务
系统管理
…
dPaaS
大数据算法
ElasticSearch
Mahout
HBase
Spark
Flink
HDFS
CDH管理套件
人工智能算法
gPaaS
git
Jenkins
K8S
传统终端接入
微服务应用平台
镜像仓库
软件仓库
微服务注册中心
微服务配置中心
物联管理平台
IaaS
计算
存储
网络

图 2-45　配电云平台总体架构

1. IaaS 层建设概况

IaaS 层采用通用的 IaaS 服务，提供计算、存储、网络虚拟服务。IaaS 层的关键技术是服务器、存储、网络的虚拟化技术。虚拟化技术是云计算的核心，在服务器上部署虚拟化软件，将硬件资源池化、集中化，基于策略的管理，从而使一台物理服务器可以承担多台服务器的工作。同时，基于存储网络的虚拟化，整个数据中心的硬件资源能够资源共享、灵活分配，实现业务按需申请、随取随用。虚拟化技术可以适应业务的快速发展，降低企业 IT 总持有成本，从而使企业可以更加聚焦核心业务。IaaS 层的架构如图 2-46 所示。

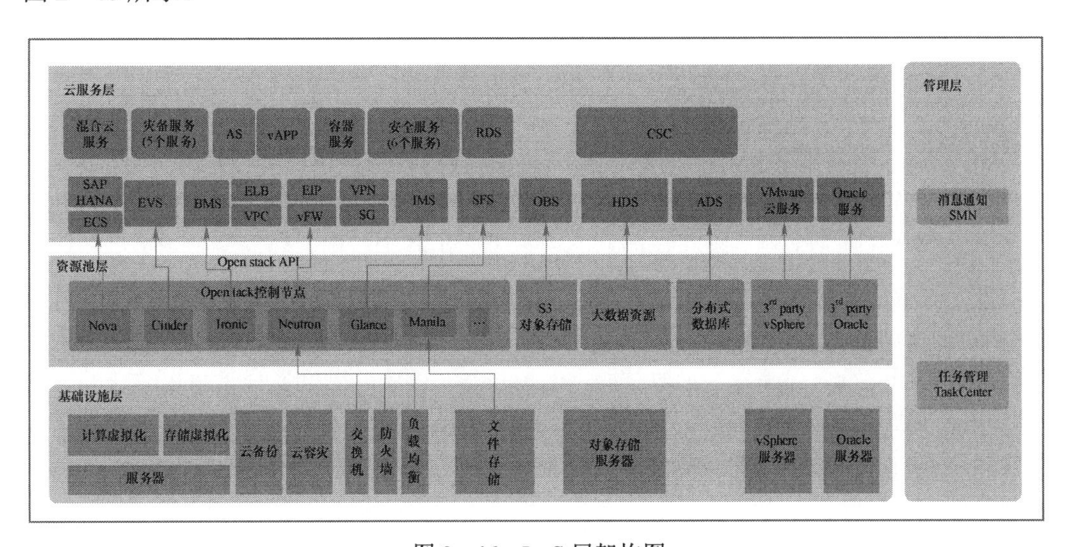

图 2-46　IaaS 层架构图

IaaS 层主要由基础设施层、资源池层、云服务层和管理层组成。

（1）基础设施层。基础设施层包括服务器、存储、网络、安全等物理基础设施，构成数据中心资源池的基础设施。

（2）资源池层。资源池层可以接入计算（虚拟机池、Baremetal 物理机池）、存储（块存储资源池、对象存储资源池）、网络资源池以及桌面资源池、安全资源池等。各种资源池可以根据项目需要进行构建，对不需要的资源池进行裁剪。

（3）云服务层。云服务层作为云服务的管理及运营平台主要包括服务自动化层、服务接入层（服务 console 层）及服务门户层。服务自动化层通过对资源池层 IaaS、灾备资源的封装，实现云资源服务的发现、路由、编排、计量、接入等功能，实现从资源到服务的转换。服务接入层是云管理平台的对外呈现，分为用户门户及管理员门户。用户门户面向各委办局、业务管理员等，管理员门户面向系统管理员等。用户可通过服务租户自助操作门户（服务 console）实现对服务的操作、使用、监控等生命周期管理。

（4）管理层。管理层分为运营管理和运维管理两部分。运营管理，提供运营管理门户，运营管理门户除提供云服务申请和自助服务控制台外，支持包括虚拟数据中心（VDC）管理、租户管理、服务目录、服务控制台、计量等运营管理功能。运维管理，提供运维管理门户，支持对多数据中心的统一运维管理，包括资源管理、告警管理、拓扑管理、性能管理以及统计报表等。

2. PaaS 层建设概况

Paas 层作为配电云主站的核心平台层，由 gPaaS、dPaaS、aPaaS 三个部分组成。gPaaS 主要包括终端接入、持续集成、微服务及容器应用平台部分；dPaaS 主要包括 CDH 管理套件、大数据存储、流式计算、大数据分析、人工智能算法等数据平台组件；aPaaS 主要提供基础性、公共的服务，为其他高级应用提供支撑。

（1）微服务框架。微服务架构将功能分解到各个离散的服务中以实现对解决方案的解耦。不同于传统架构模式，借用 Martin Flower 对其的定义：微服务化就是以一系列小的服务来开发支撑一个应用的方法论，服务独立在自己的进程中，通过轻量级通信机制交互。这些服务是围绕着业务上的组织结构来构建的，全自动，独立部署，几乎看不到中心化的服务管理基础设施，可以使用不同的编程语言和数据存储技术来实现不同的服务。PaaS 平台微服务运行与治理框架提供完备的微服务运行与治理能力，需秉承开放的原则，兼容业界主流的其他微服务框架。

（2）容器管理与编排。容器管理与编排技术应用提供应用的自动化部署、自动化监控运维等应用生命周期管理，能够为各种类型的应用（容器应用、软件包应用、有状态/无状态等）选取合适的资源调度和安装部署，并支持运行时管理操作如配置、更新、升级、卸载等；支持应用编排，通过模板（Template）设计，提供多种策略相结合的容器资源分配方式，支持依据节点标签、CPU、内存等性能指标方式的分配策略，以及亲和反亲和等高级分配策略；同时提供资源隔离功能，能够限制应用的 CPU 和内存使用，避免个别应用异常造成整个服务器不可用；提供容器动态调度功能，支撑以 CPU、内存等基础参数以及业务应用自定义参数进行容器数量的弹性伸缩；提供容器监控功能，能在线监视资源、容器、应用的运行状态，并进行故障恢复；提供容器镜像仓库功能，实现应用的快速上线和自动化版本升级。

（3）持续集成。建立持续集成服务器管理持续集成任务，当有应用代码提交时，可触发或人工进行构建，并对其执行全面的自动化测试集合。持续集成主要步骤：检查版本库是否有代码更新；如果代码有最新提交，就从版本库下载最新代码；调用自动化编译脚本，进行代码编译；进行代码静态检查；运行单元测试用例；生成容器镜像并推送到镜像仓库；部署到测试验证环境。

（4）人工智能深度学习平台。深度学习平台面向具有一定算法基础的开发人员提供数据集管理、notebook 环境代码开发、模型训练与评估管理、模型管理、预测服务发布管理端到端的建模开发能力，如图 2－47 所示。

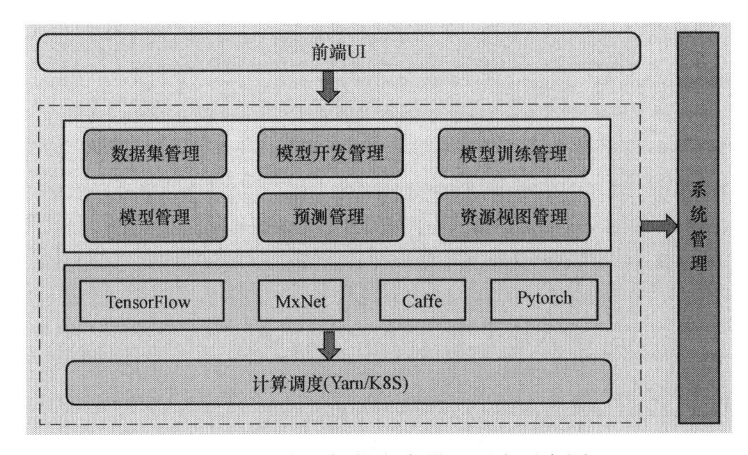

图 2－47　人工智能深度学习平台示意图

（5）大数据平台。大数据平台需要为数据汇集、数据管理、数据分析、模型利用等环节提供全过程支撑，如图 2－48 所示，其主要包括支持结构化、非结构化多样性数据的接入与存储，支持实时流式、离线批量混合式数据处理框架，提供数据汇集、数据处理、数据融合、数据质量等数据功能与服务，提供涵盖统计分析、机器学习、深度学习、文本分析等多样化的大数据分析与人工智能领域的算法组件，并为应用开发与业务分析人员提供图形拖拽式流程化分析挖掘工具。整体打造为从数据到模型、模型到场景化应用的一站式大数据挖掘与人工智能应用开发平台，促进大数据人工智能技术落地。

（6）模型数据服务主要需求。

1）模型数据服务可根据业务场景应用所需的模型范围，以当前系统为基础生成独立的模型数据读写实例，模型数据的定位需要符合域－场景－功能的体系要求，支持在不同场景环境中独立部署。

2）按照模型对象名称、对象 ID 与对象属性的数据结构化方式或者 SQL 语句方式，提供对所属当前系统中模型数据的检索与操作功能。

3）提供对所属当前系统中模型数据的规范性、完整性、电网拓扑等校验功能。

4）支持上下级或同级实时数据平台、分析决策中心、监控系统之间关于业务扩展模型数据的订阅与发布功能。

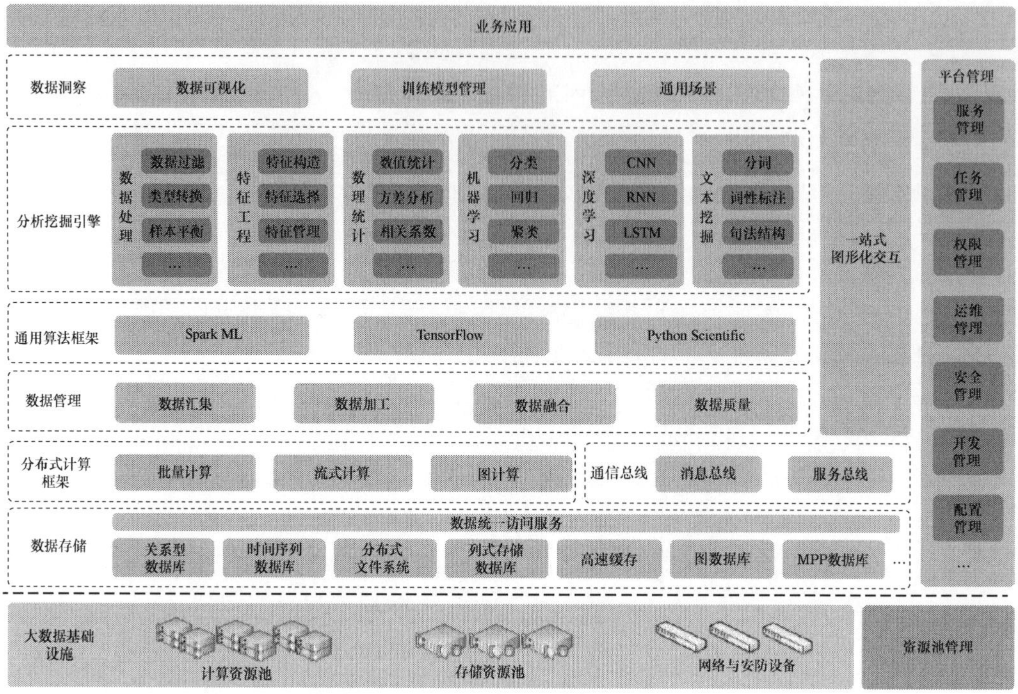

图 2-48　大数据平台示意图

模型数据服务主要提供对多实例模型数据的管理与存取，屏蔽不同实例模型数据存储位置与存储介质的访问差异，为业务应用提供全局统一的数据接口，以逻辑统一的方式实现模型数据操作、模型数据检索、模型数据校验与模型数据统计功能。

（7）缓存服务。实时数据主要指物联网主站系统运行场景下，通过实体数据接入产生的大量监控数据，另外，监控应用和在线分析等业务场景产生的结果数据也可以归入实时数据的范畴。实时数据因其变化频率较高及业务访问量较大，需要采用专门的数据存储系统。同时，因实时数据访问往往以测点为基础，不适用关系数据检索功能，宜采用键值方式进行检索。实时数据服务面向实时数据的对外访问，供业务读取实时数据。

3. SaaS 层建设概况

SaaS 层作为配电网高级应用层，由众多的业务场景组成，包括故障分析、拓扑识别与校验、线损管理、电能质量治理、停电分析等，基于 PaaS 层提供的服务，提供配电网业务服务。

（1）配电网运行监控。配电网运行监控应用继承传统 SCADA 功能，显示全区域或各分区域的异常设备数、总负荷曲线、各异常分布，可视化展示统计数据。

（2）主动供电服务。基于供电回路阻抗智能化分析，提升供电服务的低压故障预判能力；通过综合分析配电变压器及低压用户停复电事件，并结合台区低压拓扑、设备和环境监测信息，实时研判配电变压器及低压用户故障停电，实现故障定位，支撑低压故障抢修从被动转变为主动。

（3）电缆监测和综合管廊。展示电缆的台账信息、实时数据（包括电缆本体负荷电缆、绝缘介质损耗、绝缘电阻、护层环流、电缆中间接头密封受潮情况、电缆终端局部放电、受潮情况、电缆通道渗漏水监测），提供电缆通道实时视频监控界面，监控电缆通道安防情况。

（4）智能设备巡检。支持日常巡检、定期维护、故障维修等操作并自动归集数据，实现设备全生命周期管理。

2.5.2　云端和终端的协同机制

近年来，随着以物联网、云计算、大数据、人工智能等为代表的新一代信息技术在互联网行业的成功应用，越来越多的传统产业逐渐与互联网技术进行融合，新一轮的科技革命和产业变革正在全球范围内蓬勃开展。电网从技术特征和功能形态上看，也面临着重大变革。电力物联网是一种新的电力网络运行形态，深度融合了传统工业技术及以物联网为代表的新一代信息通信技术。依靠设备迅速准确的感知能力及设备之间的互联、互通、互操作，建构一个基于软件定义的高度灵活和分布式智能协作的电力网络，实现对电网的全面感知、实时传输、高效处理和智能应用，助力电网的高质量发展。

配电网是电力物联网的重要组成部分，伴随着电力物联网的建设，越来越多的分布式能源、配电终端和新型用电设备都会接入配电网内，也将给配电网系统的建设、稳定运行带来挑战。根据国家电网有限公司电力物联网建设思路，充分应用移动互联、人工智能等现代信息技术和先进通信技术，实现配电网系统各个环节万物互联、人机交互，为构建系统状态全面感知、信息事件高效处理、应用服务便捷灵活的泛在电力物联网提供有益参考，同时有助于提升配电网供电质量和运营服务管理水平。

1. 配电物联网特征

配电物联网实现配电网运行、状态及管理全过程的全景全息感知、互联互通及数据智能应用，支撑配电网的数字化运维。概括起来，配电物联网需具备设备广泛互联、状态全面感知、应用灵活迭代、决策快速智能和运维便捷高效等特征。

（1）设备广泛互联。实现配电网设备的全面互联、互通、互操作，打造多种业务融合的安全、标准、先进、可靠的生态系统。

（2）状态全面感知。对电力设备管理及消费环节的全面智能识别，在信息采集、汇聚处理基础上实现状态全过程、资产全生命、客户全方位感知。

（3）应用灵活迭代。以软件定义的方式在终端及主站实现服务的快速灵活部署，满足形态多样的配电网业务融合和快速变化的服务要求。

（4）决策快速智能。综合运用高性能计算、人工智能、分布式数据库等技术，进行数据存储、数据挖掘、智能分析，支撑应用服务、信息呈现等配电业务功能。

（5）运维便捷高效。传统电力工业控制系统深度融合物联网 IP 化通信技术，基于统一的信息模型和信息交换模型实现海量配电终端设备的即插即用免维护。

2. 配电物联网整体架构

配电物联网系统架构可划分为“云管边端”四大核心层级。其架构充分考虑了配电网设备覆盖广，布点多，但同时又具有一定的汇聚性，管理上呈树状的特征。

（1）“云”。“云”层采用“物联网平台+业务微服务+大数据+人工智能”的技术架构，实现海量终端连接、系统灵活部署、弹性伸缩、应用和数据解耦、应用快速上线，满足业务需求快速响应、应用弹性扩展、资源动态分配、系统集约化运维等要求。

（2）“管”。“管”层采用“远程通信网+本地通信网”的技术架构，远程通信网借助现有包括光纤、电力无线专网、无线公网等通信方式，实现云与边缘节点之间高可靠、低时延、差异化的通信；本地通信网实现配电物联网海量感知节点与边缘节点之间灵活、高效、低功耗的通信。

（3）“边”。“边”层采用“统一硬件平台+边缘操作系统+APP 业务应用软件”的技术架构，融合网络、计算、存储、应用核心能力，通过边缘计算技术提高业务处理的实时性，降低云主站通信和计算的压力；通过软件定义终端，实现电力系统生产业务和客户服务应用功能的灵活部署。

（4）“端”。“端”层采用“通用硬件平台+轻量级物联网操作系统+设备业务应用软件”的技术架构，实现配电网的运行状态、设备状态、环境状态以及其他辅助信息等基础数据的采集，并执行决策命令或就地控制，同时完成与电力客户的友好互动，有效满足电网生产活动和电力客户服务需求。

3. 云边协同机制

物联网中的设备产生大量数据，在上传到云主站处理的过程中，会对云端造成巨大压力，为分担中心云节点的压力，边缘计算节点可以负责自己范围内的数据计算和存储工作。云计算与边缘计算是一种互补、协同的关系，边缘计算需要与云计算紧密协同才能更好地满足各种应用场景的需求。边缘计算主要负责那些实时、短周期数据的处理任务以及本地业务的实时处理与执行，为云端提供高价值的数据；云计算负责边缘节点难以胜任的计算任务，同时，通过大数据分析，负责非实时、长周期数据的处理，优化输出的业务规则或模型，并下放到边缘侧，使边缘计算更加满足本地的需求，完成应用的全生命周期管理。

（1）云边协同定义。云边协同的基本定义：将边缘计算节点与云主站相结合，从资源、数据、接口、通信、安全等多方面、多维度切入，遵循边缘计算自身的就近原则、云边层级对应原则以及云主站统一管理原则。云边协同可实现边缘计算节点负载云主站的数据处理，减少数据往返云端等待时间和网络带宽成本，满足终端侧实时需求，同时提高云主站承担复杂工作的效率，降低边云管理的难度和系统资源成本，共同完成更多更复杂的工作。对配电业务来讲，云边协同的数据处理机制可实现“区域自治”，特定区域的部分数据无需上传云主站，可以进行本地分析、决策，充分利用数据资源，提高实时性。

（2）云边协同架构。边缘计算涉及 EC－IaaS、EC－PaaS、EC－SaaS 的端到端开放平台。典型的边缘计算节点一般涉及网络、虚拟化资源、RTOS、数据面、控制面、管理面、行业应用等，其中网络、虚拟化资源、RTOS 等属于 EC－IaaS 能力，数据面、控制面、管理面等属于 EC－PaaS 能力，行业应用属于 EC－SaaS 范畴。为便于维护以及提高整体工作效率，边缘计算节点与云主站之间的协同分为 3 个层级，通过层级接口完成协同交互与整体架构的协作处理，结合云边协同映射到各个层面。典型的配电物联网边缘计算节点需要涉及 EC－IaaS 层的基础平台（包括计算、存储、通信等能力及 AI 平台）、虚拟化资源平台、EC－PaaS 层的数据总线、APP 管理、数据管理以及 EC－SaaS。

2.5.3　配电模型中心

2.5.3.1　建设背景

国家能源局发布《配电网建设改造行动计划（2015—2020 年）》构建“互联网＋”公共服务平台，促进能源与信息的深度融合。提出打破电力行业中企业之间、业务之间的数据壁垒，推动电力企业的数据开放共享，建设电力行业统一的元数据和主数据管理平台，建立统一电力数据模型和行业级电力数据中心，开发电力数据分析挖掘的模型库和规则库，挖掘电力大数据价值，面向行业内外提供内容增值服务。

国家电网有限公司明确提出以客户为中心的配电网运营新机制，主动开展供电服务指挥平台建设、智能电能表支撑配电网运维管理等多项提升客户服务能力的重要举措，在组织架构、业务实施层面积极打破专业壁垒、提升服务能力，但受制于营配调信息模型未统一遵循 IEC 标准实施，仍处于“贯而不通，通而不畅”的现状，无法通过数据贯通和信息共享促进专业协同、流程顺畅和业务融合。

中国南方电网有限责任公司建设的一体化电网运行智能系统（OS2），是建立在首先实现广泛的数据集成和整合及数据综合有效服务支撑前提下的一个智能化综合数据应用系统，这对从根本上解决数据问题提出了更加现实迫切的需求。

综上，充分利用 IEC 61968/IEC 61970 国际标准成果，建立并应用符合电力公司整体发展方向的配电统一模型中心，从信息底层真正实现营配调跨平台、跨系统、跨专业的数据贯通和业务集成，支持基于云平台、大数据、移动互联等最新技术方向的各类深化功能，做到服务客户的供电网络和设备状态、客户服务过程清晰明了，支撑电力公司以客户为导向、前端融合、专业支撑、过程管控的现代供电服务新体系。

2.5.3.2　总体架构

配电模型中心作为图模数据共享的载体，各业务系统、控制系统及采集装置将多类型数据按照统一的标准协议进行数据转换及接口适配，以统一标准接入平台，将电网静态模型、动态信息整合，全方位地表达设备的数据模型、拓扑模型，为各业务应用提供统一、标准及可扩展性的多源数据管控平台，全面支撑配电网精益化应用需求。配电网统一信息模型、数据分析模型和全网拓扑模型研究及信息互操作试点应用整体架构包括标准中心、模型中心、服务总线、数据总线、互操作应用等功能模块。总体架构如图 2－49 所示。

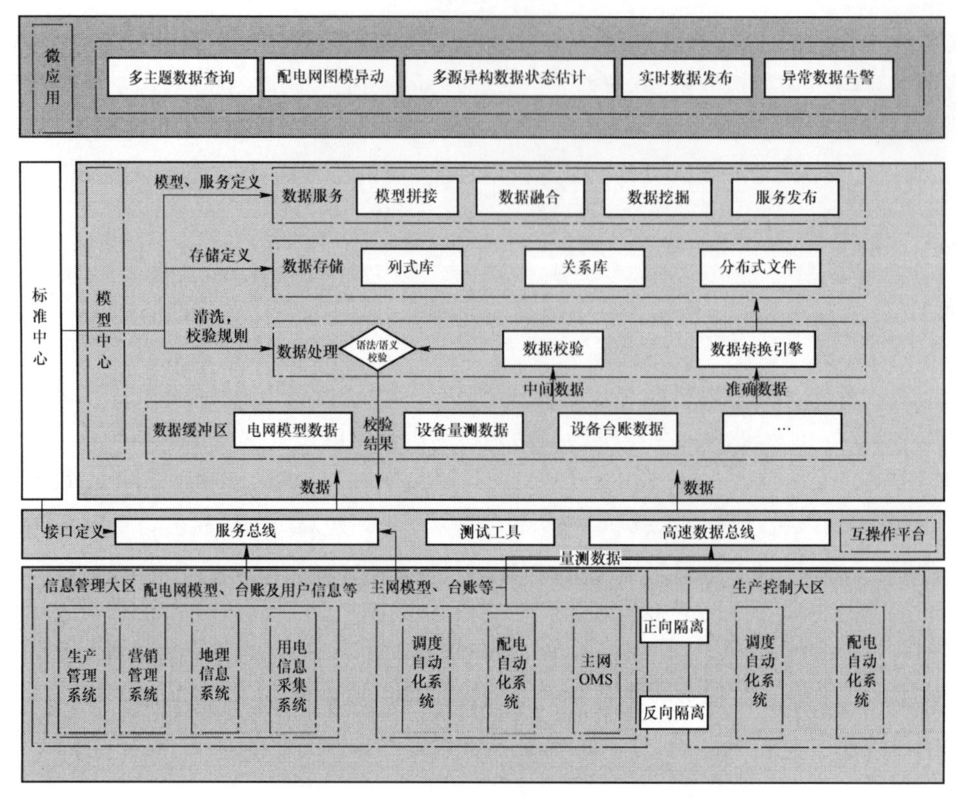

图 2－49　配电模型中心总体架构示意图

标准中心：基于 IEC 61968/IEC 61970 标准，实现对元模型、模型的管理。为业务系统提供统一标准接口规范；为模型中心提供数据存储标准、数据校验规范及数据发布规范，是配电网模型标准的载体。

模型中心：基于大数据云平台技术，实现数据清洗、数据校验、数据存储、数据分析、数据发布、模型拼接等功能，是配电网数据的实际载体。

服务总线：基于 SOA 架构的信息交换中间件，为应用系统间、应用系统与模型中心间数据交换提供支撑。电网模型、资产模型、用户模型等数据应通过服务总线交换。

数据总线：基于事件，适用于在各个应用之间通过发布/订阅方式快速传递实时数据及消息。事件通知及量测数据应通过数据总线交换。

互操作应用：基于电网全模型及量测数据，实现状态估计、数据发布、异常告警等应用。

通过构建以上各功能模块，实现标准、可扩充的配电模型中心，融合多元异构数据，提供统一的数据获取通道和基础应用服务，为配电网全业务数据的交换共享提供功能平台，充分挖掘配电网基础信息的潜在价值，为各项业务生产提供分析、决策依据，提高配电网智能化应用水平。

2.5.3.3　功能架构

配电模型中心功能架构可分为模型标准制定、模型中心建设、互操作平台建设及互操作应用场景实现四个部分，功能架构设计如图 2－50 所示。

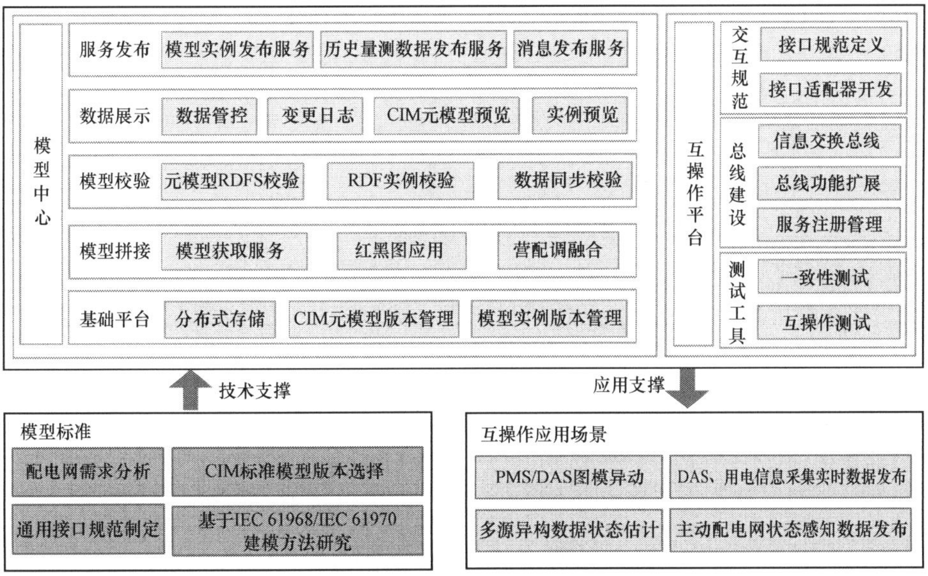

图 2－50　配电模型中心功能架构示意图

其中，模型标准是统一信息模型和信息互操作的基础，通过配电网需求分析，开展基于 IEC 61968/IEC 61970 建模方法研究，最终选定 CIM 标准模型版本，并按建设范围要求（即设备范围覆盖中压配电网，到 10kV 配电变压器为止），综合 PMS、EMS、DAS、用电信息采集系统、分布式电源、可调可控负荷（电动汽车）模型扩展要求，在选定 CIM 标准模型版本的基础上，通过扩展 CIM 模型定义，生成全网统一的 CIM 模型子集。其次，需依据 IEC 61968－100《电气设备的应用集成　分布式管理用系统接口　第 100 部分：安装启用配置文件》互操作接口交互定义，进行标准接口规范设计，指导各个应用系统按标准消息格式进行交互。

互操作平台是系统间信息互操作的载体，互操作平台建设主要包括交互规范、总线建设及测试工具三个部分。其中，交互规范包括各个应用系统遵循标准接口规范生成的具体接口集成规范，以及依据接口集成规范完成接口适配器开发。总线建设包括信息交换总线本身的部署调试、总线的功能扩展（增加健康检查、智能告警、业务流监控、单点登录等总线信息可视化监控工具）、服务注册管理等。为验证各个应用系统是否遵循标准规范，在系统接入总线前还需通过测试工具进行一致性测试及互操作测试。

标准化配电网资源模型中心负责元模型（CIM）、模型实例（设备）的接入、存储及发布，包括分布式存储、CIM 元模型版本管理、模型实例版本管理等基础平台功能，可实现模型拼接、模型校验、数据展示及服务发布功能。各个系统发布的模型、拓扑数据存储至模型中心，通过模型校验、拼接，形成一份完整的设备模型，再通过各类通用服务，实现模型实例与历史量测数据等模型的对外发布。

2.5.3.4 功能设计

1. 模型标准

模型标准主要功能分为模型管理、模型映射、接口标准管理、数据库结构管理等，能够对元模型版本进行管理，作为各个系统实际设备模型发布的标准依据；能够对模型实例（设备）及设备量测数据片段进行版本管理，可实现由UML模型EAP文件映射得到对应版本UML模型生成RDFS（或OWL）模型本体数据文件的过程管理；完成包括元模型RDFS的校验、RDF实例的校验、数据同步校验等；实现标准元模型的管理与发布，并负责模型的语义、语法校验，确保模型中心数据的规范性；为业务系统提供统一标准接口规范，为模型中心提供数据存储标准、数据校验规范及数据发布规范。配电模型标准示意图如图2-51所示。

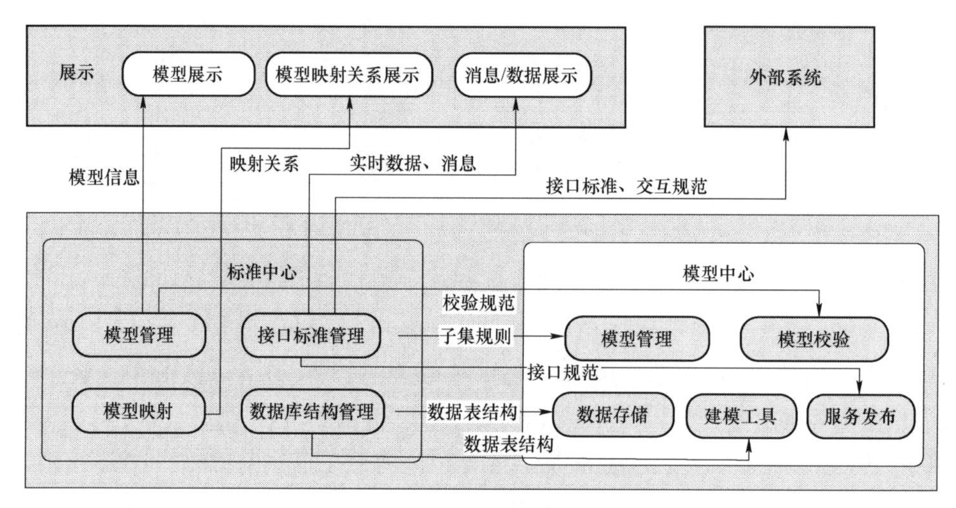

图2-51 配电模型标准示意图

2. 模型中心

模型中心的数据类型主要有结构化的电网模型和非结构化的元模型、专题图、实时数据、量测数据两大类，结构化的电网模型采用关系库存储，按对象进行管理，非结构化数据以文件为单位进行管理。模型中心模块包括模型版本管理、模型获取服务、数据展示、服务发布四个子功能。

（1）版本管理。模型获取服务。模型获取服务向模型中心提供的数据保持单向流动，相关的源系统包括 PMS2.0、配电自动化系统、用电信息采集系统、调度自动化系统、营销系统，都通过模型获取服务、实时数据服务等将图模数据推送到数据总线，由总线经过数据校验后，推送到模型中心的数据适配器进行模型转换、模型拼接、模型融合，然后存储到模型中心缓冲区。数据流程如图2-52所示。

所有源系统的模型数据都采用运行层数据，图模数据采用CIM/SVG格式，台账属性数据、实时数据都采用E文件格式。模型中心涉及的模型包括主网变电站、配电网线路、低压台区。主网以变电站为单位，边界为变电站进出线间隔；配电网以大馈线为单位，边界为变电站线路出线开关和线路末端配电变压器和用户接入点；低压以低压台区为单位，边界为配电变压器和低压用户接入点。

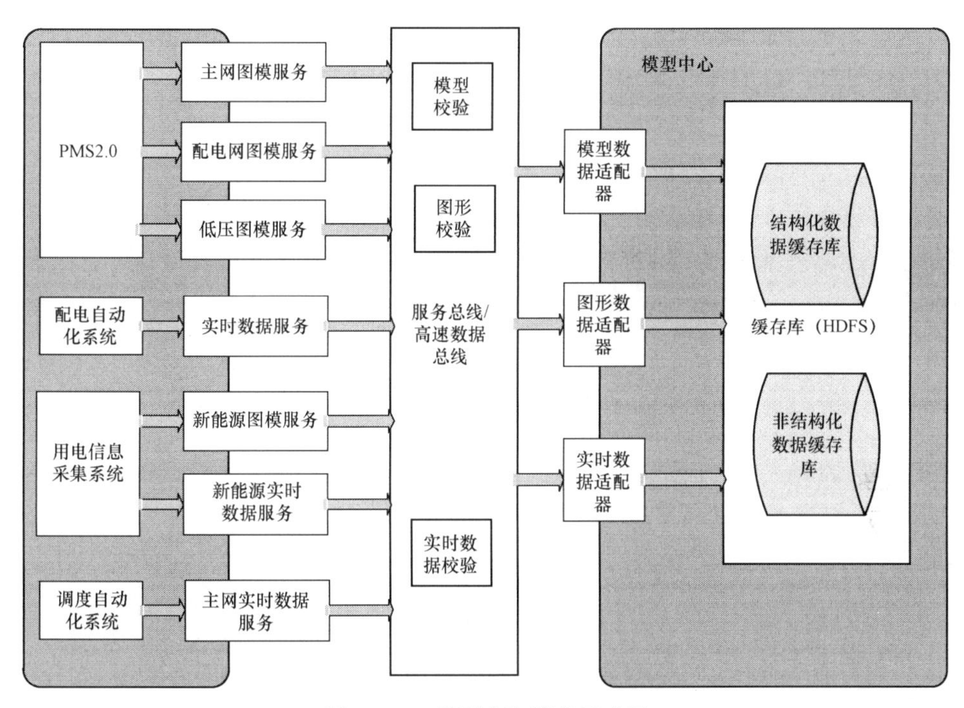

图2-52　模型获取服务示意图

（2）数据展示。数据展示提供模型中心的图形、电网模型、实时数据等的准实时数据和历史数据的浏览、查看、分析和统计功能，如图2-53所示。

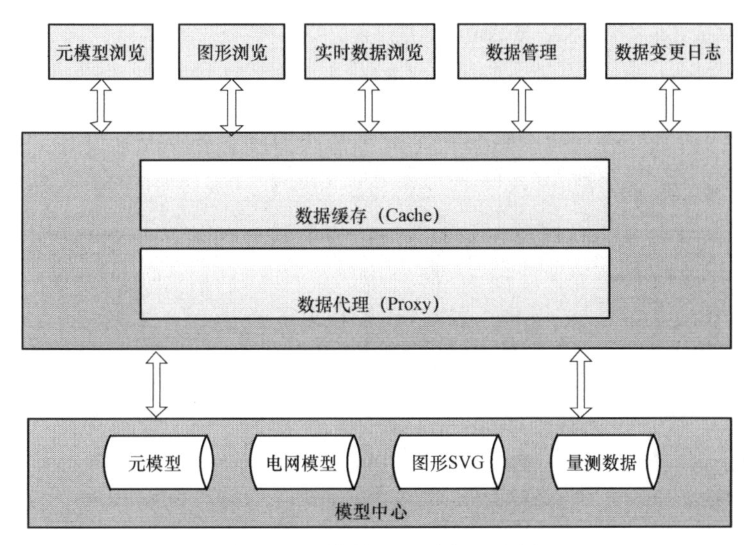

图2-53　数据展示功能示意图

其中，元模型浏览提供元模型浏览功能，具有元模型浏览权限的人员，可以通过Web数据展示页面从标准中心下载最新或指定版本的元模型文件，通过第三方工具查看元模型定义；图形浏览以SVG为单位进行预览，可预览的图形包括主网变电站一次接线图、配电网单线图、系统图、低压台区图、新能源设备接线图等。通过SVG图形，可查看对应的图内设备模型详细信息、设备运行历史信息、开关变位历史信息、变压器负荷历史测量值等；实时数据浏览通过设备查询、图形选择、统计等方式，获取开关或保护设备在一定时间范围内的变位或动作信息，通过表格进行可视化的展示；数据管理定时运行数据校验工具，校验电网模型的完整性、一致性，对异常数据进行统计；变更日志通过日志记录批次内变更的图形、电网模型、量测数据，变更类型分为增、删、改等操作。

3. 服务发布

模型中心管理的所有元数据、图形数据、模型数据、量测数据等都可通过总线对外发布，为第三方的业务应用提供标准统一、模型规范、数据完整的基础数据服务，为互操作应用提供数据支撑。

服务以WebService方式对外发布，服务方式主要有发布/订阅和请求/响应两种方式，主要的服务包括元模型发布服务、实例模型发布服务、量测数据发布服务等。

（1）元模型对外发布服务。标准中心管理的元模型，提供对外发布服务，第三方通过总线订阅方式，可获取最新的元模型定义，通过请求/响应方式，可获取历史元模型。

（2）模型实例发布服务。模型实例发布服务包括电网模型发布服务和电网图形发布服务，第三方通过请求/响应方式，获取指定的电网模型和电网图形。

变电站（站房）模型：通过变电站（站房）名称获取变电站图模数据。

线路（大馈线）：通过线路名称获取线路模型数据、单线图、系统图。

台区：通过台区名称获取台区模型数据、低压台区图。

新能源模型：通过新能源设备名称获取新能源模型数据、图形数据。

（3）拓扑发布服务。

电源点追踪查询服务：基于拓扑计算平台模块的静态连通及动态连通变量，查找出母线节点等电源点以及全路径。

线路实时供电范围查询服务：在统一模型的基础上，进行动态拓扑分析，返回从该设备到末端用户的所有设备信息的集合。

实时线变关系查询服务：实现以线路负荷为起始点的拓扑连通设备定向查找。

（4）历史量测数据发布服务。历史量测数据发布服务通过请求/响应方式对外提供量测数据服务，第三方通过发送需获取量测数据的设备类型、ID、名称、起止时间等获取设备的遥信、遥测数据，支撑业务分析应用。

（5）实时数据发布服务。模型中心最新量测数据可视为实时数据，实时数据采用发布/订阅模型对外发布，需要获取实时数据的第三方应用通过在总线订阅量测实时数据服务和开关变位信息服务，可实时获取最新的量测数据。

4. 互操作平台

互操作平台是系统间信息互操作的载体，可用于验证应用系统是否遵循标准规范，包括交互规范、总线建设及测试工具三部分，示意图如图2－54所示。

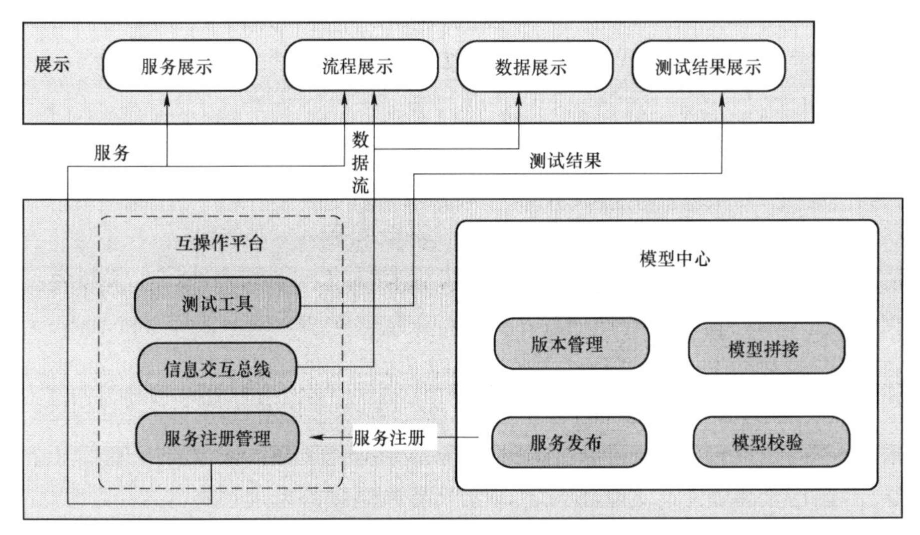

图2－54　互操作平台示意图

5. 测试工具

针对功能测试进行的一致性测试与互操作测试，两者配合验证保证数据一致性测试的完整。

（1）一致性测试：标准符合度测试，衡量自身实现与IEC 61968/IEC 61970规范的符合程度。

（2）互操作测试：基于IEC 61968/IEC 61970规范检测不同协议实现功能间互操作通信的能力。

（3）性能测试：检测标准实现的性能指标。

（4）健壮性测试：检测标准实现在各种恶劣的环境下运行的能力。

6. 总线建设

总线建设主要针对企业总线，包括信息交互总线与服务注册管理两部分，可实现电力系统间高效信息交互。

（1）信息交互总线。实现电力系统间高效信息交互，包含协议转换、消息转换、流程编排、模型校验、服务监控等功能。

1）开发控制台：用来配置应用接口，是总线消息流设计核心，在企业与外部供应链中，可通过使用一些预建组件帮助加速统一应用进程。

接入组件：支持HTTP、SOAP、TCPIP、JMS、FILE等多种接入协议，通过拖拉和配置方式就可方便接入外部异构系统数据。

服务组件：提供消息路由、消息转换、数据标准化、模型校验等功能服务，对外部异构系统接入数据进行预处理，校验数据是否符合IEC 61968标准格式，把非标准数据转换成标准数据，并通过消息路由把数据发布给需要的系统。

编辑视图：流程编辑区域，可完成业务流程编排及服务打包部署。

项目管理视图：展示工程项目相关信息。

2）管理控制台：对接入的消息进行统一管理监控，捕获信息交换中的异常，并通知最终用户。

组件：用于管理组件和共享库，实现总线组件共享包的安装、删除、启动及停止服务。

服务集：用于部署、启动、停止卸载服务组件，实现总线服务集的安装、删除、启动及停止服务，并可查看和改变服务集配置，实现服务集合可视化。

端点：用于监视终端并显示终端信息的统计结果，包括状态、统计、监视器三部分，可显示各端点状态、统计信息视图及端点信息，提供如消息计数、每秒消息数和反应时间等信息。

消息管理：监控、控制和显示保存的消息，包括消息参数设置及消息汇总视图两块内容。消息参数设置可在消息参数设置按钮中设置消息保存模式，并通过视图模块显示、修改或获得保存的消息信息；消息汇总视图可查看消息节点接收的消息数、最后接收时间、消息保存状态及节点历史消息等信息。

消息存储和重发页面：允许消息在处理过程中任何特定的端点被储存，存储的消息可查看、编辑及重发。

接口管理：包括标准模型管理、对发布服务的校验、消息校验功能，根据标准的 IEC 61968/IEC 61970 模型子集对注册到信息交互总线 IEB2000 上的服务及总线传输消息的内容进行校验。

日志：展示错误信息、错误信息路径及用户操作，记录错误信息并允许用户随时处理、错误信息数据库视图提供错误详细信息的途径。

配置：用于创建用户自己的管理控制台并进行管理。

帮助：显示版本信息和帮助信息。

3）执行引擎：用来执行开发控制台编辑好的消息流程，以后台方式呈现。

（2）服务注册管理。实现配电网对外发布服务的统一管理功能（列表加树），提供服务的动静态注册、注册管理、语义语法解析功能、查询、浏览、校验、删除功能。

1）服务注册：提供业务系统用户发布自己的业务系统实体信息、服务信息、tmodel 技术规范信息能力，基本的服务注册是指服务的静态注册，通过人工的方式把服务手动注册到服务注册中心的方式。

2）服务查询：实现业务系统实体、服务、绑定、tmodel 信息查询功能，供各种权限用户进行服务信息查询使用。支持按分类、关键字、描述等匹配方式查询，查询接口以 Web 界面、查询应用程序接口（API）两种形式实现。

3）服务管理：实现特定权限用户管理（更新、编辑、删除）业务系统实体信息、服务信息、绑定信息、技术规范信息等功能，系统提供注册信息管理界面，方便管理人员对已注册信息进行增加、编辑、更改、删除工作，支持配置用户的查询权限管理。

4）服务分类管理：便于服务注册中心管理、查找已注册的服务信息、技术规范信息。

5）服务动态注册：方便部署在总线上的服务主动注册和管理，提供部署、撤销、新增服务－新增服务注册或删除总线上撤销的服务等功能。

6）服务 WSDL 和 schema 解析：实时解析已注册服务的 WSDL 和 schema 数据，解析出的数据以树形视图的方式展示给用户，供用户参考分析服务使用提供如下解析功能：解析服务的 WSDL，包含操作方法、命名空间、WDSL 地址等；解析每个操作方法的输入/输出参数及参数简单类型；解析此服务的全景 schema，即此服务所引用的全部 shcema 信息。

2.5.4 5G 通信技术在配电网中的应用

配电网作为智能电网生产过程中承上启下的重要环节，直接面向广大用户，是社会发展中不可或缺的基础设施，而配电网作为坚强电网的主要薄弱环节，分布式电源、储能、电动汽车、“配电物联网”等建设直接关系配电网的安全稳定运行，使得配电网由单电源辐射形状向多电源复杂供电网络转变。已有的配电网故障处理方式难以满足智能配电网建设的快速自愈需求，面临以下主要难题：

（1）配电网故障处理设备生产厂商众多，其执行通信标准不一致，业务故障处理信息通用性差、互换性差。

（2）配电网覆盖面广，分布式电源接入离散，传统差动保护系统难以满足广域的分布式差动保护应用需求。

（3）配电网电流差动保护装置应用多采用光纤通信、SDH/PDH、4G 等通信方式，存在应用不灵活、可靠性不高、时延高等问题。无线通信方式具有成本低、部署简单、适应性强、覆盖面广等特点，在配用电网端被广泛应用于业务信息采集与传输的情况下，由于已有公网无线通信技术及电力无线专网通信技术的带宽小、时延高、稳定性不足等问题，使无线通信技术难以适用于实际配电网生产控制业务。

传统主要采用的通信方式有：基于 4G 无线通信的自适应分布式差动保护系统，它利用电力无线专网技术，实现配电自动化终端与主站通信，同时结合 IEEE 1588《网络测量和控制系统的精密时钟同步协议》保证时钟同步，其总体结构与基于 5G 配电网电流差动保护业务应用有一些相似的设计理念；基于 EPON 通信的智能配电网馈线差动保护，它利用无源光网络通信技术，实现分布式的配电网馈线差动保护应用；还有针对传统差动保护故障研判的不足，对大规模、分布式网络提出了基于光纤的差动保护应用模型。

2.5.4.1 5G 智能电网业务应用分析

1. 5G 网络应用架构

5G 技术作为 4G 技术的演进，它利用超高频段、新型多天线、同时同频全双工、D2D、密集网络及新型网络架构实现超低时延、超高带宽、海量接入的通信网络，主要定义了 eMBB（增强型移动宽带）、mMTC（海量物联网通信）以及 uRLLC（超高可靠与低时延通信）三大应用场景。其中，eMBB 场景是对已有移动通信数据业务的进一步增强，提供更高的系统速率；mMTC 提供低速率、大连接业务以满足万物互联的需求；uRLLC 主要面向控制等领域，提供高可靠与低时延业务能力。

相较于既有 4G 技术，5G 网络架构在核心网及基站侧进行演进。演进架构及 5G 技术特点主要有 2 个部分：核心网分离、接入网重构。5G 网络架构将核心网分为核心网控制面以及分布式核心网用户面，分别提供 5G 核心云、5G 边缘云服务，其中，5G 边缘云实现无线高层协议处理、业务应用边缘侧处理，能够满足未来通信网络对于新兴业务中的视频会议、视频监控、虚拟/增强现实等对于时延敏感业务的需求，同时，结合云计算、NFV、SDN 以及分布式云架构技术，通过 5G 核心层统一的编排使网络具备管理与协同能力，从而将网络通道按照业务特性需求，如安全性、移动性、时延和可靠性等方面，将实际物理网络划分成多个虚拟网络，适配不同应用场景的业务应用需求，其架构如图 2-55 所示。

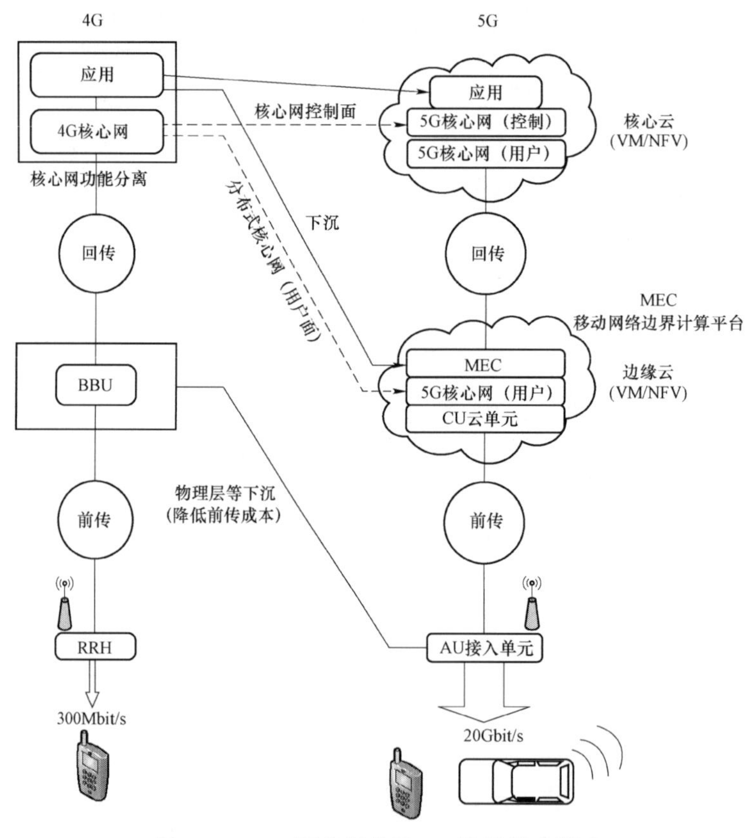

图 2-55　5G 网络架构及 4G 演进策略模型

2. 5G 智能电网应用需求分析

相对 4G 网络，5G 将逐步引入增强型移动宽带（eMBB）、超可靠低时延通信（uRLLC）、大规模机器类通信（mMTC）等典型业务场景，5G 与智能电网的结合，将形成 5G 智能电网新的垂直应用研究领域。

智能电网业务按照基本业务应用类型进行分类，可分为生产控制类业务、数据采集类业务、状态监测类业务，而针对配用电网段，主要基本业务包括配电自动化、用电信息采集、分布式电源、精准负荷控制等。其基础应用架构设计如图 2－56 所示。

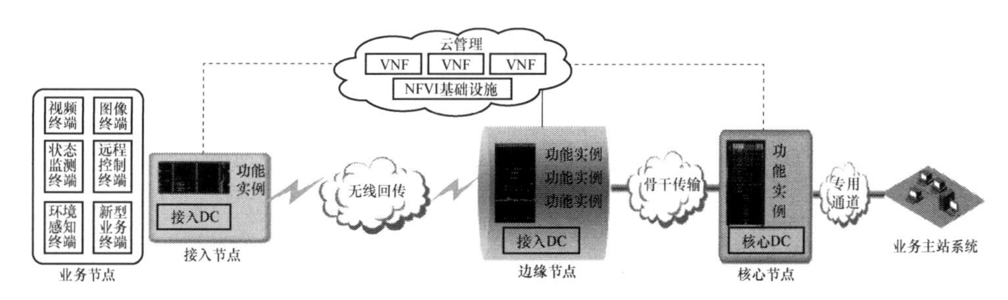

图 2－56　5G 无线网业务应用基础架构

业务主站系统与业务终端之间通过 5G 通信网进行连接，包括接入节点、边缘节点、核心节点以及云端管理平台，业务信息采用原有协议进行数据封装，不改变现有业务模式，实现业务主站系统的互联互通。

其中，接入节点主要完成 5G 专用业务通信终端的无线接入，通过边缘节点对接收业务信息进行选择性就地边缘侧处理或远程传输，能够提升 D2D 的应用效率，降低远程传输时延；同时在核心节点根据行业类型及业务场景对现有 5G 网络进行端到端的网络切片，具体采用网络虚拟化（network function virtualization，NFV）技术对网络进行软硬件分离并完成资源重组，切分出多个逻辑网络支撑多业务场景应用，具体场景如表 2－8 所示。

表 2－8　　5G 智能电网业务应用场景

业务场景	通信时延	可靠性	带宽	终端规模	业务隔离	对应 5G 场景
智能分布式配电自动化	高	高	低	中	高	uRLLC
毫秒级精准负荷控制	高	高	中低	中	高	uRLLC
低压用电信息采集	低	中	中	高	低	mMTC
智能配电巡检	高	高	高	中低	中	eMBB
分布式电源	中高	高	低	高	中	mMTC
高清安防视频业务	高	高	高	中低	中	eMBB
无人值守业务	高	高	高	中低	中	uRLLC、eMBB

2.5.4.2　5G 配电网差动保护应用技术

1. 配电网电流差动保护同步应用

配电网电流差动保护的信号同步要求主要包括两方面：一是线路两侧的采样时刻必须严格同时刻；二是差动继电器使用两侧相同时刻的采样数据计算差动电流。

常见的信号同步方法主要有基于数据通道的同步方法和基于全球定位系统同步时钟的同步方法。其中，基于数据通道的同步方法包括采样时刻调整法、采样数据修正法和时钟校正法，尤以采样时刻调整法应用较多。而基于全球定位系统同步时钟的同步方法则采用全球定位系统（GPS）进行时钟同步。

例如，以我国自主研制的北斗卫星导航系统为核心，采用北斗授时同步方法，采样时钟部署在线路两端的保护装置中，由高稳定性的晶振体构成，每过 1s 被秒脉冲信号同步一次，保证晶振体产生的脉冲前沿与国际标准时钟具有 1μs 同步精度，在线路两端采样时钟给出的采样脉冲之间具有不超过2μs的相对误差，实现了两端采样的严格同步。

2. 5G 配电网电流差动保护应用

配电主站系统和配电网业务终端之间根据现场部署情况采用 5G 通信系统、光纤、4G 无线专网或以太网方式进行数据传输，其中作为配电网线路保护降低停电时长、提高抢修效率的配电网电流差动保护装置，主要完成采样值和跳闸信号的传递，当前配电网保护配置以及保护原理面临以下问题。

（1）分布式电源并网导致原有配电网保护原理不可用。分布式电源中的电力电子器件耐受过电压和过电流的能力弱，故障期间提供的故障电流水平低，将导致配电网原有继电保护方案（如三段式电流保护）性能恶化，保护原理不可用。

（2）配电网网架拓扑变化导致保护无法灵活配置。分布式电源的接入导致原有的配电网从单端放射式网络演变为多电源网络，不同于输电网络，配电网保护无法随网络拓扑的变化实现灵活配置。

（3）现有保护通信通道建设以及无线通信技术的特点限制了配电网快速保护的发展。现有的 230MHz 电力无线专网和部分 1.8GHz 电力 4G 无线专网，由于通信性能的局限性，无法满足配电网快速保护低通信延时和高通信资源带宽的要求。

结合 5G 通信网络，提出配电网电流差动保护信号同步关键技术，将配电主站、差动保护装置、配电自动化终端等进行有序串联，如图 2－57 所示。

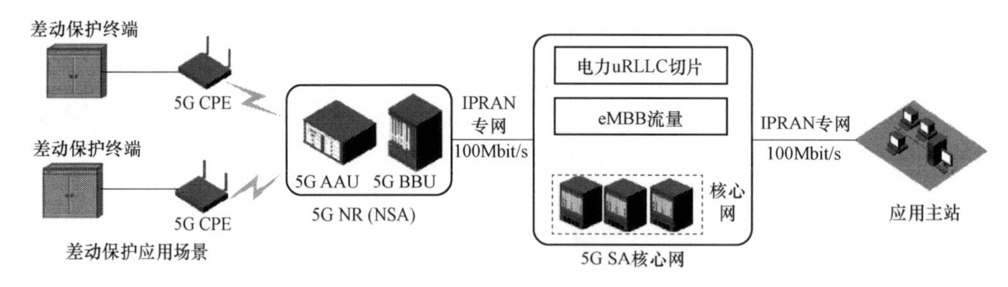

图 2－57　基于 5G 的配电网电流差动保护应用架构

针对 110kV 变电站之间的常用联络线作为配电网电流差动保护场景设计，为该线路环网柜分别配置了电流差动保护、测控装置和 5G CPE 通信模组，按照图 2－57 的典型应用模式，从电流差动保护两端考虑，每个智能配电终端分别采集两侧 TA 的各相电流以及零序电流，各自计算被保护线路的差动电流和制动电流，并通过 5G 基站及核心网电力 uRLLC 切片，当发生区内故障时，2 个智能配电终端的差动保护逻辑各自动作，保护动作出口，实现配电网电流差动保护应用。

2.5.4.3　5G 配电站房巡检业务典型应用

基于 5G 通信的配电站房巡检业务应用架构如图 2－58 所示。

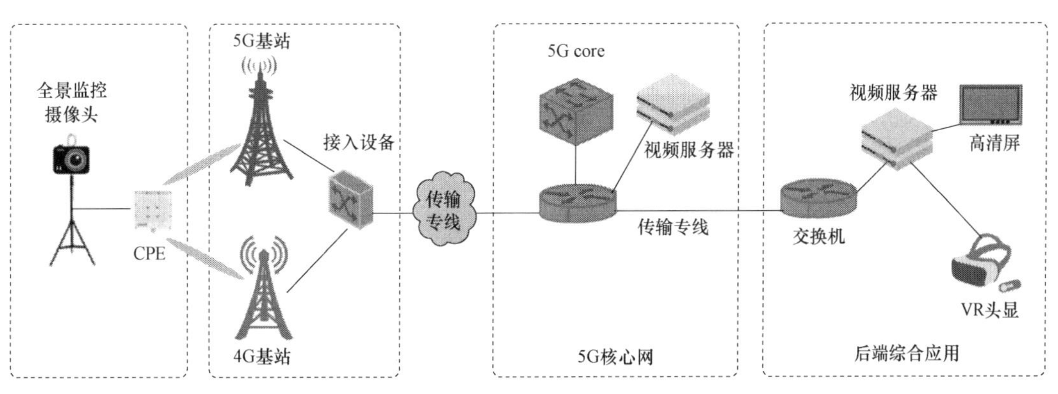

图 2－58　5G 配电站房巡检业务应用架构

结合 5G 典型应用场景 eMBB，以智能电网配电站房巡检监控摄像头为典型应用，将摄像头与 5G CPE 设备连接，接入 5G 通信网实现 360° 全景监测及远程 VR 应用。

5G 巡检监控摄像头挂载 5G CPE，采用 NSA 非独立式组网应用结构，通过 5G 基站与 4G 基站的混合接入，结合 5G 核心网 eMBB 应用场景，在后端现场分路显示至监控大屏、VR 头显应用，解决现有通信网无法满足实时、大带宽数据流传输难题，提升配电站房巡检远程可视、可控的智能化水平。

2.5.5　配电网广域同步测量技术

智能配电网是以配电网高级自动化技术为基础，综合先进的量测和传感技术、通信技术、计算机和网络技术、控制技术等，利用智能化开关设备、配电终端设备，以坚强电网、双向通信网络以及各种高级可视化应用软件为架构，支持可再生能源和分布式发电单元的大量接入以及微网运行。配电网广域同步测量技术可以让配电网的监测、保护、控制、优化应用等技术指标在同一时标下进行比较，类似于给整个广域电网同时“拍照”，从而实现安全、可靠、优质、经济、环保的电力供应以及其他附加服务的目标。

在智能配电网的同步测量技术方面，通常来说，系统采样脉冲都是在装置内部时钟的控制下发出的，对于需要异地同步数据采集的装置，系统内部的晶振频率一般都是存在误差的，很难实现同步采样。对此，电力系统运用无线电波广播对时、基于通信信道和基于参考向量的同步方法进行同步采样。广播对时很容易受到同频率的载波信号的干扰，使得性能受到很大影响，基于通信信道方法经济性较差，而基于参考向量的方法则要考虑线路模型的准确性和相量估计的精确度，同时还要考虑电流互感器、电压互感器、线路参数、时钟漂移等其他各种因素。

电力系统中对时间同步要求较高的主要是基于 PMU 的 WAMS 系统和基于远程终端（RTU）的 SCADA 系统。电力系统同步相量测量装置（PMU）是用于进行同步相量的测量和输出以及进行动态记录的装置。PMU 装置良好运行的关键是要有基于标准同步时钟信号。1995 年开始，美国很多大电力公司均安装了一定数量的 PMU，因为采用了 GPS 统一时标，使得可依据各个 PMU 记录点的数据进行动态整体分析。国内 PMU 研究工作起步较晚，目前中国电力科学研究院、清华大学、华北电力大学等单位在从事相关研究工作。

电力系统智能配电网中电气量的同步采集对输电线路参数的在线测量、电网状态检测、输电线路精确故障定位、基于两端同步采集的线路纵差保护等都具有重要的意义。传统配电网中信息采集所应用的无线电波广播对时、基于通信信道和基于参考向量等同步方法有各式各样的缺点或不足。

美国的全球定位系统（GPS）以及我国自主开发的北斗系统在未来一段时期内将是我国电力系统授时的主要基准源。GPS 和北斗系统应用已十分广泛，以 GPS、北斗为代表的卫星导航应用产品，可轻松地实现定位授时的功能，已成为现代信息社会的重要信息来源，是国家信息时代的基础设施之一。国内各个应用领域的卫星授时系统主要是 GPS 系统和北斗导航系统。电力系统授时信号传输模式有多种，主要有通过无线电波对时、基于通信信道和基于参考向量等。某研究提出了一种基于 GPS 同步时钟载波电源的分布式同步量测系统的结构方案，由载波电源传输线连接 GPS 同步时钟信号和现场的测量信息单元，GPS 同步时钟信号通过载波电源传输线传递给各监控终端，从而提供高精度的同步时钟信号。

随着大规模分布式能源接入配电网，电动汽车充电负荷出现快速增长，用户供需互动日益频繁，配电网的源、荷因其更强的时空不确定性呈现出常态化的随机波动和间歇性，配电网的双向潮流、多源故障等诸多问题日益凸显。同步相量测量技术的发展和应用成为保障新形势下配电网安全可靠运行的新方法、新手段。

然而，配电网量测环境存在多谐波/间谐波以及强噪声，严重影响传统同步相量量测的精度。同时，传统输电网因其 PMU 精度低、成本过高、安装条件苛刻、需要专用通信线路等问题，难以大范围应用于配电网。配电网线路结构复杂，运行条件恶劣，极易发生单相接地故障和短路故障。由于负荷非线性和强随机波动，与高阻/断线等故障更加难以区分，配电网故障诊断和定位更加困难。配电网直接连接电力用户，其供电可靠性和电能质量直接影响国民经济发展以及人们的日常生活。因此对配电网运行状态的实时监测和在线分析与决策控制提出了更高的要求。

新型微型同步相量测量技术在智能配电网的应用，对于提升智能配电网的可观、可测和可控性，应对大规模分布式电源、电动汽车接入以及用户与电网供需互动对配电网安全可靠运行带来的挑战，提高我国能源利用效率，建设清洁低碳、安全高效的现代能源体系，具有重要意义。广域同步测量技术的应用，聚焦微型同步相量测量装置研发及最优布点、故障诊断及精确定位、运行状态估计、信息集成机制/多维数据分析与协调控制等关键技术问题，创新配电网实时可观测和可控体系架构，研发关键装置与平台系统，实现智能配电网准确、快速、全面感知与协调控制，支撑大规模分布式电源、电动汽车接入智能配电网的安全稳定运行。

在配电网的同步相量测量装置方面，美国 Yilu Liu 教授团队和山东大学张恒旭教授团队均提出直接安装在民用电压等级上的采用灵活的授时和通信方式的同步相量测量装置，通过测量低电压等级的电压同步相量信息来监测大电网的动态行为。美国加州大学伯克利分校和 PSL 公司联合研制的 micro－PMU，可以实现高精度的同步相量测量和电能质量分析，但是动态性能不足，尚无实际应用案例。目前的配电网 PMU 装置缺乏对配电网复杂量测条件的考量和系统性的解决方案，在综合性能上无法满足配电网多种应用的需求，相关的布点研究尚且不能满足实际配电网节点规模的应用需求，缺乏考虑不同应用需求下的复合配置方案。

在配电网故障诊断及定位方面，北美采用中性点直接接地或经小电阻接地方式，故障电流较为明显；得克萨斯农工大学提出利用电能质量检测仪测量故障阻抗特性并应用其进行地下电缆的故障定位；GE 研发了智能线路监测系统，利用具有 GPS 时标的同步电流波形信息进行高阻故障定位。欧洲中低压配电网则通过在消弧线圈上短时并联电阻，利用零序有功功率方向进行故障选线；瑞典皇家理工学院、西门子等也正在研究基于同步测量装置的故障定位。我国配电网基础较弱，中性点接地方式多样，单相接地故障特征不明显，故障检测与定位困难，我国提出多特征综合的故障选线技术，但现场应用效果不佳。分布式电源、电动汽车大规模接入，供需互动导致电源/负荷角色和配电网参数动态变化，故障电流来源多样、故障特征复杂多变，智能配电网故障检测、精确定位等面临巨大挑战。

在配电网运行状态估计方面，国内外在配电网抗差估计算法、量测变换技术、参数辨识等方面已经取得了不少研究成果，近年来有研究者开始提出通过引入同步相量量测来增强配电网的可观测性。意大利卡利亚里大学的 Carlo Muscas 研究团队利用同步相量量测，分别提出了配电网两阶段分区状态估计方法和基于支路电流的配电网状态估计方法，但都属于静态状态估计方法，未考虑智能配电网的动态运行特性。中国电力科学研究院提出了一种基于 RTU、PMU 以及 AMI 混合量测的主动配电网状态估计混合算法，提高了状态估计的精度，但该方法中的动态状态估计部分仍然采用传统的扩展卡尔曼滤波递推算法，不能适应未来配电网源荷无序、突变的新场景。总体来说，国内外对大规模部署同步相量量测装置以全面掌握配电网的运行状态缺乏广泛深入的思考。如何基于同步相量量测实现智能配电网运行状态评估、运行趋势预警，将是未来的一个重要研究方向。

综上所述，现在配电网广域同步测量技术及其相关应用的研究还处于起步阶段，相关装置和技术都无法满足现代智能配电网对测量感知和控制提出的更高的要求，急需在装置研制、故障定位、状态估计、运行控制、示范应用等几个方面展开研究，具体如图 2－59 所示。

1. 配电网高精度微型 PMU 装置及其最优布点技术

首先，建立同步时钟晶振温漂/老化误差模型，构建含谐波动态信号模型，分析配电网复杂网络和强波动环境下 PMU 布点新特征，研究 PMU 量测配置相关性量化方法和多应用适应度评估理论，建立多目标优化布点模型；其次，研究晶振分频比在线预测算法，提出高精度同步相量算法，研究电子式互感器参数优化和误差补偿技术，在分层对等通信组网基础上，研究多通信规约融合、多类型数据分级调度技术，研究分层分区解耦的高效布点算法；再次，融合上述技术，研制基于片上系统（SoC）多功能集成的紧凑型通用 PMU 装置，设计优化布点软件；最后，构建配电网高精度同步相量测量平台和通信组网实验网络。

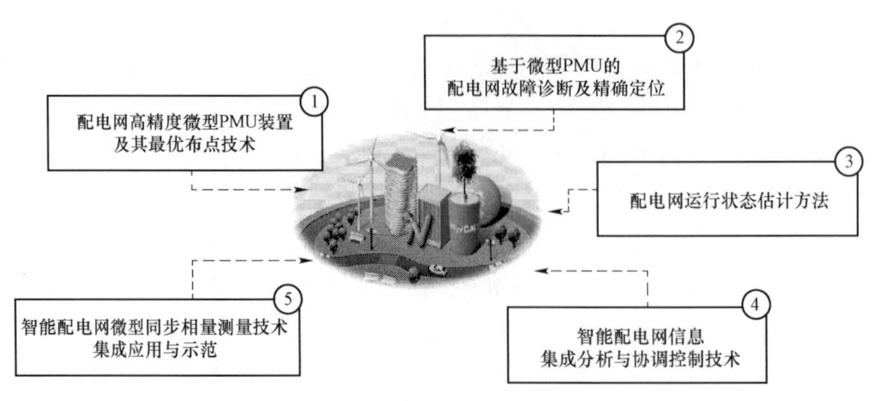

图 2-59　配电网广域同步测量技术的研究与应用

2. 基于微型 PMU 的配电网故障诊断及精确定位

通过数值建模仿真、物理试验和现场实测等手段获取不同类型故障特征数据，分析故障前后同步相量受分布式电源的影响规律，利用多测点同步波形关联分析进行非线性负荷等扰动源辨识和故障波形提取，总结各类型故障的共性特征并用畸变率等指标描述波形特征；在此基础上，利用同步相量初值及其变化量、故障特征指标和波形协同分析等进行不同类型故障的检测，综合开关量信号实现保护动作的评估，分析不同类型故障的特征，综合同步相位差变化量、同步波形相似性分析等方法，采用最有效的方案实现短路、单相接地、高阻和断线等故障的区段定位，利用多端同步测量阻抗和同步波形所提供的故障时刻进行综合故障测距。

3. 配电网运行状态估计方法

首先，基于混合量测研究可观测性分析方法，准确界定不可观测区域，提出伪量测构造方法，建立多时间尺度混合量测的配电网三相状态估计模型，研究鲁棒状态估计算法，解决数值病态问题；研究配电网拓扑结构分析方法，不良数据与参数错误协同辨识方法；然后，研究源荷动态模型，建立三相动态状态估计模型，研究高频强跟踪滤波算法，实现实时状态跟踪与短期状态预测，基于均衡性原则进行分区解耦，研究分布式动态状态估计算法以及并行加速策略；最后，基于状态估计结果，研究配电网运行状态的多维评估方法，通过异常点定位、多维指标协调权重赋值等，实现配电网不同区域、不同颗粒度的运行状态评估，研究配电网脆弱性实时评估方法并基于脆弱性评估结果，研究预想故障筛选与运行趋势预警方法。

4. 智能配电网信息集成分析与协调控制技术

建立含微型同步相量测量装置与分布式电源、柔性负荷、营销等系统的智能配电网公共信息模型，设计主动实时内存数据库，基于海量数据无损压缩与并行存储及虚拟接口访问技术，构建信息集成架构体系，形成智能配电网信息集成机制；提出动态流数据及多维数据关联分析方法，突破孤岛无缝切换、分散鲁棒控制及分层分布式动态特性优化控制等关键技术，开发含微型同步相量测量信息的多维数据分析与控制软件模块，研制孤岛协调控制器、逆变器同步协调控制装置等系列设备，通过数字仿真、物理仿真及权威第三方测试等手段进行试验验证。

5. 智能配电网微型同步相量测量技术集成应用与示范

在工程示范方面，设计适应多通信组网的含同步相量信息的智能配电网运行分析与协调控制系统总体架构，提出满足多时间尺度数据接入的数据流存储方案；根据电力营销系统、用电信息采集系统的信息交互需求，提出基于配电网信息支撑平台的信息交互接口技术和实现方案，集成关键软硬件装备，基于高精度微型同步相量测量应用技术，解决大规模分布式电源和电动汽车接入配电网的安全稳定问题。

第3章 配电网系统集成及信息交互

配电自动化系统的信息量大，单靠配电自动化终端采集的实时信息远远不够，必须通过与其他相关系统接口来获得必需的各类信息，同时配电自动化系统也需要把自己的数据传给其他应用系统，包括拓扑模型、图形和设备参数等。另外，配电自动化的一些高级应用功能需要多个应用系统的互联互通，通过信息流和业务流的高效互动来完成，因此，智能配电网系统的集成及信息交互非常重要。

3.1 概述

现代电网企业因专业划分和信息化建设，先后部署了如配电自动化系统（配电主站）、电网调度自动化系统（又称能量管理系统，EMS）、电网地理信息系统（GIS）、生产管理系统（PMS）、营销业务系统、95598系统等业务系统。信息交互数据流如图3-1所示。各个应用系统之间，以及各个电力公司之间的数据交换越来越频繁。EMS获取主网模型与配电网模型进行拼接，GIS提供配电网图形及拓扑，PMS提供配电网台账，营销系统提供用电信息采集数据、台区以及低压用户信息，而与95598系统的结合则是为了更好地将配电网抢修业务与客户服务融合。

从电力公司内部不同应用系统之间到不同的电力公司之间，使用的数据格式是不同的。这些数据在使用时，通常需要转换成同时适合本公司内部以及其他电力公司各个应用程序的数据格式。通常情况下，各个应用系统由不同的开发商提供，所使用的数据模型、应用接口、开发平台、运行环境千差万别，大多数应用系统仍然基于专有的数据库，给信息的共享带来很大的困难。若要在现有的应用系统基础上实现信息共享，需要进行大量的数据转换工作，而这些呈几何级数增长的海量数据转换和交换工作浪费了大量的资源。因此，这种交换需要建立在一种统一、规范的基础之上。电力系统迫切需要信息的共享和应用集成，这样才能保证互联的电力系统能够可靠运行。

针对以上问题，解决方案是建立一个公共的电力系统信息模型，并通过信息交换总线等手段交换模型、图形和数据等信息，实现系统间数据的互联共享。多系统间数据的互联共享解决了信息孤岛、数据冗余等问题，实现了信息的一次录入、源端维护、全局共享。

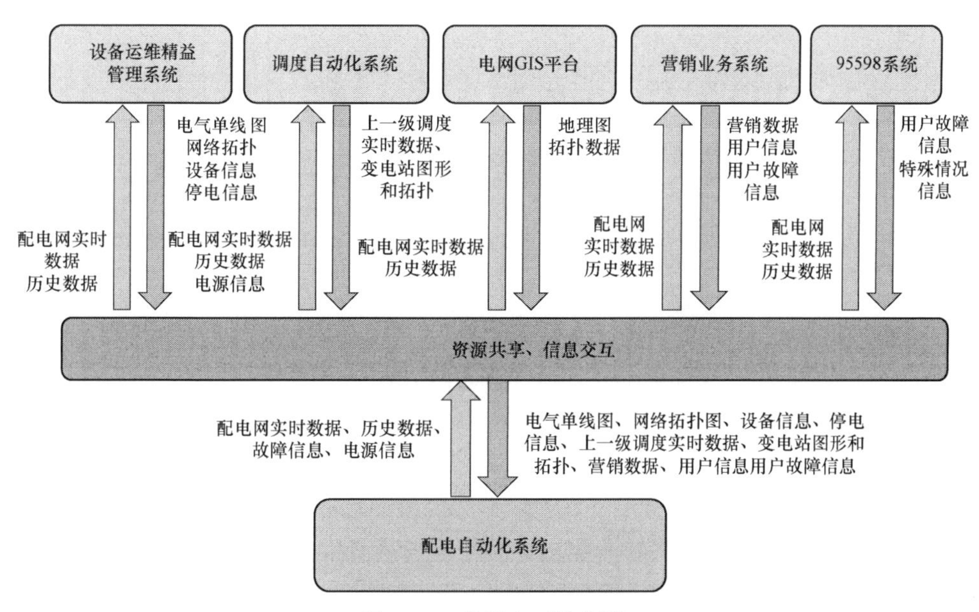

图3－1 信息交互数据流

系统之间进行数据交换，传统的方式是在两两系统之间分别做接口，如图3－2所示。这种做法效率较低，且维护困难。为了解决这一问题，将系统间各自的接口进行集成，形成统一的接口体系，如图3－3所示，每个系统只需要与这个接口体系做一次对接（适配），由接口体系内部将所有统一格式的数据进行转发。信息交互一般遵循IEC 61968标准的架构和接口方式。

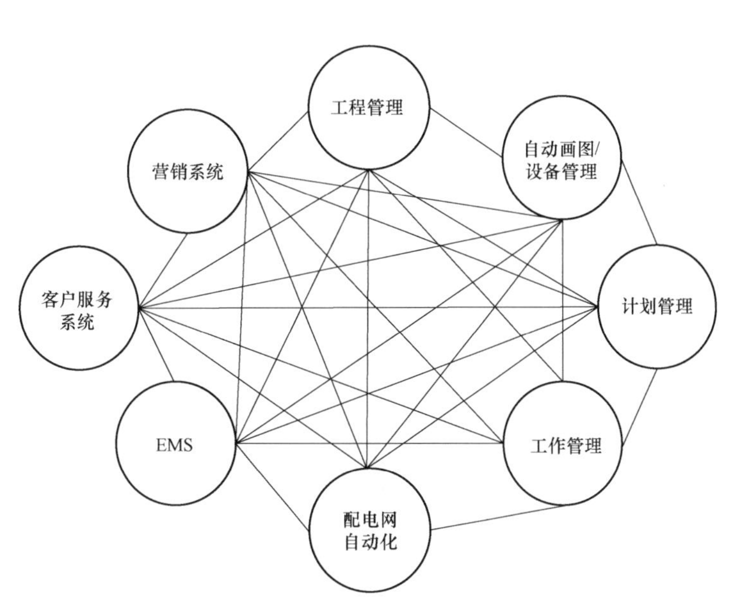

图3－2 系统间传统交换方式

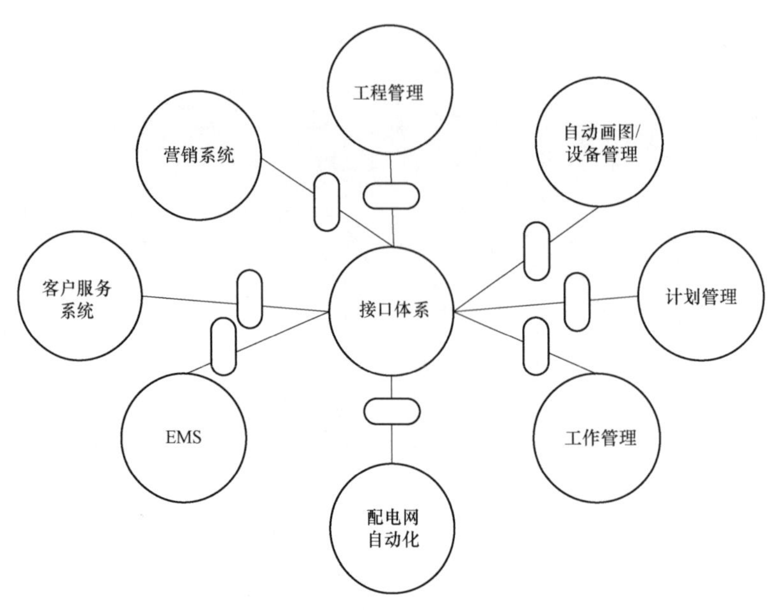

图 3－3　将系统间的接口进行集成

3.2　配电自动化主站信息交互业务

配电网资源共享交换多采用总线和数据中心两种方式。两种方式在不同的应用场景下可单独或结合使用。下面以 GIS 专题图为例，说明两种方式下的数据交换流程。

通过总线方式与其他业务系统进行数据交换，电网 GIS 平台以电网专题图为单位，发布 CIM/SVG 或 E 语言格式数据，并通过总线发布数据更新消息，其他业务系统接收到数据更新消息后通过调用电网 GIS 平台矢量地图服务获取相应数据文件。

通过数据中心与其他业务系统进行数据交换，电网 GIS 平台通过企业服务总线（ESB）将专题图数据同步至数据中心，数据中心获取文件数据后，可直接以文件形式或将数据解析后按业务需求对外提供数据，如图 3－4 所示。

国家电网有限公司主要是通过企业服务总线方式实现业务系统间的数据交换，如图 3－5 所示。最为典型的就是 GIS/PMS 模式，两个系统直接通过 ESB 进行接口调用和数据共享。数据中心在共享区建立统一数据模型，PMS 依据统一数据模型向共享区提供完整准确的电网设备及其运维数据。网省各业务应用依据统一数据模型通过数据中心共享区横向获取所需数据。

PMS 通过调用电网 GIS 平台提供的各类电网空间信息服务（电网图形服务、电网分析服务等）来实现相关业务应用。电网 GIS 平台不仅提供服务，还提供一个图形应用集成框架，将大多数 GIS 集成应用功能封装起来，PMS 通过调用该 GIS 应用框架，即可完成大多数应用集成功能；对于框架无法满足的功能需求，可通过直接调用电网 GIS 平台服务来实现应用集成，如图 3－6 所示。

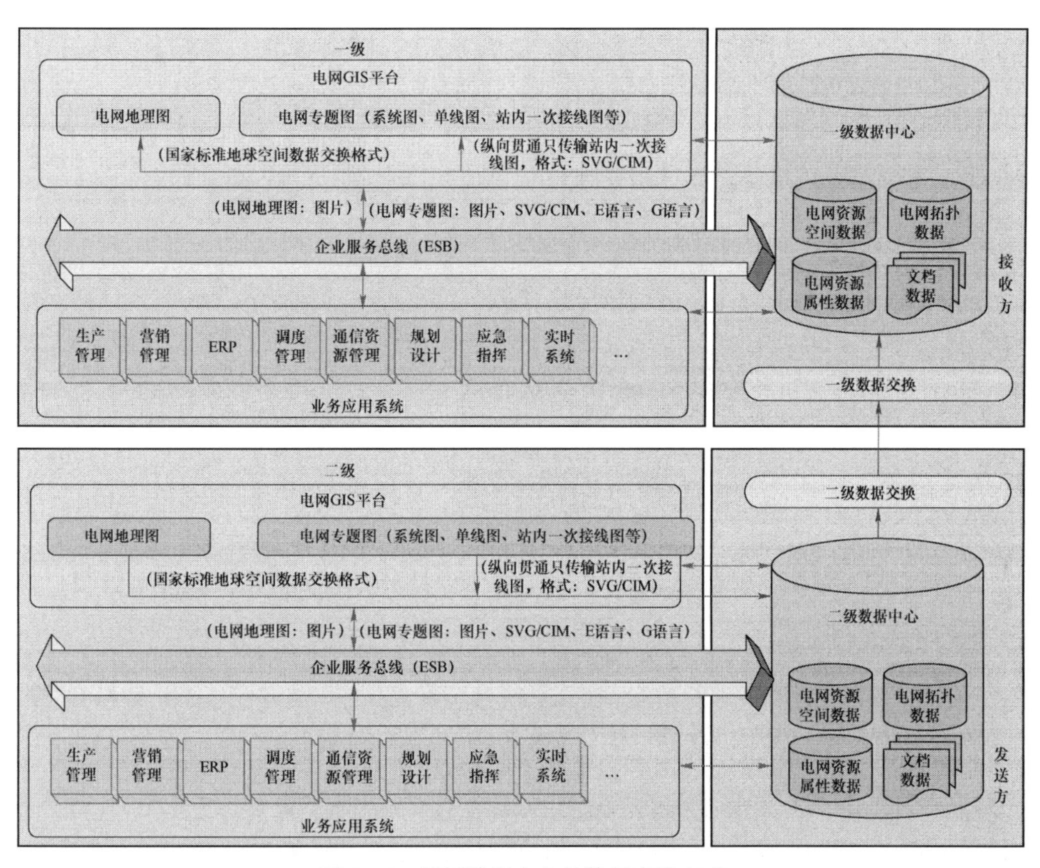

图3-4　使用数据中心的数据交换方式

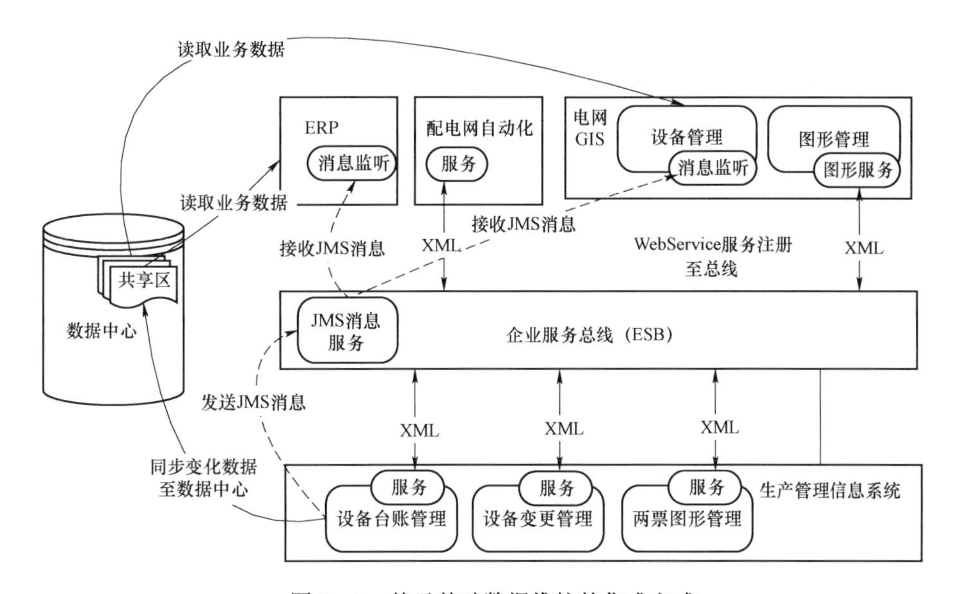

图3-5　基于基础数据维护的集成方式

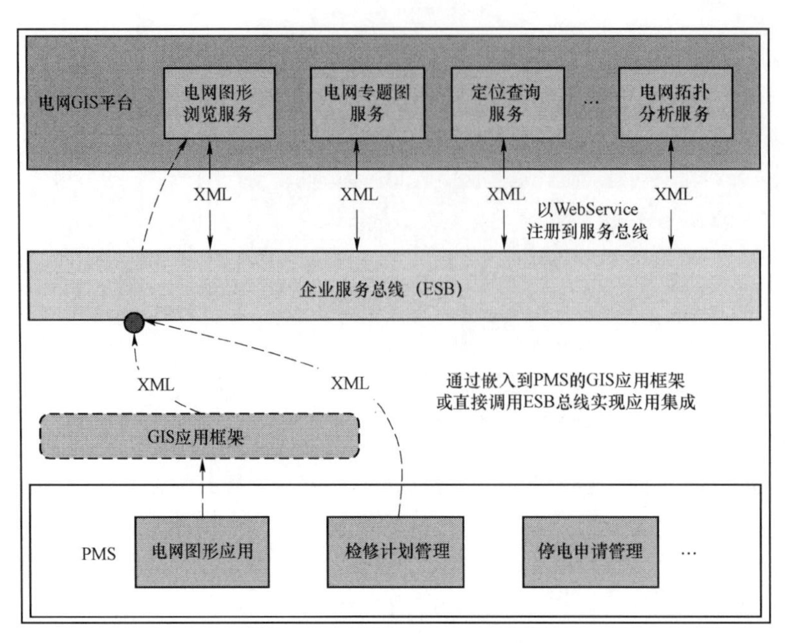

图 3－6　基于业务应用服务的集成方式

对于 GIS/PMS/配电主站数据的共享，由于配电主站处于安全级别较高的生产控制大区，不能直接通过 ESB 进行访问，需要加装安全隔离装置，故将配电主站和 GIS/PMS 分割为两个信息安全大区，并通过信息交换总线实现跨区访问，如图 3－7 所示。

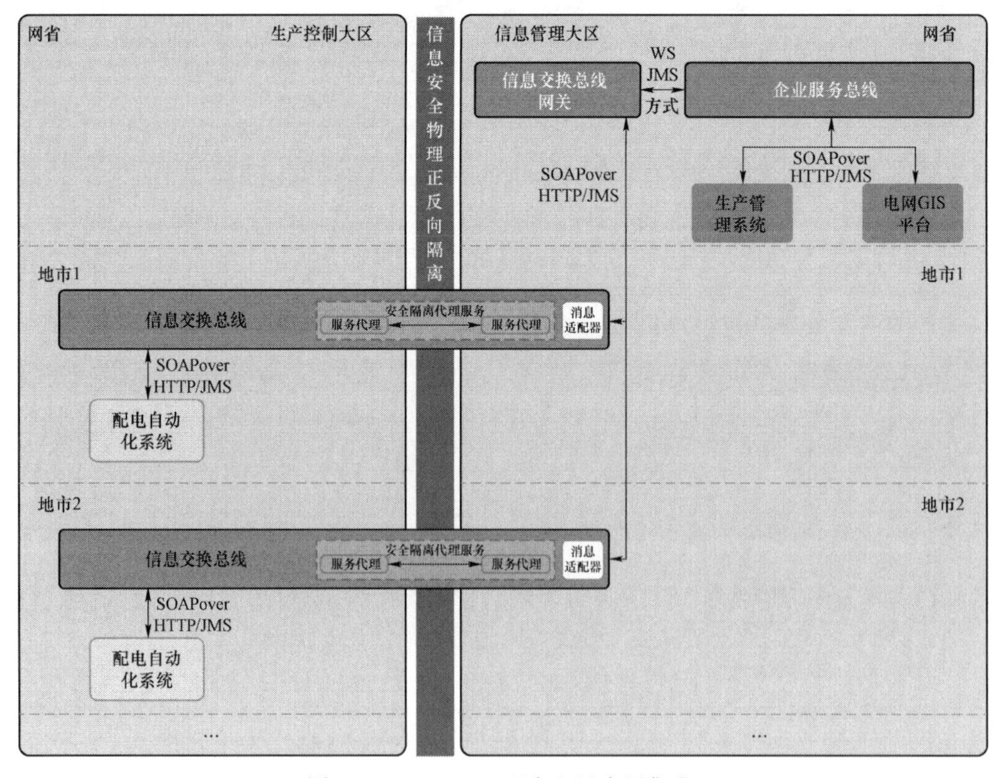

图 3－7　GIS/PMS/配电主站应用集成

3.2.1　设计思想和技术路线

为了实现企业内部的软件即服务（SaaS），降低应用系统内部的耦合度，增强外部关联性，服务可以很容易被重新组装成新的应用。

对企业服务库进行智能分析，自动分析服务之间的关联度，通过智能化的服务关联建议辅助支持业务创新，实现业务运营服务化。业务部门在进行服务的注册、查找和调用过程中实现自助化，iBus 平台和其他业务部门提供的服务虚拟化，系统之间的交互无边界化。

业务实现全部流程化驱动，流程实现自动化运行，推送式交互。业务流程运行实现事件化触发式管理，实现面向服务架构（SOA）和事件驱动架构（EDA）的全面融合管理。

在技术路线上主要实现以下目标：

（1）实现了基于 IEC 61968/IEC 61970 方式的总线架构，并针对国内电力行业需求，IEB2000 信息交换总线采用面向服务架构（SOA）设计建立的服务总线，支持各种粒度的服务注册、发布、管理和接入。提供了跨安全区的安全区代理组件，为各安全区服务接入提供统一的接入规范。在遵循二次安全防护总体方案的前提下，屏蔽跨安全区的底层数据转换。解决了二、三隔离区的基于服务的代理访问问题，使得符合安全要求的应用系统可以直接访问跨区的服务，大大超越了传统 ESB 服务的理念。

（2）基于 IEC 61968/IEC 61970 的系统集成标准，针对电力行业的实际需求，从元模型体系管理、元模型动态自适应转换、消息管理、交换模型语义校验等方面准确、完整地实现了 IEC 61968/IEC 61970 标准和服务总线所要求的系统功能和性能。

（3）具备了高效的跨区流量均衡算法专利，针对跨隔离装置的技术特性，实现多隔离装置的自适应地调整跨区流量，大大提升了整个信息交换总线（information exchange bus，IEB）的运行效率。

（4）建立了基于 IEC 61968/IEC 61970 的元模型管理平台，实现了面向 IEC 61968 的模型、管理、消息语义校验等管理功能。

（5）实现了安全隔离代理组件，实现信息管理大区和控制管理大区之间消息透明传输。

3.2.2　关键技术

1. 元数据模型管理平台

在面向服务的体系结构（SOA）中，语义互操作性可确保服务使用者和提供者可以通过一致、灵活的方式交换数据，这种方式能满足许多非功能性的要求（non－functional requirement，NFR），如性能和伸缩性等，而不受所涉及的各种信息的限制。例如，账单编制应用服务请求者需要获知客户余额（BALANCE）。同时，会计应用服务提供者提供名为 REMAINDER 的客户余额。实现语义互操作性的方法是，将账单编制应用中的 BALANCE 映射到会计应用中的 REMAINDER。

语义互操作性是 SOA 中的一个重要体系结构特性。语义互操作性使服务的使用者和提供者能够交换有意义的信息，然后遵照这些信息进行操作。它是 SOA 的基础，没有了语义，数据只是一串串没有任何意义的二进制字节。如果没有它，服务使用者和提供者可能误解和破坏数据，最终给 SOA 和业务带来负面影响。

广而言之，大多数信息集成都是对语义互操作性进行处理。问题在于，人们认为语义互操作性是理所当然的，并且很少在语义互操作性方面进行理性而明智的体系结构决策，因为语义解释、映射和转换通常与自主开发应用程序、企业应用程序集成（enterprise application integration，EAI）和企业信息集成（enterprise information integration，EII）联系在一起。因此，语义互操作性通常会在 SOA 的开发过程中被忽略。

元数据管理平台的建设就是为了避免继续出现类似问题。在元数据管理平台建成之后，可以实现以下功能：

（1）可以实现对技术元数据的抽取，把相关的字段放到平台上来。在这个平台上能清晰地看到这些表或字段之间的关联关系，形成一个很清晰的视图。

（2）可以把业务元数据抽取出来，确定要做哪些应用，就把相关的指标、流程在平台上建立起来。把这些元数据抽取出来后，用户可以通过平台很方便地修改数据仓库中的数据，调整业务中的统计指标等。

（3）可以把技术元数据和业务元数据两种数据对应起来。例如，对于当日用户数来讲，它在数据仓库中对应的都是哪些表，让技术元数据和业务元数据联系起来。这样，在把各种定义统一之后，元数据管理平台就可以给出一个更为详细的指标，比如在数值之后做出注解，注明具体开机的有多少、发生费用的又有多少。

为了与服务请求者和提供者交互，信息交换总线必须支持相关的消息模型，这些模型定义了交互中使用的消息内容。总线的接口组件层/系统服务层与具体的消息模型无关的，信息交换模型管理可以提供配置灵活性以支持服务请求者和提供者定义的消息模型。

消息模型本身基于元模型，元模型是一种表示消息内容的方法，消息模型是元模型的特定应用。消息元模型的一个示例为 XML 模式定义语言；内容模型的一个示例是某个特定的 XML 模式。

2. 安全区代理服务组件

信息交换总线提供了专门的隔离组件，能够在符合安全规范的基础上进行跨隔离数据传输和服务调用。隔离组件是一种专门的安全区服务代理组件，传统的基于隔离区的服务访问需要应用程序做大量的工作，以请求/应答方式为例，结构如图 3－8 所示。

而采用安全区服务代理组件总线的结构如图 3－9 所示。

所有的安全一区到安全三区的传递的数据格式以及安全三区到安全一区传递的数据格式，都严格遵循电力安全防护要求，都通过安全隔离装置完成信息的传送，信息交换总线在正、反向的情况下都采用基于 IEC 61968 标准的 XML 文件格式，这是一种特殊的支持流程的 XML 格式文件。

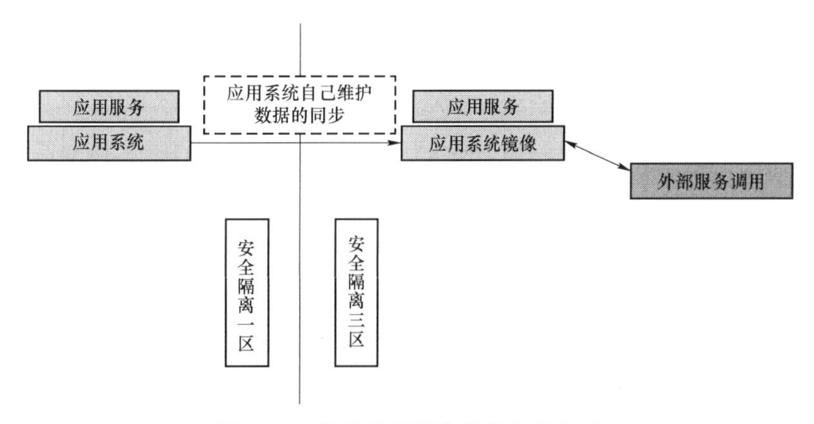

图 3－8　传统的跨隔离服务调用方式

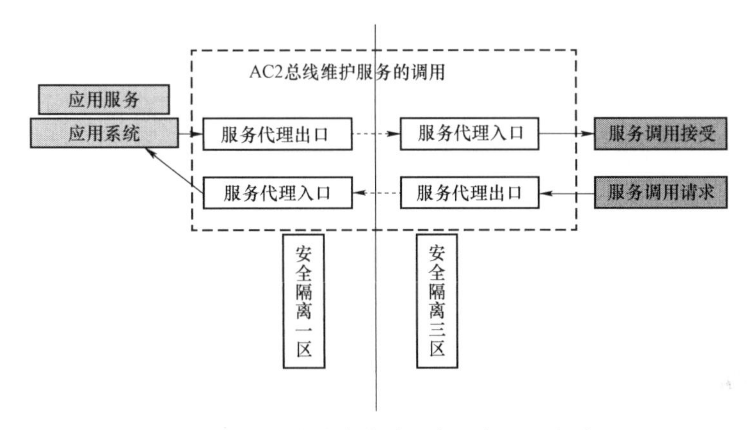

图 3－9　交换总线的跨隔离服务调用方式

按照传统方式，从安全一区到安全三区或者从安全三区到安全一区主要采用文件传输等方式实现数据的交换，其主要缺点如下：

（1）简单的文件拷贝，主要存在文件的多版本管理，很难支持应用的并发处理等问题。

（2）每个应用系统需要做全系统的镜像管理和服务管理，维护量大，常常会造成不一致。

（3）采用基于文件的传输方式，如文件传输协议（FTP）等方式，在网络或服务器中断的情况下，无法保证消息的可靠传输，以及无法保证不会有碎片文件的产生。

然而，采用安全区服务代理组件总线的方式在一区或者三区的应用系统只需要开放合适的应用服务，不需要任何编码工作，就能通过总线的服务代理组件把消息通过文件的方式传送到三区或者一区的相应的请求端。这从根本上解决了上述问题。它可以支持各种服务接入方式，包括 WebService、CORBA、EJB、JMS 等各种主流方式。

3. 基于负载均衡的安全代理服务

信息交换总线提供了基于安全一、三区的安全代理服务。随着安全一、三区的访问量和信息交换量的不断增长，必须有效地利用多隔离装置，提高网络的效率，最优化信息服务。

从技术上讲，就是信息交换总线面临的网络资源有效利用问题，也就是如何进行对网络的访问分流，以便能够快速响应用户反应，即负载均衡。

（1）轮询算法。轮询算法的原理是把来自用户的每一次请求轮流分配给内部中的服务器，从 1 开始，直到 N（隔离装置的个数），然后重新开始循环。此算法的优点是简洁，它无需记录当前所有连接的状态，是一种无状态。轮询算法假设所有隔离装置上处理的消息数量和消息内容大小都相同，不关心每台隔离装置的当前连接数和响应速度。当请求服务间隔时间变化比较大时，轮询算法容易导致服务器间的负载不平衡。因此，此种均衡算法适合于隔离装置组中所有隔离装置都有相同的软硬件配置且平均服务请求相对均衡的情况。

（2）权重轮询算法。轮询算法没有考虑每台隔离装置的处理能力，但在实际情况中，可能并不是这种情况。由于每台隔离装置的配置、安装的业务应用等不同，其处理能力会不一样。所以，根据隔离装置的不同处理能力，给每个隔离装置分配不同的权值，使其能够接受相应权值数的服务请求。权重轮询算法考虑到了不同隔离装置的处理能力，故这种均衡算法能确保高性能的隔离装置得到更多的使用率，同时避免低性能的隔离装置负载过重。

3.3 典型信息交互场景

地理图维护电网 GIS 平台根据业务需求，可由电网基础地理图的电网结构和设备信息生成电网模型描述（单线图、厂站接线图、系统图）。图中清晰反映各类电网设施设备间的拓扑关系和连接关系，并按一定成图规则调整成图。修改空间数据时，GIS 与 PMS 使用 ESB 交换台账数据。

电网 GIS 平台电网结构发生变动后，以线路为单位，按电气专题图（如单线图、站间联络图、区域系统图、站室图等）生成 CIM/SVG 数据（对其电气连接关系、拓扑关系进行描述，电网设备 ID 按生产部门设定的统一编码体系进行编码），并发送变动消息到总线通知对应的配电主站，外部系统（配电主站）收到消息后，通过调用服务将变动后电网结构从电网 GIS 平台转入总线，穿过隔离装置，由配电主站接收和解析，转化为其自有空间信息数据，支持各类上层应用。其中 GIS 与 PMS 的图形和台账数据通过 IEB 穿越隔离装置，共享给配电主站。

配电主站按设定时间间隔向 GIS 系统提供相关电网设备的遥测量、遥信量的断面数据。电网 GIS 平台时刻监听接收来自配电自动化系统的电网运行数据（E 语言形式组织）。电网 GIS 平台基于图形将电网数据与实时运行信息、电网运行状态进行叠加分析并显示。配电主站根据电网 GIS 平台的历史数据请求信息，返回单个设备的历史数据。历史数据按时间–数据值 XML 格式来组织，并作为消息体，以消息形式返回给 GIS 平台，供 GIS 平台用于历史曲线的绘制。配电主站通过 IEB 穿越隔离装置将遥测信息及历史数据返回给 GIS 平台进行展示。

在各系统完成数据交换的基础上，可适时推进跨系统的流程融合及应用，在停电管理等方面做相应集成。配电主站将停电范围以停电边界（开关）形式反馈电网 GIS 平台，在电网 GIS 平台中将停电内容采用红黑图进行显示，同时统计停电用户及停电影响用户，将信息送至营销系统和电力系统客户服务中心（95598），由其向客户发布停电通知。

3.3.1　配电网图模异动管理及信息交互

信息交互的典型应用包括设备异动、配电网故障停电、配电网抢修等场景，这些场景的应用都涉及配电主站、EMS、PMS、GIS 等多个信息系统。信息交互能够有机协调各系统的工作，在系统间交换、共享图形、模型和数据，支撑单系统应用和跨系统应用。本节将对配电网图模异动管理及信息交互做重点介绍。

配电网信息交互的内容实质是配电网图形、模型和相关数据，而配电自动化系统运行的基础就是模型和数据，并通过图形化展示来进行管理。

馈线自动化（FA）及负荷转供已成为配电自动化系统主站的基本功能。这两项功能的有效应用建立在正确的配电网模型和参数的基础上。配电网图模除了满足基本的 SCADA 监控应用外，主要应用在对配电网的动态变化管理，针对配电网多态（实时态、研究态、外来态等应用场景）、多应用和多态模型进行管理。配电网图形、模型及基础数据的维护工作依托于 GIS 和 PMS，并通过与配电主站间的信息交互，实现其主业务流程——设备异动管理。

设备异动管理是配电网图模管理的核心内容，能反映各系统内是否有效运作，以及相关系统间是否有机结合。设备异动管理指对设备新增、设备运行状态变更、刷号及位置变化等的管理，设备异动是电网生产运行中的重要业务，关系到供电网络运行参数和网架结构。

以下重点阐述配电自动化图模、资源共享，以及信息交互紧密相关的配电网新投设备异动的实现方法。

1. 新投异动流程

生产业务人员在生产管理系统（PMS）中发起设备异动，通过与电网 GIS 平台紧耦合操作，进行设备异动申请，展开相应操作，同时在电网 GIS 平台中更新设备拓扑关系。电网 GIS 平台将更新的设备拓扑结构提交审核，若审核不通过，将在系统中对异动进行调整；审核通过后，在 PMS 中安排工作并执行设备投运，同时在电网 GIS 平台中发布更新专题图，并同步至配电自动化系统。典型的新投异动流程如图 3–10 所示。

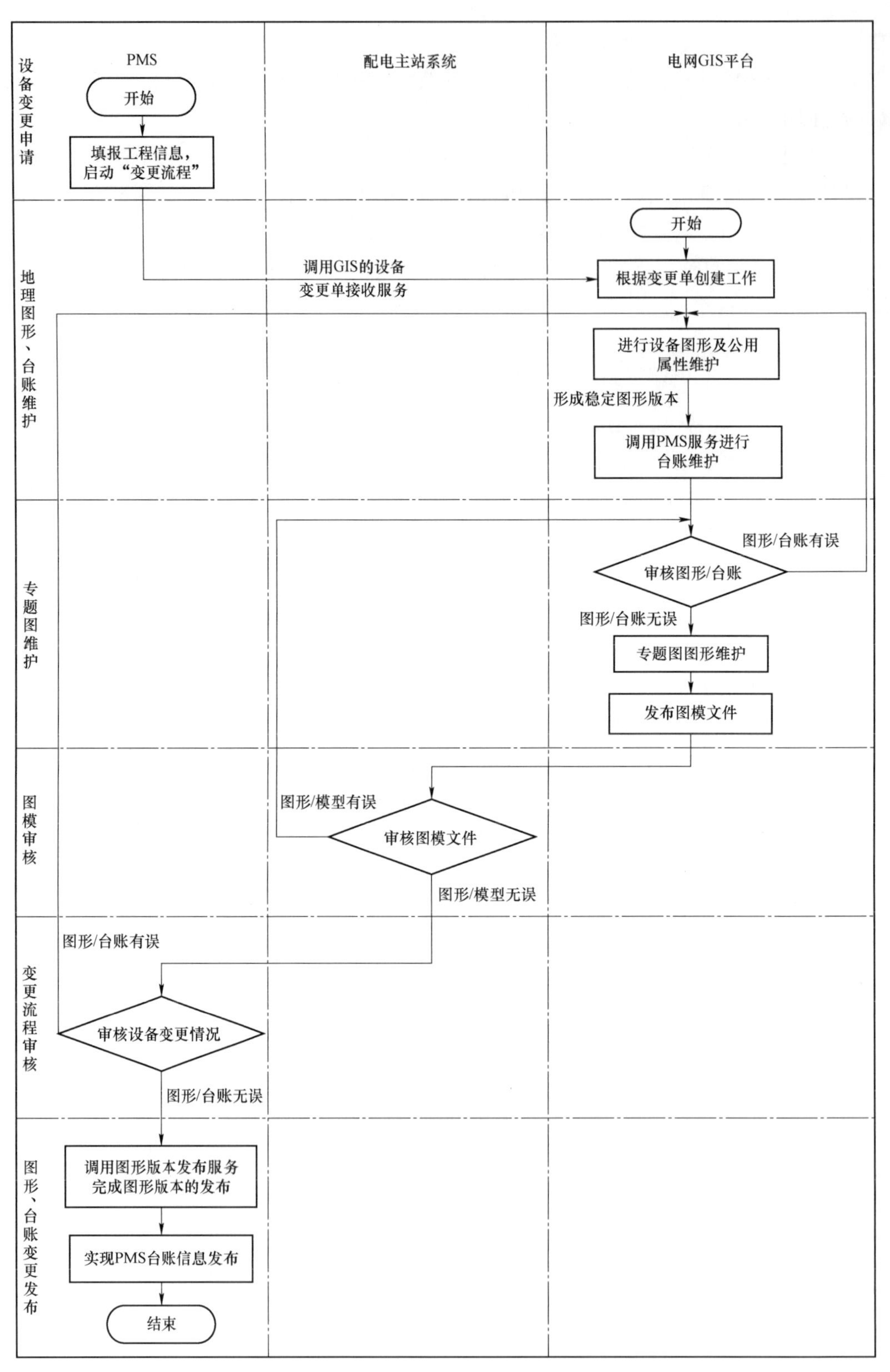

图 3－10　典型新投异动流程

（1）设备变更申请。由各配电工区运维人员从 PMS 发起“配电设备变更（异动）申请”，填报“工程信息”“变更内容”等关键信息，启动变更流程，向电网 GIS 平台发送变更单信息。

（2）地理图形、台账维护。各配电运检工区电网 GIS 平台维护人员登录电网 GIS 平台，按照工程图纸和变更内容进行图形绘制，在绘制过程中对绘制设备的基础图形属性进行编辑，并对需要退运及更换的设备进行标示。图形绘制完毕后，需要进行台账补充录入，由电网 GIS 平台自动检测变更清单，根据实际情况对变更设备分别进行处理。

（3）专题图维护。各配电运检工区电网 GIS 平台维护人员在电网 GIS 平台中，进行配电网单线图的生成维护。

（4）图模审核。配调人员/配调专责/调控中心自动化班在电网 GIS 平台中，对图形维护员绘制的图形/台账进行审核，保证相关异动设备参数完备正确、地理位置准确恰当。如果在审核维护中发现错误，可退回给图形维护员，并提出勘误、修正意见，指导其对错误进行修正。在保证地理图形/台账正确的基础上，配调专责才对专题图进行维护。

（5）变更流程审核。各配电运检工区专责在 PMS 中进行设备变更情况审核，保证配电设备的正确性。

（6）图形、台账变更发布。在完成流程审核确认后，调控中心配调值班室在 PMS 中调用设备变更版本发布服务发布设备图形和设备台账，系统会同时发布相应的 CIM/SVG 图模至配电自动化主站系统。

2. 其他典型的异动管理模式

（1）模式一新投异动流程图如图 3－11 所示。

（2）模式二新投异动流程如图 3－12 所示。某供电公司结合自身的业务需求，提出在原有设备异动管理流程的基础上，引入 OMS 环节，即由 PMS 开放一个服务接口供 OMS 调用，以便 OMS 将流程的审核结果和审核意见反馈到 PMS，作为本次流程完结或者重启流程的信息。

（3）系统离线的处理。当 GIS、PMS 与配电主站间未互联互通（主要指尚未部署信息交换总线或总线未调通的情形）时，配电网图模维护需要走离线流程，通过 GIS 导出功能，将图模文件导出后由人工导入配电主站。与完整的在线流程不同的地方在于，系统间的信息交换改为线下（人工传递图模、人工纸质审核），系统内部的流程仍然不变。

当 GIS 运行异常时，调控中心可根据 PMS 提供的异动信息，以手动绘图方式，临时代替从 GIS 中导入图形，确保异动流程的正常进行。

3. 关键技术

（1）馈线管理及应用。馈线的定义与实际工作中对配电线路的管理要求有较大差异，国网浙江电力试点在原有馈线模型的基础上进行改造。经过改造，提高了配电网单线图和区域系统图的自动成图效率，便于按照电网拓扑形成树状层级关系，使图形更加实用、美观。PMS2.0 做馈线图形模型管理，首先要完成配电网线路拓扑连通性检测，然后设置常开开关（即动合开关），再进行馈线分析（含创建分支线），经二次发布完成与配电自动化系统的图模交互。

1）配电网线路拓扑连通性检测。配电网线路拓扑连通性检测可通过 PMS2.0 图形维护客户端→【电网分析】→【查看质检结果】，查看配电网线路拓扑连通情况，对连通性进行检查，包括线路缺少起点设备、电缆段/导线段缺少所属电缆/导线、线路图形连通性复核等 7 类可能存在的问题，并应用图形客户端对错误数据进行治理，如图 3－13 所示。

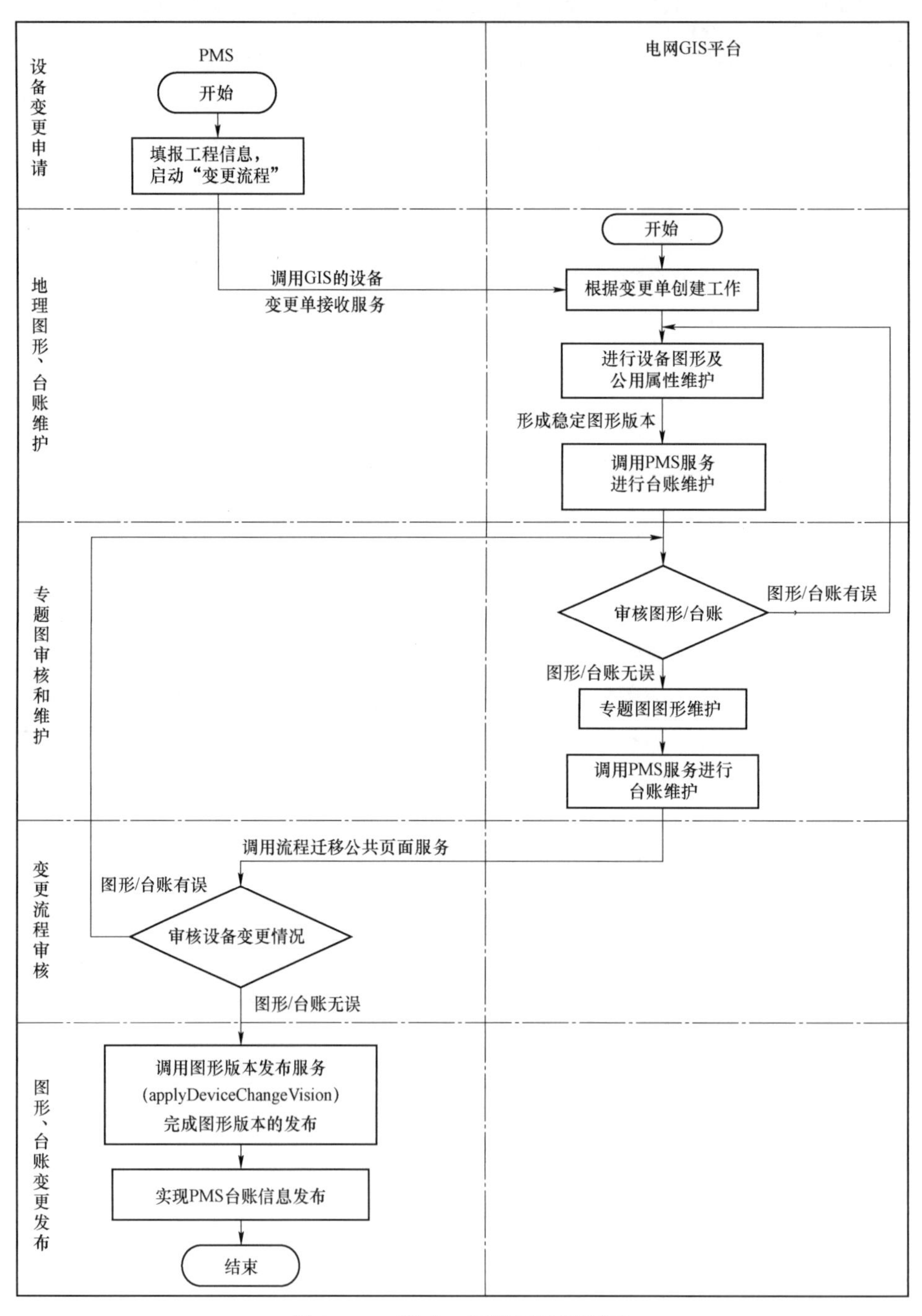

图 3－11　模式一新投异动流程图

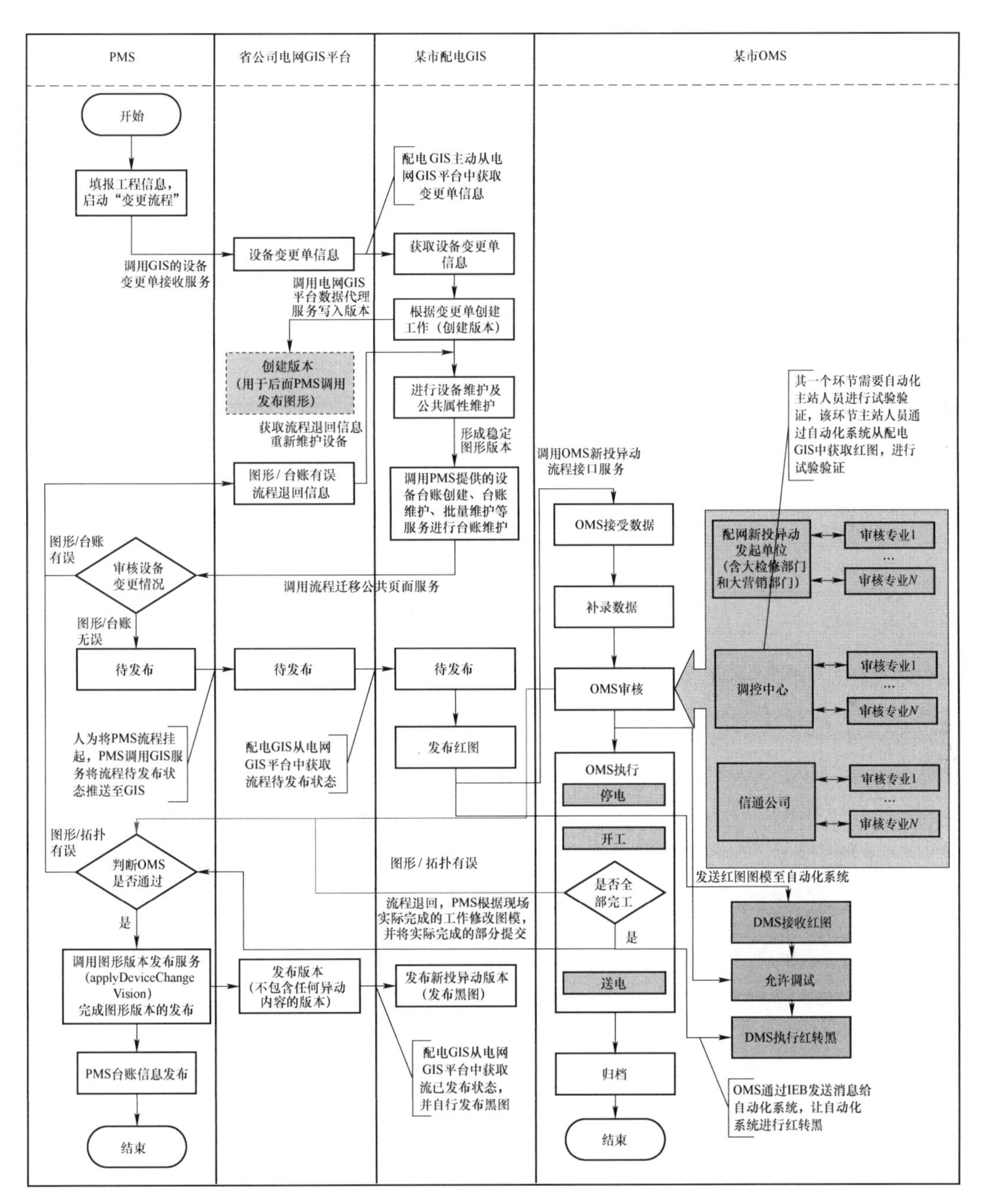

图 3－12　某供电公司新投异动流程

2）设置常开开关。分析馈线前，首先要将该馈线与其他馈线联络的开关常开状态设置为常开，如图 3－14 所示。

质检工具窗口 v1.0.0726.1706

质量检查 | 质检统计结果 | 查询结果

当前用户所在维护班组或部门为 江东运检站配电运检组 □本班组关联的错误 □无班组关联的错误

请选择需要统计的质检： ☑用户设备 ☑非用户设备

杭州标准模板0818(后台检查2016/8/20 0:38:29) 统 计

当前统计结果如下：

检查项	检查条目	错误数量	设备总数
图数一致性	台账缺少图形	71605	2840301
	站内/柱上图形缺少台账	57678	1226163
	地理图图形体缺少台账	1009	2344278
	台账名称与图形名称不一致	39202	2840301
连通性检查	线路缺少起点设备	252	6191
	电缆段/导线段缺少所属电缆/导线	333	257533
	线路图形连通性复核	297	6191
	导线/电缆缺少所属线路	546	189575
	电缆段/导线段所属线路与电缆/导线所属线路不一致	3196	257533
	线路端子连通性错误	672	6191
	电缆段/导线段缺少所属线路	505	257533
端子重复性检查	地理图图形端子连接号非法（为0）	5	2344278
维护班组缺失	线路维护班组为空	25	6191
	设备维护班组为空	2869	1870287
总计		178194	8544753

导 出

图 3-13　连通性检查

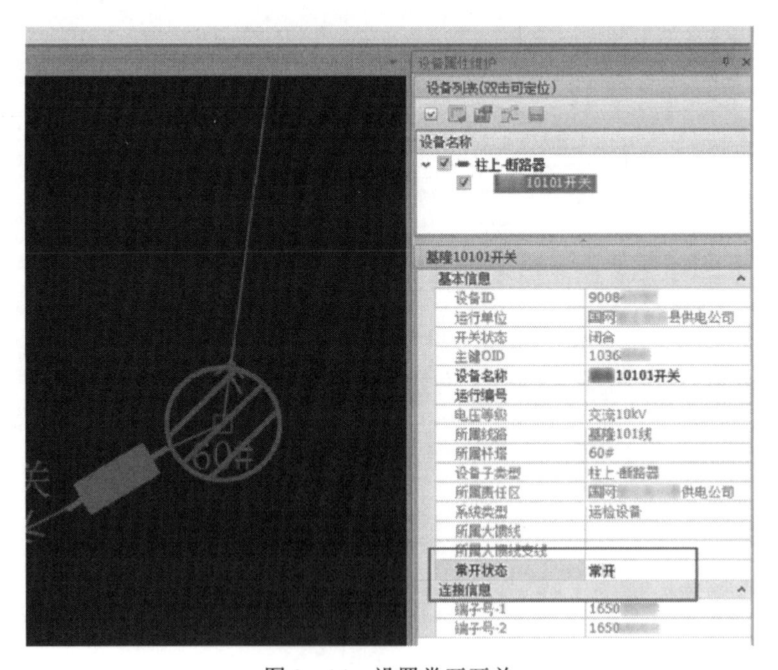

图 3-14　设置常开开关

3）馈线分析。通过馈线分析功能依次分析出该馈线的所有设备、主干线和分支线，并可进一步创建分支线。馈线导航树如图 3-15 所示。

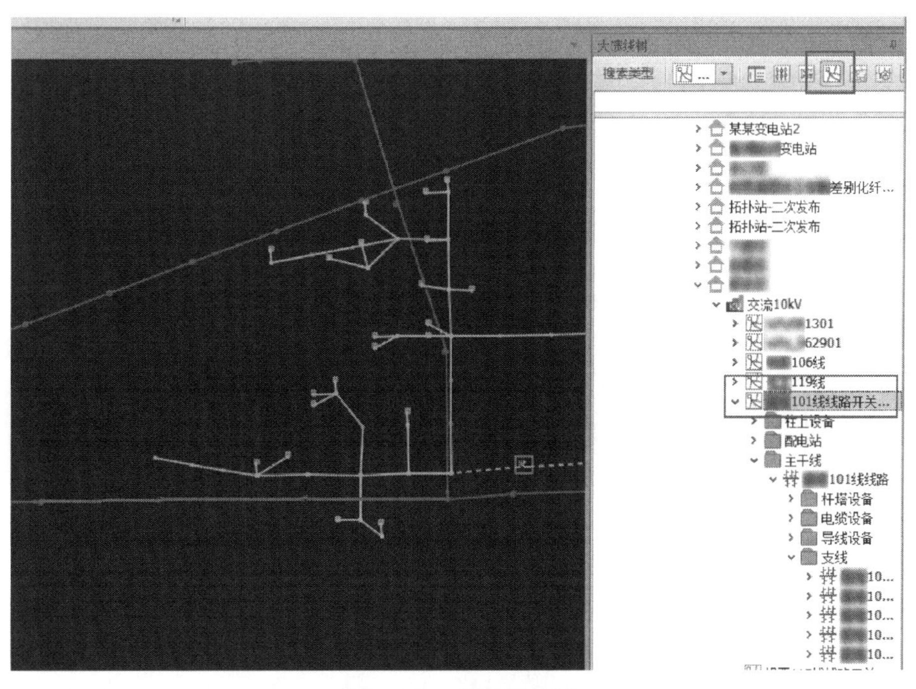

图 3－15　馈线导航树

4）二次发布馈线中的设备模型经分析后需作变更时，在 PMS2.0 中提请变更流程，设备台账及接线图由运维班组进行数据维护，经调度、方式等专业班组审核通过后，向配电自动化系统主站发布接线图与馈线模型。典型发布流程如图 3－16 所示。

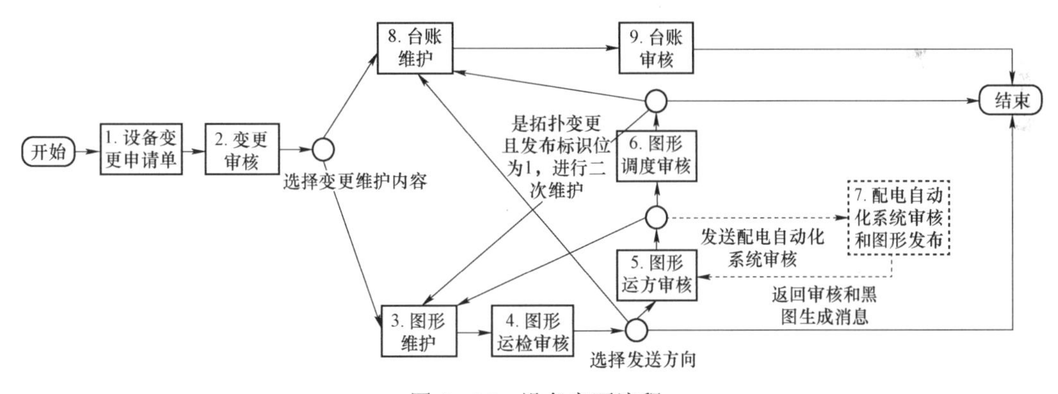

图 3－16　设备变更流程

（2）红黑图机制。所谓“红黑图”，其实是一种通俗的说法，它实际上描述的是配电网网络模型的一个动态变化过程。它不仅涉及图形，还涉及网络拓扑以及设备的投运状态。

为了比较清楚地阐述本实现方案，有必要先对和“红黑图”有关的几个概念进行一些定义和澄清，这些概念一直是很容易混淆的。

1）三种图形状态。在配电网系统中存在着很多类的图形，包括网络图、地理图、单线图、沿布图、站内图等。其中，网络图和地理图描述整个配电网络的总体结构；单线图和沿布图描述单个馈线的详细网络结构；站内图描述站房的网络结构。

为了简化描述，使用红图、黑图、黄图这三个术语来分别描述同一条馈线单线图的三种状态（实际上是三幅独立的图形）。

黑图：调度正在使用并用来进行现场调度的图形，它是当前配电网络结构和运行状态的一个图形显示。

红图：线路改造计划实施以后调度准备使用的图形，它是未来配电网络结构的一个图形显示。

黄图：当红图投运时（也就是通常所说的红转黑）原来黑图的一个图形备份，它实际上处于一种待退役的状态。如果红转黑不成功或者需要回退时，可以恢复黄图为黑图。在一些情况发生时需要删除已经形成的黄图。

2）两个拓扑模型。在系统中的任意时刻，最多只会存在两个拓扑模型。可用下面的术语来描述这两个拓扑模型。

黑拓扑：已经投运的和正在运行的网络拓扑结构。它是由所有馈线（包括站内图）单线图的黑图节点入库拼接而成。

红拓扑：将来某个时刻的网络拓扑结构。它也是由所有馈线单线图节点入库拼接而成，和黑拓扑不同，如果一条馈线存在红图，则优先使用红图的拓扑，否则使用黑图的拓扑。

可以看出，所谓“红拓扑”实际上是从当前网络拓扑模型出发，再替换上将要投运或改接（红图）的所有馈线的拓扑模型。

3）三种设备投运状态。每个设备都定义了三种投运状态，用来表示设备的生命周期。

已投运：正在投运的设备。

未投运：等待投运的设备。

待退役：正在投运，但是准备退役的设备。

上述的三个概念在实际应用中很容易混淆，它们都描述了一个配电网络拓扑不断变化的过程。从整个系统来看，只有红黑两种拓扑；从图形来看，每个馈线单线图又可以分为红/黑/黄三种状态；从具体设备来看，每个设备可以有已投运/未投运/待退役三种设备投运状态（不是设备运行状态！）。

黑拓扑是所有黑图形成的局部拓扑的叠加；红拓扑是所有不存在红图的黑图的局部拓扑和其余的红图拓扑的叠加。无论是红拓扑还是黑拓扑，或红图局部拓扑和黑图局部拓扑，都描述了一种静态拓扑模型，也就是不考虑断路器、隔离开关的开合状态下的整个系统的电气连接状态。而动态拓扑模型则是在静态拓扑模型的基础上，再考虑断路器、隔离开关的开合状态，各种标志牌的挂接、搭头与跳线的状况，以及设备投运状态以后的停电与带电分布。

设备投运状态、红黑拓扑及红黑图形之间并没有必然的联系。也就是说，在黑图或黑拓扑中可以存在未投运的设备（在红图投运的过程中就会碰到这种状况）；同样，在红图或红拓扑中也可以存在待退役的设备。

由于设备投运状态的增加，在形成红黑拓扑的动态拓扑以及其他应用（包括SCADA）时需要进行不同的判断。黑拓扑的动态拓扑将待退役的设备和已投运的设备进行正常处理，而未投运的设备一律按照断开情况处理；红拓扑的动态拓扑将未投运的设备和已投运的设备进行正常处理，而待退役的设备一律按照断开情况处理。

3.3.2　配电网故障停电信息交互

供电服务指挥系统是基于配电网大数据的管理智能分析决策系统，利用大数据深度挖掘与人工智能技术，为配电网运维检修管理提供智能决策和协同指挥，用于配电网全景展示、透明管控、精准研判、问题诊断、智能决策、协同指挥、过程督办、绩效评估的闭环管理，服务于各专业、各层级配电网管理人员。供电服务指挥系统以“客户为导向的供电服务统一指挥和以可靠供电为中心的配电运营协同指挥”为核心，通过流程融合、信息共享、系统集成应用，实现客户诉求的汇集和督办、配电运营协同指挥，供电服务质量监督与管控等跨专业协同环环相扣、无缝对接、全过程实时预警和评价，打造电力企业核心力，进一步提升客户满意度。

不同系统间的信息交互需要通过总线类的传输媒介，如企业服务总线或信息交换总线等，而总线是面向服务的，各系统要在总线上注册服务（供方）或订阅服务（需方）。如配电主站向总线注册配电网故障停电信息数据服务、配电网设备遥信/遥测数据服务，配电生产运营指挥平台注册停电风险分析结果数据服务，GIS 注册 GIS 图形数据服务，短信平台注册短信发送服务等，这些系统也会向总线订阅其他系统注册的服务。

因各系统部署在不同的安全区，总线还需要完成通过正反向隔离装置在生产控制大区与管理信息大区间同步服务注册与订阅信息的工作，如图 3－17 所示。

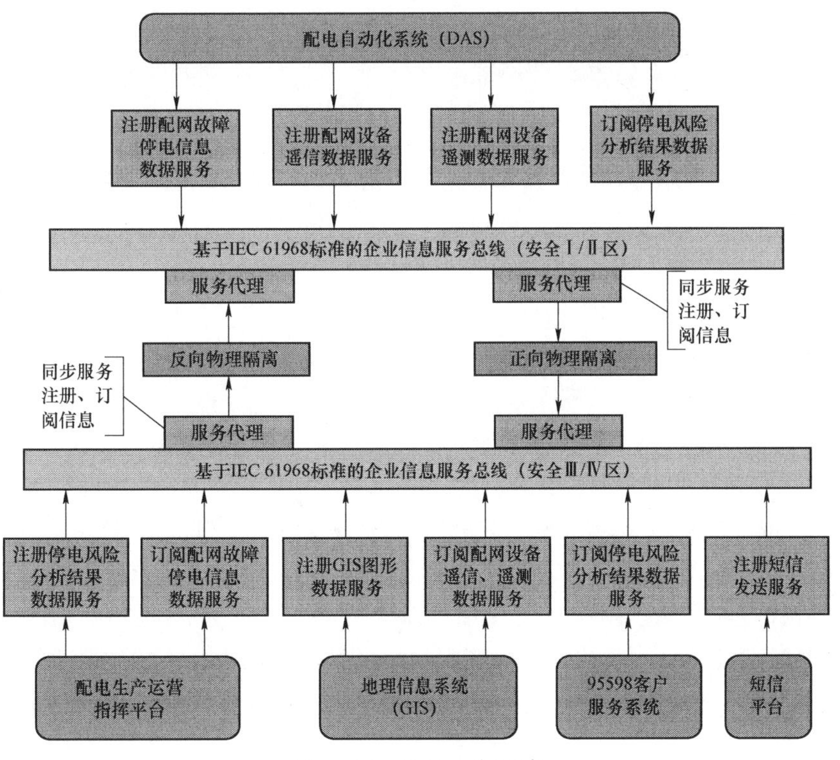

图 3－17　注册/订阅服务

当配电网故障发生时，配电主站通过接口适配器将配电网故障跳闸信息写入总线，总线根据服务订阅信息分发配电网故障跳闸信息，跨越安全区的总线同步配电网故障跳闸信息后，通过接口适配器将配电网故障跳闸信息转发给配电平台，平台再调用短信发送服务将配电网故障跳闸信息发送给配电网生产相关人员。故障发生时的服务响应如图 3-18 所示。

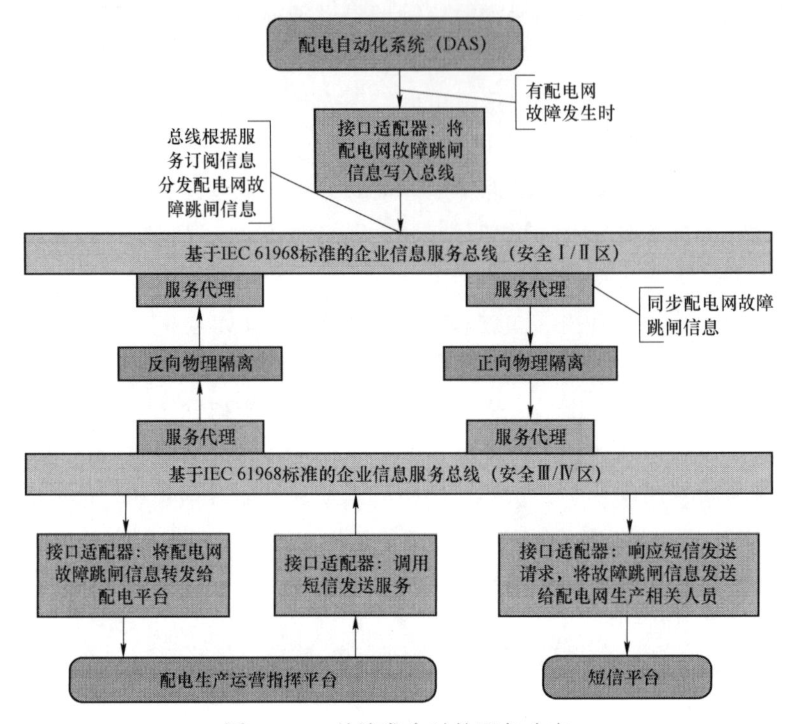

图 3-18　故障发生时的服务响应

配电主站完成配电网故障区间判断后，通过接口适配器将配电网故障区段信息写入总线，总线则根据服务订阅信息分发配电网故障区段信息，如向已订阅该服务的配电生产运营指挥平台转发，该平台收到信息后调用短信发送服务将该信息发送给配电网故障抢修人员，同时调用 GIS 图形数据服务进行故障区段定位。故障区间判断后的服务响应如图 3-19 所示。

通过配电主站隔离配电网故障并完成负荷转供后，配电主站通过接口适配器将配电网停电区段信息写入总线，总线则根据服务订阅信息分发配电网停电区段信息，如向已订阅该服务的配电生产运营指挥平台转发，该平台收到信息后根据停电区段进行用户统计，然后调用短信发送服务将该信息发送给停电用户，同时调用 GIS 图形数据服务进行停电区段定位，还将停电风险分析结果写入总线，总线则向订阅了该服务的配电主站转发给 SCADA。故障停电用户通知的服务响应如图 3-20 所示。

通过配电主站隔离配电网故障并完成负荷转供后，配电主站通过接口适配器将配电网瞬时停电区段信息写入总线，总线则根据服务订阅信息分发配电网瞬时停电区段信息，如向已订阅该服务的配电生产运营指挥平台转发，该平台收到信息后根据瞬时停电区段进行用户统计，然后调用短信发送服务将该信息发送给瞬时停电用户。瞬时停电用户通知的服务响应如图 3-21 所示。

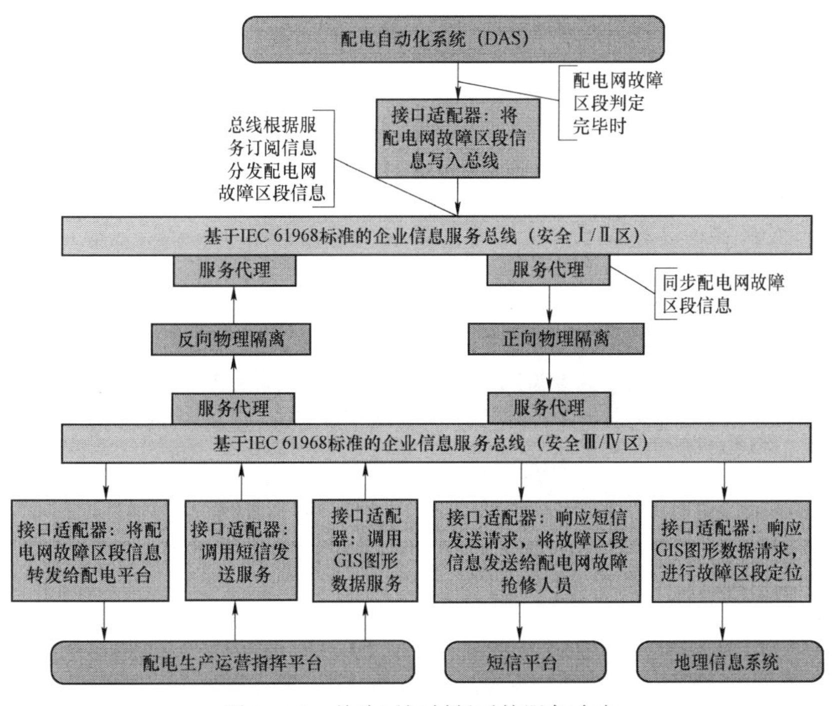

图3－19　故障区间判断后的服务响应

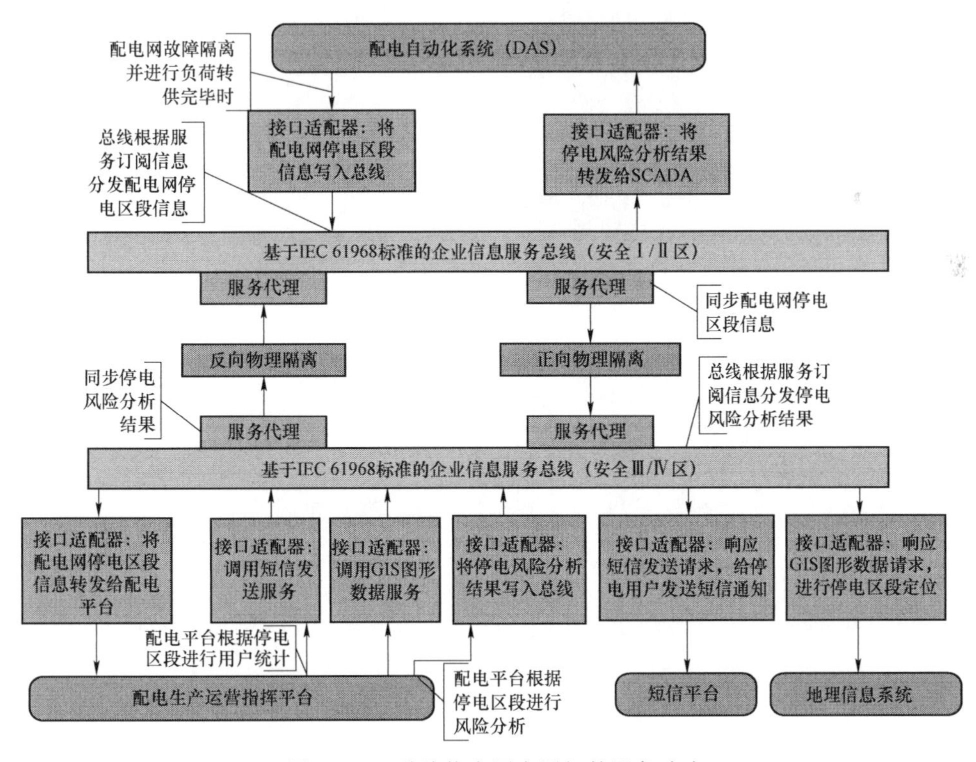

图3－20　故障停电用户通知的服务响应

当配电网故障抢修完毕并恢复供电后，配电主站通过接口适配器将配电网恢复供电区段信息写入总线，总线则根据服务订阅信息分发配电网恢复供电区段信息，如向已订阅该服务的配电生产运营指挥平台转发，该平台收到信息后根据停电区段进行用户统计，然后调用短信发送服务将该信息发送给恢复供电用户。故障恢复供电用户通知的服务响应如图 3－22 所示。

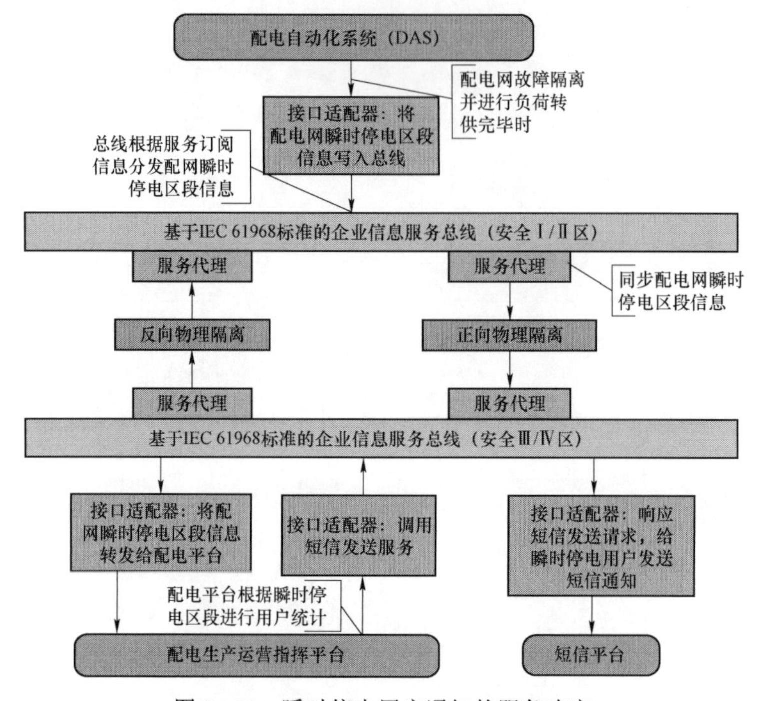

图 3－21　瞬时停电用户通知的服务响应

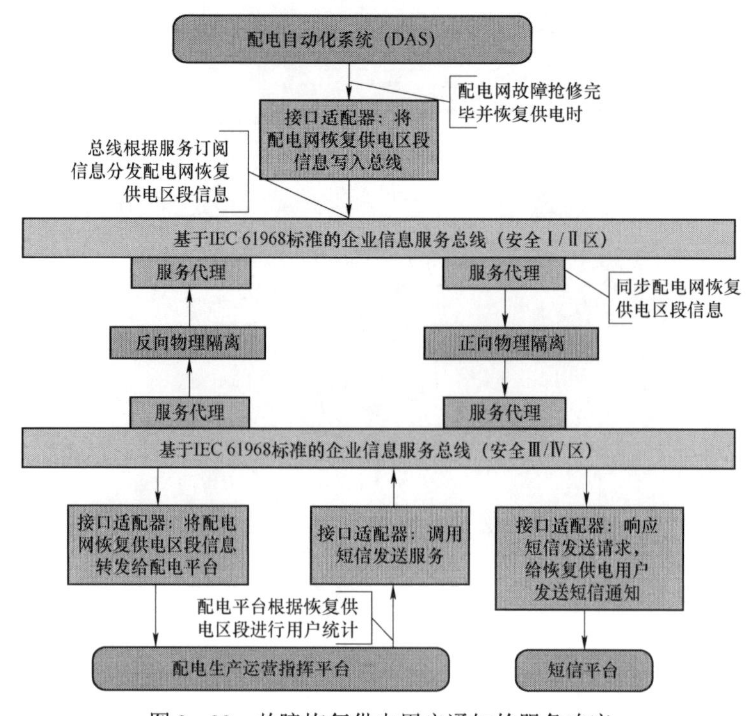

图 3－22　故障恢复供电用户通知的服务响应

3.4　信息集成交互典型业务系统

3.4.1　电网资源业务中台

电网资源业务中台将公司具有共性特征的核心业务能力通过特定的机制和方法以数字化形式进行抽象沉淀，形成企业级共享服务中心，并构建起数据闭环运转的运营体系，通过应用服务形式供各类前端应用调用，实现业务应用的快速、灵活构建。电网资源业务中台功能架构如图3－23所示。

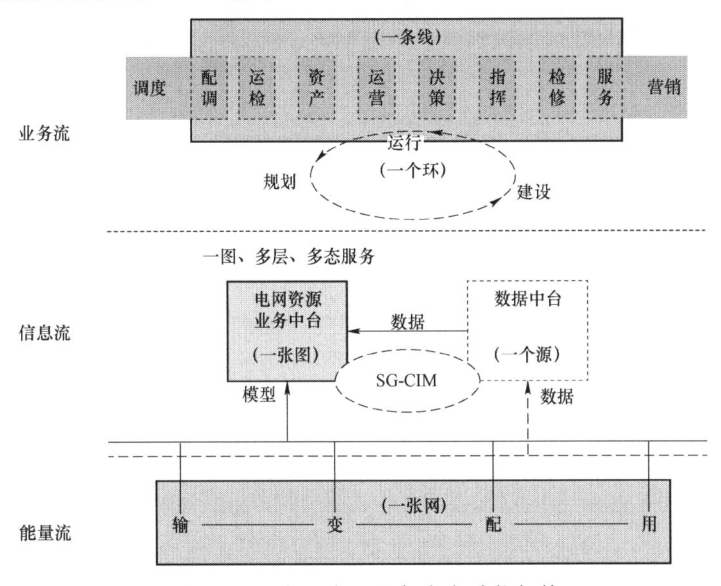

图3－23　电网资源业务中台功能架构

电网资源业务中台对发、输、变、配、用“物理一张网”进行数字建模，构建基于SG－CIM电网统一信息模型的“电网一张图”，融合业务流和信息流实现“数据一个源”，形成以电网拓扑为核心的“一图、多层、多态”一站式共享服务，支撑调度、运检、营销等“业务一条线”，实现规划、建设、运行多态图形同源维护与应用。

遵循国网企业中台统一技术路线，以“国网云”平台为基础支撑，以“输—变—配—用”为设计主线，构建电网资源业务中台总体架构，如图3－24所示。电网资源业务中台梳理整合电网资产、资源、拓扑、图形、量测、状态等电网核心业务沉淀形成共享服务，通过松耦合、服务化、可扩展的模式，构建电网资产中心、电网资源中心、电网拓扑中心等八大业务服务中心，构建“电网一张图”及其承载的模型管理、设备状态、电网量测、电网分析等共性服务，实现业务应用快速灵活构建。

电网资源业务中台构建电网资产、电网资源、电网拓扑、GIS图形、模型管理、测点管理、电网计量、电网分析、设备状态、作业资源、作业管理等11个共享服务中心，对外提供电网资源、资产、拓扑、图形等分析和查询服务等功能，与数据中台、客户服务业务中台协同支撑前端应用。

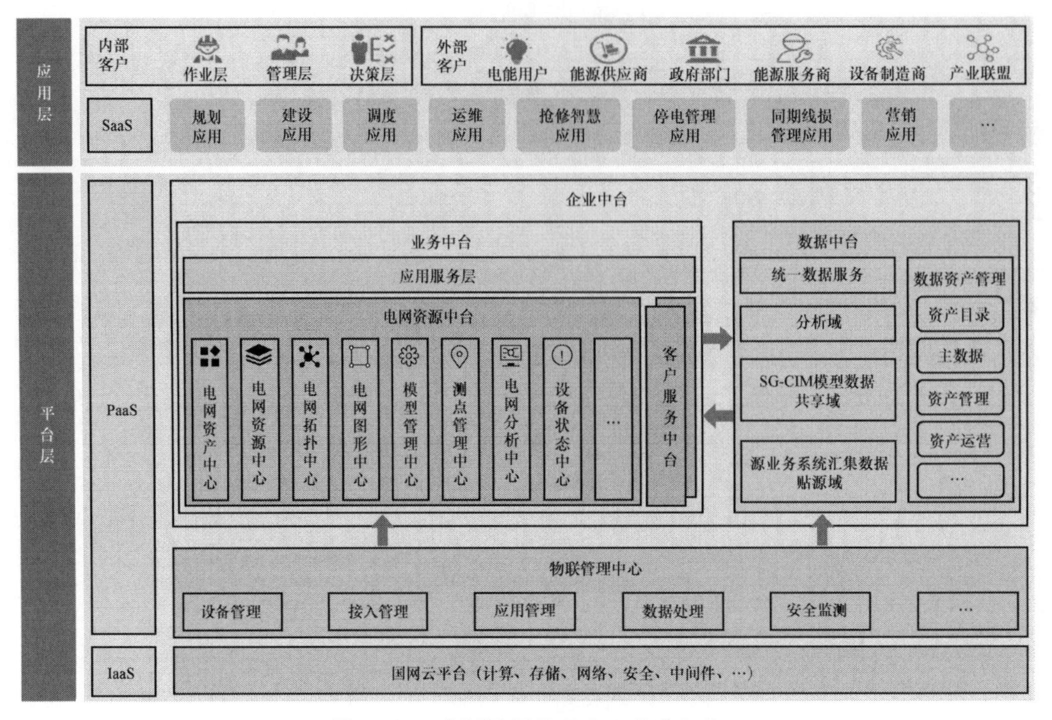

图 3-24　电网资源业务中台总体架构

电网资源业务中台对外与客户服务中台等其他业务中台，以及数据中台协同配合，共同支撑上层业务应用。其中，电网资源业务中台与客户服务中台共同支撑故障精准研判、停电到户分析等与营配业务相关的应用，电网资源业务中台与数据中台交互实现电网数据处理与熟数据入库等功能。

3.4.2　数据中台

数据中台定位于为各专业提供数据共享和分析应用服务，根据数据共享和分析应用的需求，沉淀共性数据服务能力，以 SG-CIM 模型为标准，通过数据服务满足横向跨专业间、纵向不同层级间数据共享、分析挖掘和融通需求，支撑前端应用和业务中台服务构建。

数据中台的功能主要包括数据接入、存储计算（数据存储、数据计算）、数据应用（数据分析、数据服务）、数据管理（数据资产管理、数据运营管理）四个方面。

（1）数据接入是指从数据中台外部将各类业务数据汇聚到数据中台贴源层的基本服务。数据种类主要包括结构化数据、非结构化数据、采集量测类数据，以及 E 格式文件和特定规约的消息数据。源端可以是各类业务系统、泛在终端设备和外部第三方服务提供商。其中，数据交换应具备横向和纵向级联数据传输能力。

（2）存储计算是数据中台数据核心处理引擎。其中，数据存储是指各类业务数据接入数据中台后的落地过程；数据计算是指根据需求对数据进行计算加工的处理过程。

（3）数据分析是为分析模型和分析算法提供管理，为数据报表与可视化展示提供工具集；数据服务通过数据服务目录实现安全、友好、可控的对内对外数据服务统一访问，提供 Restful 等各类形式的应用程序接口（API）的统一注册、管理和调度。

（4）数据资源管理对数据资产体系的模型、目录、数据标签等进行全面管控；数据运营管理为数据中台的使用过程提供各种管理支撑工具，对数据服务和脱敏规则等进行参数配置，对链路进行安全监控和调度计量，对数据开发提供在线交互功能，是实现数据全生命周期监控的基本工具集，数据运营能力包括对模型、指标、标签、策略等开展持续运营的能力。

3.4.3 PMS2.0

设备（资产）运维精益管理系统（PMS2.0）是面向总部、各分部、省公司及各级运维检修单位的统一业务系统，该系统围绕资产全生命周期管理和状态检修，通过优化关键业务流程，与 ERP、OMS2.0、营销业务等应用系统实现业务协同。

随着 PMS2.0 在国家电网有限公司内的试点及推广，PMS2.0 里的配电网运维管控模块打破了传统 GIS、PMS、配电主站等系统的分割，将配电网的运维业务进行集成，结合配电网设备台账及图形拓扑信息、配电网设备运维检修信息、配电主站信息、营销业务系统信息、EMS 信息等，实现了配电网综合指标评价分析以及综合信息展现，能准确反映配电网整体运行水平，把控重要运检业务指标，分析配电网薄弱存在的薄弱环节。PMS2.0 配电网运维管控集成架构如图 3－25 所示。

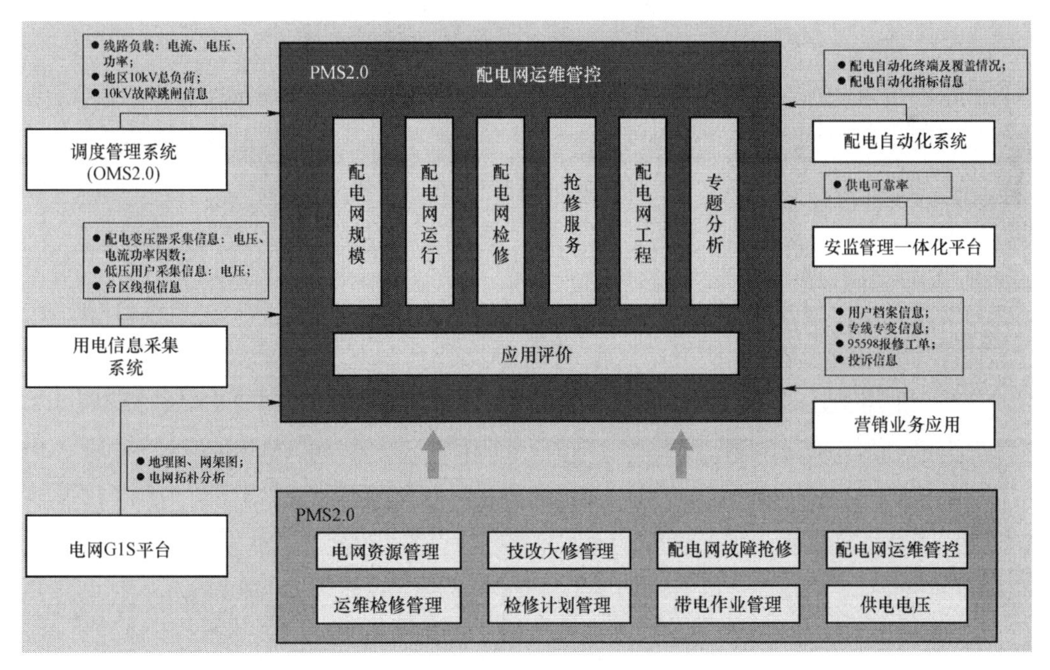

图 3－25　PMS2.0 配电网运维管控集成架构

PMS2.0 中配电网运维管控模块有配电网规模、配电网运行、配电网检修、抢修服务、配电网工程、应用评价 6 大类常规功能，另提供低电压专题分析功能及自定义报表、雷达图短板分析、均值对比、公式标准等辅助功能。PMS2.0 配电网运维管控功能架构如图 3－26 所示。

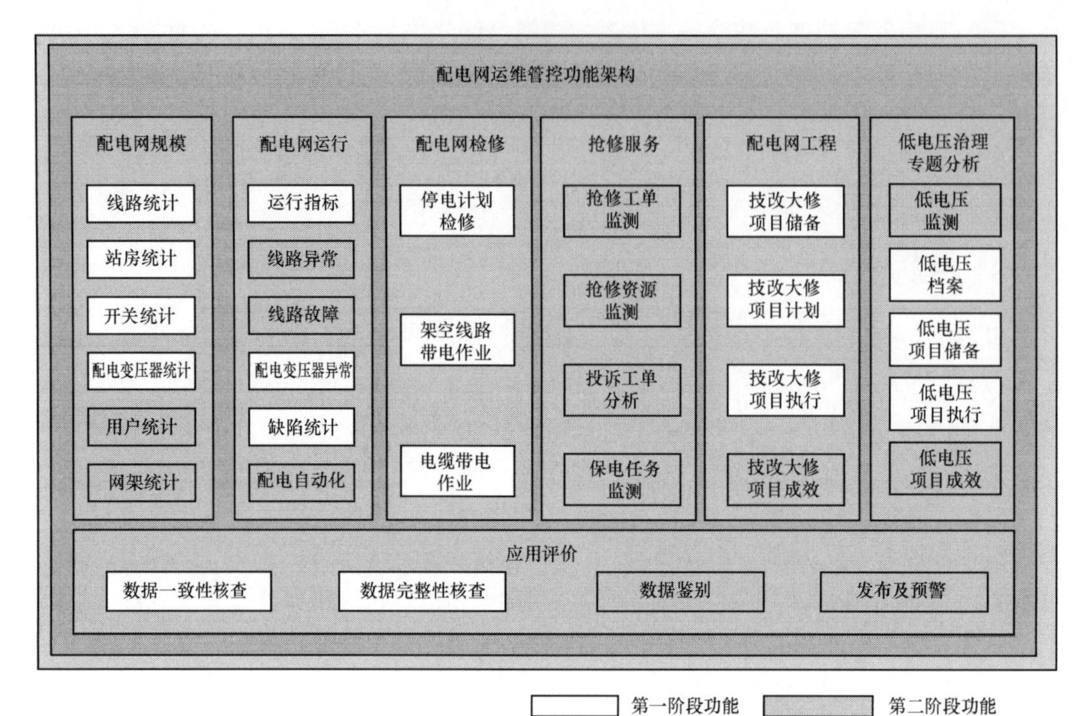

图 3－26　PMS2.0 配电网运维管控功能架构

配电网规模全面反映配电网规模概况、网架水平的基础信息与重要指标，对全省配电网设备规模进行展示，包括线路、站房、开关、配电变压器等多类设备规模及运行年限分布情况，中低压用户情况，以及线路电缆率、绝缘化率、联络率、平均供电半径等网架指标。

配电网运行实现对配电网供电可靠率、电压合格率等运行指标的监视，对全省配电网线路和配电变压器运行及线路重过载及线路故障、配电变压器重过载及低电压等异常情况进行实时监测，以便清晰地了解配电网运行情况，全面掌握存在的问题。配电网缺陷对线路、配电变压器的缺陷总量及分类统计、缺陷超期情况及消缺情况进行展示，监测配电主站各项指标，反映系统应用水平，促进配电主站实用化应用。

配电网检修对计划检修及带电作业开展情况进行统计展示，展示停电作业检修的计划数量、停运设备及影响用户数量，展示架空线路及电缆的带电作业开展数量及减少的停电时户数。

抢修服务通过对抢修工单、投诉工单及保电任务数据进行统计分析，实现报修工单密度、故障工单密度的统一展示，及时了解客户反应，评价抢修及供电服务能力。

配电网工程对反映配电网工程的指标进行综合展示，以实时掌控配电网工程情况，并通过对关键指标的历史数据进行统计分析，为配电网工程决策提供辅助支撑。

低电压治理专题分析对配电网低电压治理专项计划的关键指标进行实时监测和统

计分析，以实时掌控配电网低电压治理专项计划情况，并通过对关键指标的综合展示，为配电网低电压治理提供辅助决策支撑。

配电网运维管控模块的数据来源如图 3－27 所示。

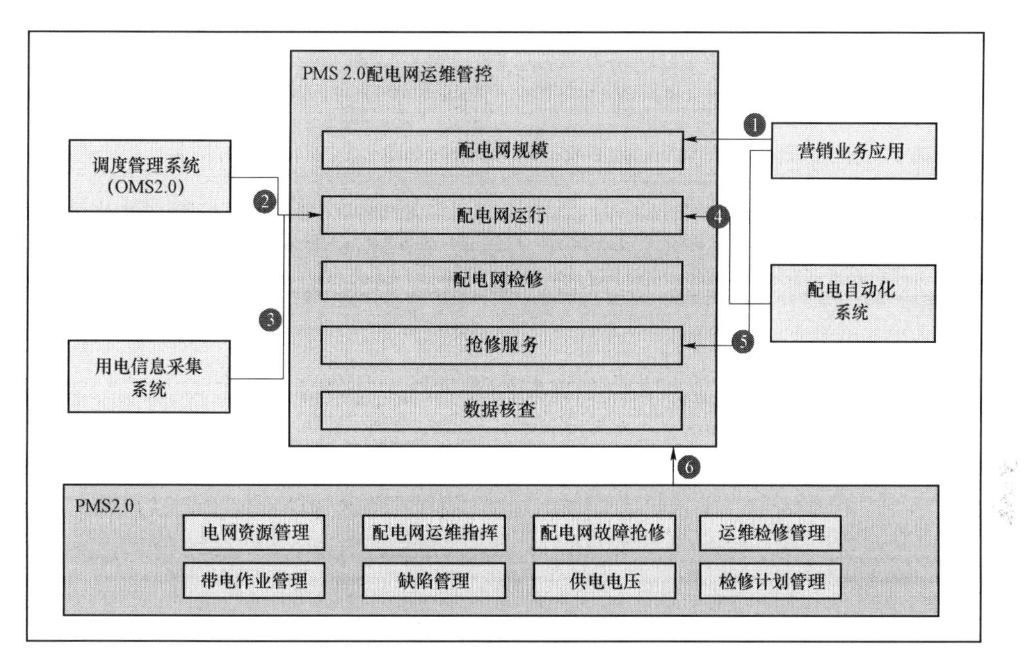

图 3－27　配电网运维管控模块的数据来源

3.4.4　供电服务指挥系统

供电服务指挥系统是基于电网大数据的配电网管理智能分析决策系统，以 PMS2.0、配电自动系统为基础，依托大数据平台，开展全业务数据实时在线分析和辅助决策，用于配电网全景展示、诊断分析、智能决策、过程督办、绩效评估的闭环管理，服务于各专业、各层级配电网管理人员。供电服务指挥系统本身不产生数据，通过大数据技术融合应用配电自动化主站、PMS2.0、营销、用电信息采集等配电网相关信息。

配电专业信息化工作以智能感知、数据融合、智能决策为主线，以“大云物移”等新技术为支撑，根据业务需求定位，开展配电专业系统建设。配电专业业务系统架构遵循配用电整体信息规划的分层结构，以大数据云计算平台为核心，实现配电设备智能化、运维检修智能化和生产管理智能化，进一步提升配电精益化管理水平，保障供电的安全可靠和优质服务。供电服务指挥系统定位于基于公司、基于数据融合层标准化存储的配电网相关数据信息，应用大数据分布式存储和运算技术，以“标准统一、开放灵活、安全可靠”为设计原则，构建总部、省公司两级部署，总部—省—地市—县—班所五级应用的运维管控系统，满足各级配电网从业人员应用需求，实现配电网业务管理、运行状态、指标数据的全景化展示，薄弱环节的挖掘分析，以及建设检修的指导评估，提升设备管控力和管理穿透力，为配电网高效运维、精准建设、精益管理提供决策支撑。

供电服务指挥系统应用架构如图 3－28 所示。

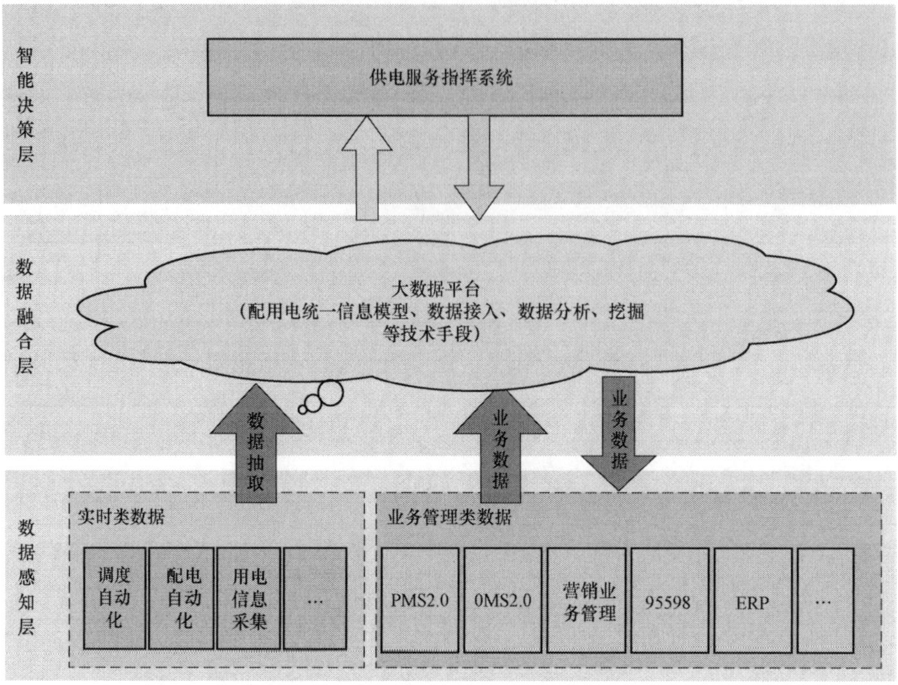

图 3－28　供电服务指挥系统应用架构

数据感知层是将调度自动化系统、配电自动化系统、用电信息采集、PMS2.0、OMS2.0、营销业务管理、95598、ERP 等相关系统数据，通过消息推送、数据总线、数据抽取、E 文件等多种方式接入全业务统一数据中心的配电网大数据云平台。

数据融合层是指相关系统数据进入数据中心后，根据配用电统一信息模型，进行数据的清洗整理。配用电大数据基于大数据云平台实现，以服务化的方式为业务应用提供数据计算服务与分析服务支撑。

智能决策层是在运用配电网大数据的基础上，运用机器学习、人工智能、数据挖掘等相关技术，根据各类业务管控的需求采用微服务方式构建智能化供电服务指挥系统，实现配电网运营管理与客户服务的管控与指挥。

3.4.5　其他业务系统

1. 信息交互平台

信息交互（information interaction）基于消息传输机制，实现实时信息、准实时信息和非实时信息的交换，支持多系统间的业务流转和功能集成，完成电力应用系统之间的信息共享。信息交互还含有互动的意思，日常工作中常说的其实是信息交换（information exchange）。

2. 数据中心

数据中心是电力企业生产、营销、经营、综合管理及分析决策等服务的公共信息平台，是各业务应用系统的数据交换和共享平台，是企业跨业务、跨流程高级应用的重要支持平台。

3. 企业服务总线

企业服务总线（enterprise service bus，ESB）是指作为集成层使用的一个软件体系结构。此结构通常由中间件产品实现，基于统一的标准，通过事件驱动，基于标准的消息传送机制为更加复杂的架构提供基础服务。

企业服务总线部署在网省级信息管理大区，接入信息管理大区各业务系统，并以WebService/JMS的方式与信息交换总线网关进行交互。

信息交换总线（information exchange bus，IEB）是一种企业级服务总线，它遵循IEC标准规范，通过规范电力企业应用系统间的接口，实现了电力企业应用系统间信息交换。借助信息交换总线可以进行系统间的业务流转。电力信息交换总线是电力企业应用系统数据交换的基础平台，其消息封装格式遵循IEC 61968标准的相关要求，其数据格式符合基于IEC 61970的CIM电力企业统一信息模型的要求。

信息交换总线一般部署在地市级电力企业，接入非控制大区和管理信息大区，并通过电力专用横向单向安全隔离装置以WebService/JMS的传输方式与网关进行交互，如图3－29所示。

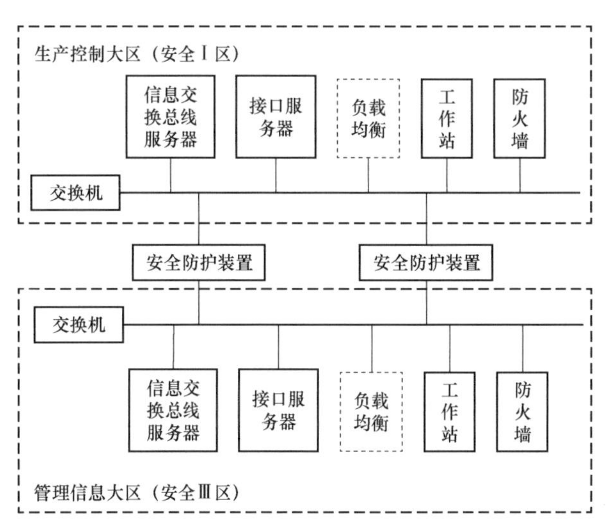

图3－29　信息交换总线架构

目前多个配电主站厂商都有自己的信息交换总线产品，与同厂家的配电主站均能顺利交互，但因这些产品的开发早于国家标准GB/T 35689《配电信息交换总线技术要求》，在接入其他厂家的配电主站时或多或少还有一些兼容问题待解决。

企业服务总线和信息交换总线在很多方面相似，但定位和部署位置的差异，决定了其主要功能也不同。企业服务总线主要提供基础服务，对各系统提供的数据进行集成，而信息交换总线则为信息交换提供接口——不同系统间数据转换、传输。

第 4 章 馈线自动化

馈线自动化是配电自动化建设的重要组成部分，也是重要核心功能，贯穿着配电自动化建设的各个阶段，是显著提升配电线路故障处理水平和供电可靠性的重要举措。国内馈线自动化形式多样，不同的馈线自动化技术对配电终端、通信通道和主站系统有不同的功能和技术要求。

4.1 馈线自动化的基本概念

馈线自动化是配电自动化建设的重要组成部分，利用自动化装置或系统，监视配电网的运行状况，及时发现配电网故障，并进行故障定位、隔离和恢复对非故障区域的供电。

4.1.1 馈线自动化的定义

馈线自动化（feeder automation，FA）是指中压配电线路（馈线）发生故障后，实现故障的自动定位、隔离与供电恢复（FLISR）的自动化措施。具体实现是通过分布在馈线上各个监测节点的配电终端（DTU、FTU）实现对配电线路运行状态的监测和控制，及时检测出馈线线路故障（接地故障、短路故障）信息，并根据故障处理策略完成其自动化功能。

馈线自动化作为配电领域的其中一项重要技术，也不是一成不变。随着社会经济发展，人们用能需求也有了新的发展，配电网的形态也在不断演变和迭代，传统单向潮流供电的配电网也伴随着大量分布式电源接入而变得更为灵活，这给馈线自动化的应用带来了新的挑战。与此同时，电力电子、微传感、通信技术、云计算、人工智能技术发展又给馈线自动化带来了全新的探索和提升空间。

4.1.2 馈线自动化的工程意义

馈线自动化最直接的作用就是缩小故障停电范围、缩短故障停电时间，帮助运维人员快速、精准地找到故障区段，对非故障区段实施快速恢复供电，从而提高供电可靠性，提高客户满意度和获得电力服务水平。具体可体现在以下方面。

1. 减少变电站出线开关跳闸

变电站出线开关跳闸将影响整条馈线的全部供电区域，停电影响范围最大。馈线发生相间短路或单相接地故障时，应通过合理增设断路器或负荷开关的方法，尽可能在出线开关跳闸或人工拉闸之前有效隔离故障区域，减少出线开关动作次数。

2. 提高变电站出线开关重合闸成功率

通过继电保护与馈线自动化的配合，线路上的自动化开关可对故障区间快速隔离，除变电站出线开关近端首段故障会引起重合闸失败外，线路其他各区段故障均能实现自动隔离，最终使得重合闸成功，缩小故障引起的停电范围，从而提高重合闸成功率。

3. 缩小故障查找范围

通过线路上的自动化设备进行适当分段，将故障停电范围限制在一个尽可能小的范围内。一般而言，对于故障频发线路，或连接关系复杂的线路，或负荷密度大的线路，应适当增加自动化布点，充分发挥馈线自动化的技术优势。

4. 用简单化的技术手段解决复杂问题

配电网网架具有多样化、频改变的特点，传统保护很难适用，而馈线自动化可应用于架空线路、电缆线路、混合线路网架，灵活满足不同线路长度、通信条件、设备条件，也同样适用于动态变化的配电网网架，比起其他技术手段而言更具广泛适应性，也能够降低二次装置的整定及运维难度。

4.1.3 馈线自动化实施的基础条件

馈线自动化实施的基础条件主要依据供电可靠性、一次网架水平、一次设备水平、通信条件、用户重要性、投资规模以及后期自动化持续提升等因素，如图 4-1 所示。其中，一次网架是配电网馈线自动化实施的前提和基础，在一次网架满足典型接线的情况下，供电可靠性、用户重要性及投资规模决定了自动化设备（一次设备和配电终端）的配置、通信通道建设等。

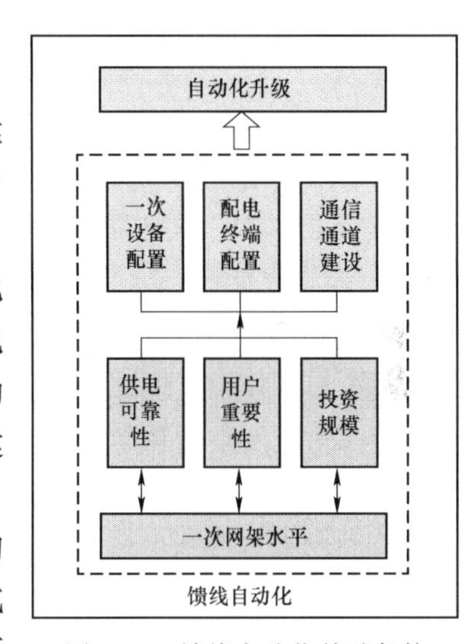

图 4-1　馈线自动化基础条件

另外，近年来，随着风、光、储等分布式能源的大量接入，配电网已不再是传统的单一电源、被动式网络，而是多能源互补的主动式配电网，潮流的改变给电网故障分析和馈线自动化技术、策略带来了更多挑战。因此，馈线自动化的建设应基于配电网网架现状、设备水平、故障水平，以供电可靠性为目标，充分权衡技术水平、投资成效，实现最优建设。

4.2 馈线自动化的分类

常见的馈线自动化可以分为集中型、就地型和分布式三类。集中型馈线自动化需要借助通信手段将各个配电终端采集的故障信息传送到配电自动化主站，基于这些信息对故障进行集中智能处理。就地型馈线自动化不需要借助通信，也不需要配电自动化主站参与，只需要采集本地信息并控制本地执行机构即可完成故障处理。分布式馈线自动化不需要配电自动化主站参与即可完成故障处理，又可以分为无通道智能分布式和有通道智能分布式两类。

4.2.1 集中型馈线自动化

集中型馈线自动化是由主站系统通过通信系统来收集所有终端设备的信息并通过网络拓扑分析，确定故障位置后下发控制指令控制各配电网开关，实现故障区域隔离和恢复非故障区域的供电，馈线自动化的处理过程包括故障识别、区间分析判定、区间隔离和电源侧恢复供电、负荷侧非故障停电区间转供及故障区间解除后恢复供电。

1. 故障识别与 FA 启动

由于主站集中型馈线自动化软件的启动条件与变电站（或开关站）出线开关密切相关，出线开关变位信号的实时性对于集中型馈线自动化的故障判断的启动速度起决定性作用。出线开关变位信号主要包括开关跳闸、开关分合分、开关跳闸加事故总信号、开关跳闸加保护信号。

变电站 10kV 出口断路器分闸和保护动作信号是“与”逻辑，断路器分闸和保护动作信号需要时间的配合，当先收到保护动作信号、后收到断路器分闸信号时，两者时间差应在 30s 之内；当先收到断路器分闸信号、后收到保护动作信号时，两者时间差应在 5s 之内，超过这个时间限定将不启动事故处理程序。当变电站出口断路器具备重合闸功能且重合闸成功时，为瞬时事故，进行事故区间的判定后，事故处理程序结束；无重合闸或重合闸失败时，则进行后续阶段的处理。

2. 区间分析判定

考虑到现场实际通信条件的偏差，各种故障信号上送可能存在时延，主站系统故障分析启动后，会等待涌入主站系统的故障信号逐渐平息再进入分析阶段，工程上常用的故障信号平息的判据为单位时间内（一般为 3s）不再发现保护变位信号。考虑到恢复时间上的要求，等待时间最长不宜超过 30s。

区间判定过程是系统利用线路上自动化分段开关上送的故障信号进行故障区间判定，并在调度员工作站显示器上自动调出该信息点的接线图，以醒目方式显示故障发生点及相关信息。同时，系统还可以使用故障报修系统传递过来的信息进行故障定位。在大量电话报修发生时，可以定位故障发生涉及的区域以及可能发生故障的上级设备，并在地理图上进行明显显示。

故障区间判定结果为线路上送故障信号的最末端的自动化开关负荷侧区段，该区间以通信正常的自动化开关为边界。判定故障区间后，系统进入区间隔离和电源侧恢复供电阶段。

3. 区间隔离和电源侧恢复供电

区间判定结束后，只有设定为自愈模式的线路，系统才进行自动隔离和电源侧恢复供电。自愈模式隔离操作票的编制原则是将事故区间边界所有的自动化开关（不包含当地状态、操作禁止、挂保持合牌/检修牌/故障牌的开关和看门狗）都进行隔离；手动模式隔离操作票的编制原则是只有待转供区间存在转供路径时，才编制隔离操作票进行隔离。特殊情况下，当发生相继事故时，为确保电网异常不加剧，系统一般不进行隔离和自动转供，建议调度员介入处理。当隔离操作票执行时开关发生拒动后，将该拒动开关作为操作禁止开关处理，进入负荷转供流程进行负荷计算，只有待转供区间存在转供策略后，才进行扩大区间的隔离操作。变电站出线开关拒动后，将变电站出线开关作为操作禁止开关处理，进入负荷转供流程进行负荷计算，寻找其他路径对停电区间进行转供。

4. 负荷侧非故障停电区间转供

隔离及电源侧恢复供电完成后，进入负荷转供流程进行负荷计算，生成操作策略进行负荷转供；在恢复非故障停电区间供电操作前，系统会进行如下几个步骤的工作：

（1）操作路径生成。在搜索潜在的供电电源时，首先在失电区的边界点开关的对端加一设定高度的脉冲信号，结合局部拓扑和广度优先技术进行该脉冲信号的广播发送，记录下接收广播信号的所有相关的开关、馈线等设备，以及它们接收到广播信号时的感知方向（从左到右或从右到左），当广播信号触及电源着色区域的边界设备时，该支路方向上的广播信号停止传播，同时记录下反射点的位置。等到发射点的信号传播完毕之后开始反射点信号的传播，原理与发射点信号传播相同。所有在正反两次信号广播过程中感知方向不相同的设备皆为操作路径中的关联设备，而感知方向相同的设备则是非路径设备，操作路径中关联设备的反射点信号的传播顺序则和其对应的实际现场操作顺序相一致。

（2）转供电源搜索及配电网自动化方案生成。当被转供区域的负荷存在多个潜在的供电电源时，除了被转供区域的负荷分别由各个供电电源点带动的单电源方案外，还有多个供电电源点共同瓜分被转供区域负荷的多电源方案。这在单电源方案不能满足要求以及出于平衡负载的目的时显得尤其重要。

多电源同时瓜分被转供区域负荷的原则：被转供区域负荷不失电原则；多电源之间各自的辐射状运行（非合环运行）原则。双电源以上的瓜分方案通常是将它们分解为双电源的排列组合，实际的多电源很少有超过 4 个的，而且双电源以上的方案以无解为绝对多数，因此，实际分解后的恢复方案并不多，在处理时效上也很快。

（3）甩负荷策略。当不存在满足不越限条件的负荷转供方案（即所有的负荷转供方案皆越限）时，将启动甩负荷方案自动生成模块。甩负荷的目标是负荷的损失量最小。甩负荷的原则是先甩优先级低的负荷，再甩优先级高的负荷。由于负荷大小是离散量，具体负荷的状态只有带电和不带电两种形式，不存在甩某一负荷的一部分数值的情况。在实际的甩负荷操作中，其操作的对象不是负荷本身，而是与其关联的开关，因此可将甩负荷的模式转换为甩越限支路下方所有开关的方式，其开关的集合既包括负荷开关，也包括馈线开关。

（4）拓扑潮流计算。在转供负荷时，将引起原供电电源区域的潮流变化，为了保证电网运行的安全性，有必要进行潮流计算，以检验相关支路的潮流，即其有功功率、无功功率、电流的数值及母线电压是否越限。由于当前配电网自动化处于初始阶段，实际用户提供完整的配电网设备参数比较困难，鉴于此，拓扑潮流是一个比较好的解决方案。拓扑潮流实施是基于配电网辐射型的运行结构，同时与潮流数值相比，馈线设备的损耗所占比例很小，忽略以后仍然可以满足工程应用的需要。拓扑潮流计算在方案选择时非常重要，负载率的比较是方案优劣的一个重要条件。

（5）方案比较。首先，在所有的方案中选择不越限的，排除越限的。其次，在不越限的方案中优选操作开关总数和最大负载率综合最优的，如最大负载率小于等于 80%，以操作开关总数最少为优；如最大负载率大于 80%，则以最大负载率最小为优。另外，如果所有的方案皆越限，则以甩负荷量最小为最优。方案之间比较的参考指标主要包括操作开关总数、设备的最大负载率、甩负荷的数量。

（6）转供注意事项。执行转供策略时，若发生开关拒动，则将该拒动开关作为操作禁止开关处理，进入负荷转供流程再次进行负荷计算，生成新策略进行负荷转供。负荷转供计算中检查条件多而复杂，其中考虑变压器预备力、配电线预备力、线路开关最大允许通过电流、线路最大允许电压降、区间最大允许通过电流、环网状态、变压器配电线实时电流采集是否正常、变电站是否有无通信、待操作开关在线状态等。负荷转供策略应以最大限度缩小停电区间为目的，并在一定程度上考虑线路负荷均衡。

5. 故障区间解除后恢复供电

故障区间解除后，优先采用本线路进行供电，如果负荷转供计算中发现本线路不满足负荷转供检查的条件，再考虑负荷侧转供路径进行转供。转供的过程与非故障区的负荷转供策略执行步骤相同，需要进行路径和方案的评估与生成。线路只有在没有停电区间的条件下，才会自动生成恢复到故障前的操作票。

4.2.2 就地型馈线自动化

4.2.2.1 就地重合选段型馈线自动化

就地重合选段型馈线自动化是指发生故障时，通过线路开关间的逻辑配合，利用重合器实现线路故障定位、隔离，以及非故障区域恢复供电，即快速选段。其具有不依赖主站和通信、动作可靠、运维简单等优点。根据不同判据，就地重合选段型馈线自动化又可分为电压—时间型、自适应综合型等。

1. 电压—时间型

电压—时间型馈线自动化主要利用开关失电压分闸、来电延时合闸功能，以电压—时间为判据，与变电站出线开关重合闸相配合，依靠设备自身的逻辑判断功能，自动隔离故障，恢复非故障区间的供电。

变电站跳闸后，开关失电压分闸；变电站重合后，开关来电延时合闸。根据合闸前后的电压保持时间，确定故障位置并隔离，并恢复故障点电源方向非故障区间的供电。

（1）故障定位与隔离。当线路发生短路故障时，变电站出线开关（带时限保护和二次重合闸功能的 10kV 馈线出线断路器，QF）检出故障并跳闸，线路上分段开关失电压分闸，QF 延时合闸，分段开关逐级延时合闸，分段开关逐级感受来电并延时 X 时间（线路有压确认时间）合闸送出。

若为瞬时性故障，线路恢复供电；若为永久性故障，当合闸至故障区段时，QF 再次跳闸，故障点上游最近开关在 *Y* 时间内分闸、实现正向来电闭锁，故障点后端邻近开关因感受瞬时来电（未保持 *X* 时间）反向来电闭锁。

（2）非故障区域恢复供电。电压—时间型馈线自动化利用重合闸配合即完成故障区间隔离，然后通过以下方式实现非故障区域的供电恢复：

1）如变电站出线开关（QF）已配置二次重合闸或可调整为二次重合闸，在 QF 二次自动重合闸时即可恢复故障点上游非故障区段的供电。

2）如变电站出线开关（QF）仅配置一次重合闸且不能调整时，可将线路靠近变电站首台开关的来电延时时间（*X* 时间）调长，躲避 QF 的合闸充电时间（如 21s），然后利用 QF 的二次合闸时即可恢复故障点上游非故障区段的供电。

3）对于具备联络转供能力的线路，可通过合联络开关方式恢复故障点下游非故障区段的供电；联络开关的合闸方式可采用手动方式、遥控操作方式（具备遥控条件时）或者自动延时合闸方式。

自动延时合闸动作逻辑：当线路发生短路故障后，联络开关会检测到一侧失电压，若失电压时间大于联络开关合闸前确认时间（*XL*），则联络开关自动合闸，进行负荷转供，恢复非故障区域供电；若在 *XL* 时间内，失电压侧线路恢复供电，则联络开关不合闸，以躲避瞬时性故障；若线路为末端故障，联络开关具备瞬时加压闭锁功能，保持分闸状态，避免引起对侧线路跳闸。*XL* 时间设置时，应大于最长故障隔离时间，防止故障没有隔离就转供造成停电范围扩大。

（3）关键技术实现。

1）延时合闸。在两侧均停电且未处于闭锁状态时，从一侧来电，将执行为确认事故而进行的 *X* 时间计数，计数完毕后，开关关合。

2）失电分闸。开关在合位，两侧电压从正常变为无压，电流变为无流，经延时后开关分闸。

3）正向闭锁。在两侧均停电且未处于闭锁状态时，从一侧来电，*X* 计数完毕后，开关关合，合闸后在 *Y* 时间中检测到相间或者接地故障，输出分闸命令，开关分闸，快速切除故障，启动［正向闭锁］功能，闭锁灯亮。从正向送电时，开关不关合，闭锁灯亮。

正向闭锁可通过反向来电在 *X* 时间完成后，解除闭锁；也可以通过手柄［合］、遥控［合］操作解除闭锁。

4）反向闭锁。*X* 时间闭锁。在 *X* 时间中发生大于 *Z* 时间的停电，启动［*X* 时间闭锁］功能，闭锁灯亮。当从反向送电时，开关不关合，闭锁灯亮。

瞬时加压闭锁。在开关处于分闸状态时，一侧检测到瞬时电压，启动［瞬时加压闭锁］功能，闭锁灯亮。当从反向送电时，开关不关合，闭锁灯亮。

反向闭锁可通过正向来电在 *X* 时间完成后，解除闭锁；也可以通过手柄［合］、遥控［合］操作解除闭锁。

5）两侧电压闭锁。在 X 时间中如果两侧均有电压，启动两侧电压闭锁功能。在 X 时间结束后，开关不关合，闭锁灯亮。

两侧电压闭锁可以通过两侧同时停电，解除闭锁；也可以通过手柄［合］、遥控［合］操作解除闭锁。

2. 自适应综合型

自适应综合型馈线自动化是通过无压分闸、来电延时合闸方式，结合短路/接地故障检测技术与故障路径优先处理控制策略，通过变电站出线开关两次合闸配合，实现多分支多联络配电网网架的故障定位与隔离自适应，一次合闸隔离故障区间，二次合闸恢复非故障段供电。

自适应综合型馈线自动化主要是在电压—时间型馈线自动化基础上进行优化提升，降低人工设置定值难度及可能出现偏差，更具有广泛适用性。同时，重点对小电流接地系统下的单相接地故障处理进行深入分析研究。

（1）短路故障定位与隔离。当线路发生短路故障时，若为瞬时性故障，变电站出线开关（QF）重合成功，分段开关依据有故障记忆采用短延时、无故障记忆采用长延时的方式依次合闸，线路恢复供电。

当线路发生短路故障时，若为永久故障，变电站出线开关（QF）检出故障并跳闸，分段开关失电压分闸，故障点电源方向路径上的分段开关感受到故障信号并记录故障信息；QF 延时一次重合闸，分段开关感受来电时按照有故障记忆执行 X 时间（线路有压确认时间）合闸送出，无故障记忆的开关执行 $X+T$ 延时时间（长延时）合闸送出。分段开关逐级合闸至故障点，QF 再次跳闸，故障点前端开关因合闸后未保持 Y 时间闭锁正向来电合闸，故障点后端开关因感受瞬时来电（未保持 X 时间）闭锁反向合闸。

（2）单相接地故障定位与隔离。新型配电终端具备单相接地故障选线功能和选段功能，通常线路首台开关配置为选线模式，其余开关配置为选段模式，首台开关应该尽量靠近变电站出线开关，如第一个杆或者第一个站室。

当线路发生接地故障时，故障线路首台开关通过暂态信息检出故障，延时后选线跳闸，线路上的其他分段开关失电压分闸并记录故障暂态信息，首台开关延时一次重合闸，分段开关感受来电时按照有故障记忆执行 X 时间（线路有压确认时间）合闸送出，无故障记忆的开关执行 $X+T$ 延时时间（长延时）合闸送出；当合闸至故障点后，接地故障导致零序电压突变，故障点前端开关判定合闸至故障点，直接跳闸并闭锁，故障点后端开关感受瞬时来电闭锁合闸，故障隔离完成。

（3）非故障区域恢复供电。自适应型馈线自动化利用一次重合闸实现故障区间隔离，通过以下方式实现非故障区域的供电恢复：

1）如变电站出线开关（QF）已配置二次重合闸或可调整为二次重合闸，在变电站出线开关（QF）二次自动重合闸时即可恢复故障点上游非故障区段的供电。

2）如变电站出线开关（QF）未配置二次重合闸且不好改造时，可通过调整线路中最靠近变电站的首台开关的来电延时时间（X 时间），躲避 QF 的合闸充电时间，然后利用 QF 的再次合闸时即可恢复故障点上游非故障区段的供电。

3）对于具备联络转供能力的线路，可通过合联络开关方式恢复故障点下游非故障区段的供电；联络开关的合闸方式可采用手动方式、遥控操作方式（具备遥控条件时）或者自动延时合闸方式。

（4）关键技术实现。

1）电压—时间型的基本逻辑。具备失电压分闸、来电后延时合闸；正向闭锁；反向闭锁；瞬时电压闭锁；两侧电压闭锁功能。

2）故障路径自适应。具备短路故障和接地故障记忆功能，合闸前根据故障记忆信息自动选择不同合闸延时时间；合闸延时时限分为 X 和 $X+\Delta t$ 两组，其中 X 和 Δt 时间可设，在开关合闸前存在故障记忆，选择短延时 X 时限，在开关合闸前无故障记忆，则选择长延时 $X+\Delta t$ 时限。

3）单相接地故障选段。除变电站内已有的选线功能配置外，由馈线上首台开关具备暂态判据算法，实现单相接地故障直接分闸，能有效检测金属接地故障、非金属接地故障、弧光接地故障等情况，具备零序电压采集基于零序电压突变量进行故障选段。

4.2.2.2　就地级差选段型馈线自动化

就地级差选段型馈线自动化是指发生故障时，通过线路开关与变电站出线开关继电保护定值进行配合，实现线路故障快速定位、隔离和非故障区域恢复供电，具有不依赖主站和通信、动作可靠、运维简单等优点。根据不同技术手段，就地级差选段型馈线自动化又可分为时间级差保护型和三段过电流保护型等。

1. 时间级差保护型

对于变电站出线开关不投瞬时速断、只投延时速断及过电流的情况，可通过变电站出线开关与线路开关进行时间级差整定配合的方式（即时间级差保护型）进行。该模式不牵涉复杂的电流定值匹配和整定计算，仅通过时间上级差裕度即可快速对故障区段进行定位和隔离。

一般情况下，变电站出线开关延时速断时间为 0.3～0.5s。考虑延时裕度情况，线路开关在 0.3～0.5s 进行匹配，保证在此时间范围内精确快速分闸隔离故障。以最为普遍的弹簧操动机构线路开关为例，一般成套整组动作时间为 60～85ms。在考虑充分可靠的前提下，可设 150ms 为一级；对于站内为 0.3s 延时速断情况，可设三级，即末端 0s 一级、中间 0.15s 一级、变电站出线开关 0.3s 一级。而对于部分供电可靠性要求高的城市，已采用永磁机构情况，一般成套整组动作时间为 50～60ms。永磁开关的离散性较小、三相同期性较好，可做到 100ms 一级；对于站内为 0.3s 延时速断情况，可设四级，即末端 0s 一级、中间 0.1s 和 0.2s 各一级、变电站出线开关 0.3s 一级。另外，市场上也有新型永磁开关出现，开关固有分闸时间在 10ms 以内，成套整组动作时间为 40～50ms，可做到 75ms 一级，对于站内为 0.3s 延时速断情况，可设五级，即末端 0s 一级，中间 0.075、0.15、0.225s 各一级，变电站出线开关 0.3s 一级。

2. 三段过电流保护型

对于供电半径较长的的城郊或者农村配电线路，在主干线路发生故障时，故障位置上游各个分段开关处的短路电流水平差异比较明显，具有采取多级三段式过电流保护配合的可行性。根据 DL/T 584—2017《3kV～110kV 电网继电保护装置运行整定规程》，传统的三段式过电流保护的瞬时电流速断（Ⅰ段）保护定值，是按照线路末端最大三相短路的短路电流来整定；延时电流速断（Ⅱ段）保护定值，是按照任何情况下能保护本级线路全长，并且与下一级线路的Ⅰ段相配合来整定，同时需要校验灵敏度，必须按照最小短路电流（即最小运行方式下线路末端发生两相短路时通过保护装置的电流）来校验。过电流保护（Ⅲ段）是按照躲开最大负荷电流整定，其动作值较小，不仅能够保护本线路全长，还能保护相邻线路的全长，可以起到远后备保护的作用。

传统的三段式过电流保护的瞬时电流速断保护定值是不区分短路类型的，在线路发生两相相间短路故障时，保护范围比较小，当线路长度很短或者系统运行方式变化很大时，甚至可能没有保护范围，这对于线路的可靠保护是不利的，特别是架空线配电网，大多数情况下发生的都是两相相间短路故障。实际上，继电保护装置很容易区分线路发生的是三相短路还是两相短路，如果瞬时电流速断保护的定值按照线路末端发生不同故障的最大短路电流来整定，灵敏度校验按照各自故障的最小短路电流来校验，形成两套不同的电流定值。那么，在线路发生两相短路时，其保护范围就比传统的整定方法大很多，且保护范围受线路长度或系统运行方式变化的影响比较小，大大提高线路保护的可靠性。

4.2.3 分布式馈线自动化

分布式馈线自动化是由配电终端通过相互通信自动实现馈线的故障定位、隔离和非故障区域恢复供电的功能，可将处理过程及结果上报配电自动化主站。分布式馈线自动化分为两种实现模式：速动型分布式馈线自动化、缓动型分布式馈线自动化。

速动型分布式馈线自动化，应用于分段开关、联络开关为断路器的配电线路上，配电终端通过高速通信网络，与同一供电环路内配电终端实现信息交互，当配电线路上发生故障时，在变电站/开关站出口断路器保护动作前实现快速故障定位、隔离，并实现非故障区域的恢复供电。

缓动型分布式馈线自动化，应用于分段开关、联络开关为负荷开关或断路器的配电线路上。配电终端与同一供电环路内配电终端实现信息交互，当配电线路上发生故障时，在变电站/开关站出口断路器保护动作切除故障后，实现故障定位、隔离和非故障区域的恢复供电。

1. 分布式馈线自动化适用范围

适用于对供电可靠性要求特别高的核心地区或者供电线路，适用于 A+、A 类供电区域环网线路（电缆、架空或者电缆架空混合线路），具备光纤通信条件。

2. 分布式馈线自动化布点原则

（1）开关站（开闭所）环网柜、配电室安装成套具备分布式 FA 功能的站所终端，实现电缆主干线进出线故障的快速定位、隔离，控制联络开关实现非故障区域的快速恢复。

（2）具备条件时，分布式 FA 终端可控制配电站所内的馈线开关，无级差处理馈线故障，避免主干线停电。

（3）柱上分段、联络开关及主要分支、分界开关，配置分布式 FA 功能的馈线终端，实现架空线路主干线、分支线路故障的快速定位、隔离，控制联络开关实现非故障区域的快速恢复。

3. 分布式馈线自动化配套要求

（1）一次开关配套要求。分布式馈线自动化对一次开关的要求根据实现模式分为速动型分布式馈线自动化和缓动型分布式馈线自动化两种情况。

1）速动型分布式馈线自动化：开关为断路器；开关配置保护型 TA、测量型 TA（可选配）；开关配置 TV（可选配）；断路器分闸动作时间小于 80ms。

2）缓动型分布式馈线自动化：开关为负荷开关；开关配置保护型 TA、测量型 TA（可选配）；开关配置 TV（可选配）。

（2）后备电源配套要求。

1）后备电源应采用免维护阀控铅酸蓄电池或超级电容。

2）免维护阀控铅酸蓄电池寿命不少于 3 年，超级电容寿命不少于 6 年。

3）后备电源能保证配电终端运行一定时间：免维护阀控铅酸蓄电池，应保证完成分–合–分操作并维持配电终端及通信模块至少运行 4h；超级电容，应保证分闸操作并维持配电终端及通信模块至少运行 15min。

（3）通信配套要求。

1）终端间的通信网络宜采用工业光纤以太网，也可采用以太网无源光网络（EPON）。

2）速动型分布式馈线自动化对等通信的故障信息及控制信息交互时间不超过 20ms，缓动型分布式馈线自动化对等通信的故障信息及控制信息交互时间不超过 1s。

4. 分布式馈线自动化应用场景的外部协同

（1）与出线开关配合。

1）速动型分布式馈线自动化：变电站出口断路器保护提供 300ms 延时，分布式 FA 配合该延时，就地自动实现配电线路全线无级差故障判断、隔离，出口断路器无需跳闸；对联络线转供下游非故障区进行过载预判，满足转供条件再自动合闸联络开关，恢复非故障区域供电。

2）缓动型分布式馈线自动化：故障时出口断路器跳闸，分布式 FA 先就地自动实现故障判断、隔离，分布式 FA 再协调控制变电站出口断路器，恢复上游非故障区域供电；对联络线转供下游非故障区进行过载预判，满足转供条件再自动合闸联络开关，恢复非故障区域供电。

（2）与线路其他开关的配合。

1）速动型分布式馈线自动化：终端需描述本开关及相邻开关的连接关系，当静态拓扑模型发生变化时仅需修改相邻终端的拓扑参数。环网柜、开关站馈线如需保护，宜接入终端。

2）缓动型分布式馈线自动化：逻辑控制终端需描述区域内开关的连接关系，当静态拓扑模型发生变化时需修改逻辑控制终端的拓扑参数。环网柜、开关站馈线如需保护，宜与缓动型分布式馈线自动化形成级差保护。

（3）运行方式调整适应。

1）终端应能够自适应线路运行方式的改变，运行方式改变时不需要对定值和参数做修改。

2）故障处理全过程完成后，再次发生故障时，终端仍应可以进行故障处理。

5. 应用场景

（1）手拉手单环开环运行（环网内开关全部为断路器，开环运行），如图 4–2 所示，适用于速动型分布式馈线自动化。当发生故障时，系统应能在变电站出口断路器保护动作前，根据预设条件实现快速故障定位、故障隔离，非故障区域恢复供电。

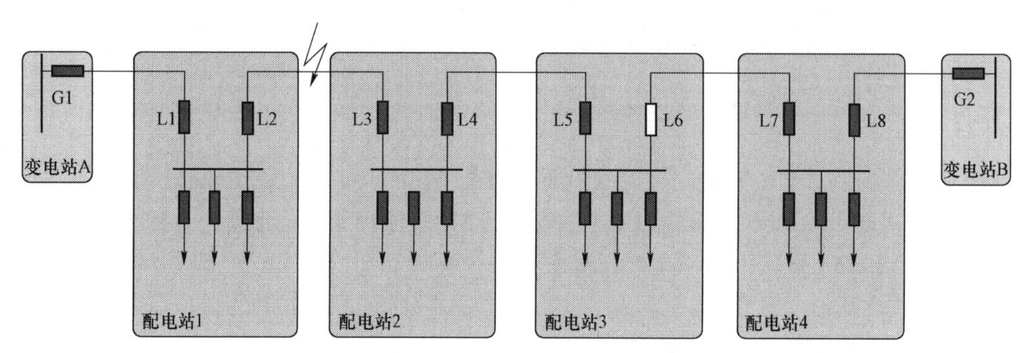

图 4–2　手拉手单环开环运行（断路器）

（2）手拉手单环开环运行（环网内开关全部为负荷开关，开环运行），如图 4–3 所示，适用于缓动型分布式馈线自动化。当发生故障时，系统应能在配电线路故障发生的同时，根据预设条件实现快速故障定位。在变电站出口断路器跳闸切除故障后，快速进行故障隔离，恢复非故障区域供电。

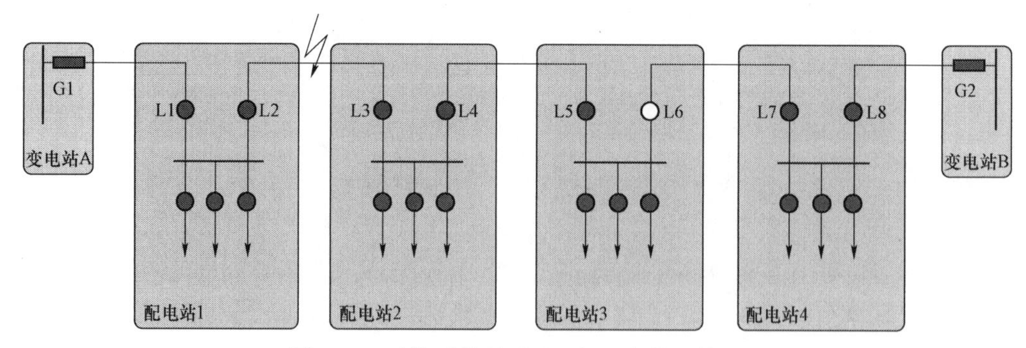

图 4–3　手拉手单环开环运行（负荷开关）

（3）手拉手单环开环运行（开关为负荷开关与断路器任意组合的混合模式，开环运行），如图 4–4 所示，适用于缓动型分布式馈线自动化。若发生线路故障，系统应根据故障电流判断故障点，切除并隔离故障后，恢复非故障区域供电。

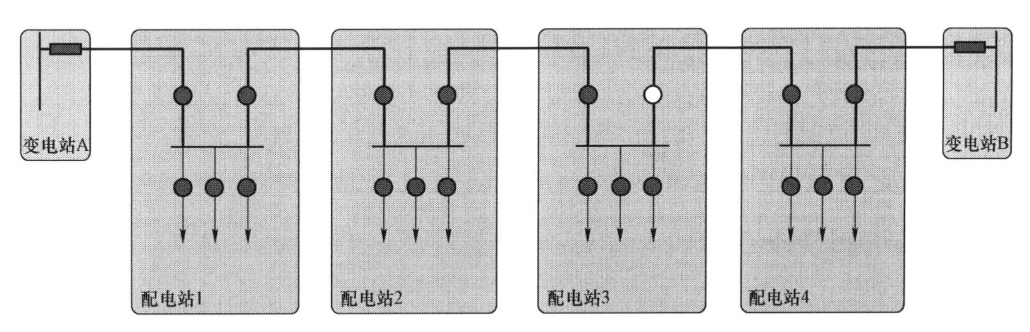

图 4-4　手拉手单环开环运行（负荷开关与断路器任意组合）

（4）手拉手单环合环运行（环网内开关全部为断路器，合环运行），如图 4-5 所示，可适用于速动型分布式馈线自动化。当发生故障时，系统应能在变电站出口断路器保护动作前，根据预设条件实现快速故障定位、故障隔离，合环解列，整个处理过程不停电。

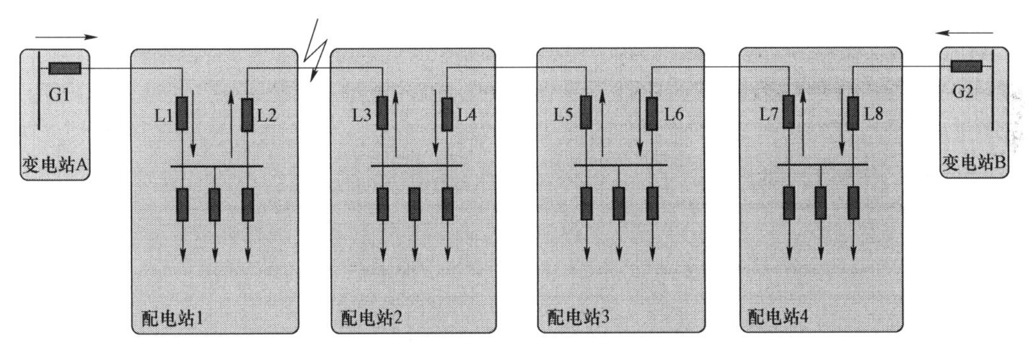

图 4-5　手拉手单环合环运行（断路器）

（5）手拉手单环合环运行（环网内开关为断路器与负荷开关任意组合的混合模式，合环运行），如图 4-6 所示，适用于速动型分布式馈线自动化。发生故障时，系统应能在变电站出口断路器保护动作前，根据预设条件实现快速故障定位、故障隔离，非故障区域恢复供电。

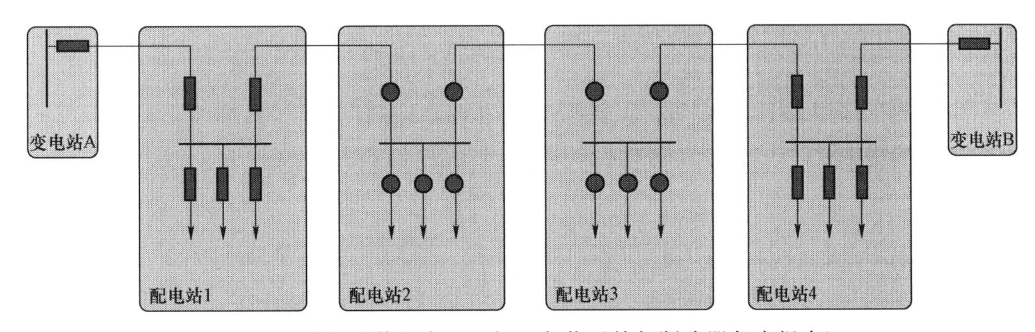

图 4-6　手拉手单环合环运行（负荷开关与断路器任意组合）

（6）手拉手双环运行（开关为断路器），如图 4-7 所示，适用于速动型分布式馈线自动化。当环间开关均断开时，双环网可以看作两个独立的手拉手单环运行，故障隔离与单环合环时处理方式一致，故障隔离后，供电恢复。

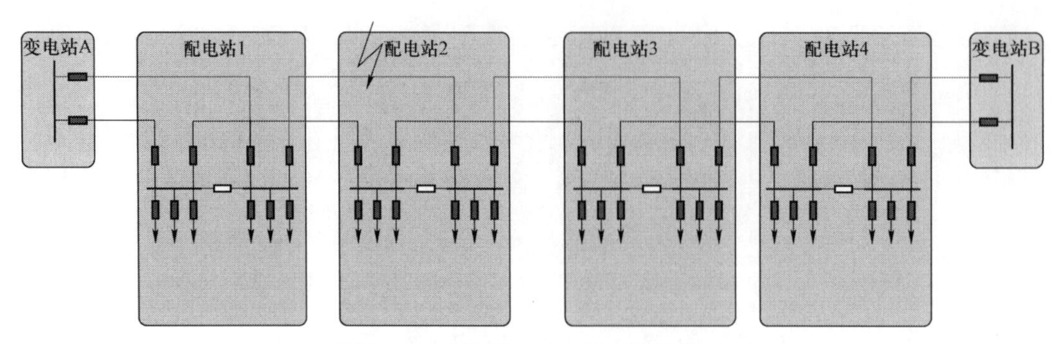

图 4-7　手拉手双环运行（断路器）

（7）10kV 架空线多电源配电网线路故障(开关全部为断路器,开环运行),如图 4-8 所示，适用于速动型分布式馈线自动化。当线路发生故障时，系统应能在变电站出口断路器保护动作前，根据预设条件实现快速故障定位、故障隔离，并选择具备转供能力的线路对应的联络开关，以恢复非故障区域的供电。整个处理过程上游不停电。

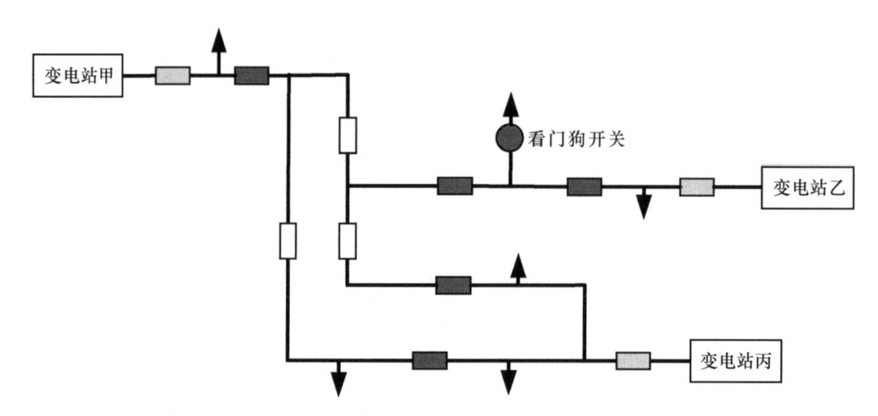

图 4-8　10kV 架空线多电源配电网线路故障（断路器）

（8）10kV 架空线多电源配电网线路故障（开关全部为负荷开关，开环运行），如图 4-9 所示，适用于缓动型分布式馈线自动化。若发生线路故障，系统应根据故障电流判断故障点，切除并隔离故障后，恢复非故障区域供电。

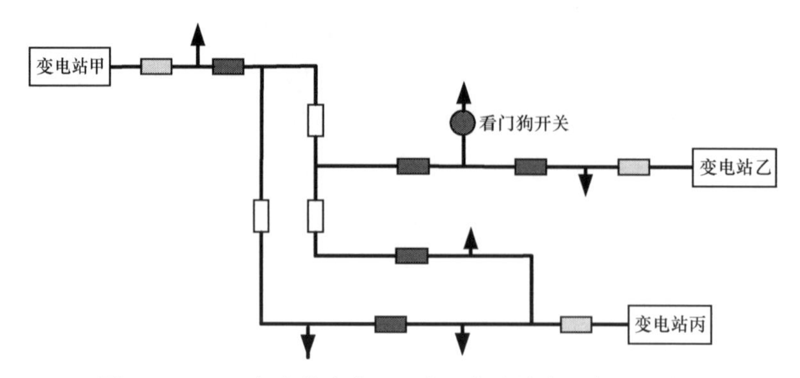

图 4-9　10kV 架空线多电源配电网线路故障（负荷开关）

（9）花瓣形环网运行站间故障，如图 4－10 所示，适用于速动型分布式馈线自动化。对于花瓣形环网供电形式，每个花瓣环路内与手拉手合环运行的处理方式一致。在花瓣失电或故障隔离后，应能根据预设条件，将部分负荷通过花瓣间联络线转供到其他花瓣。

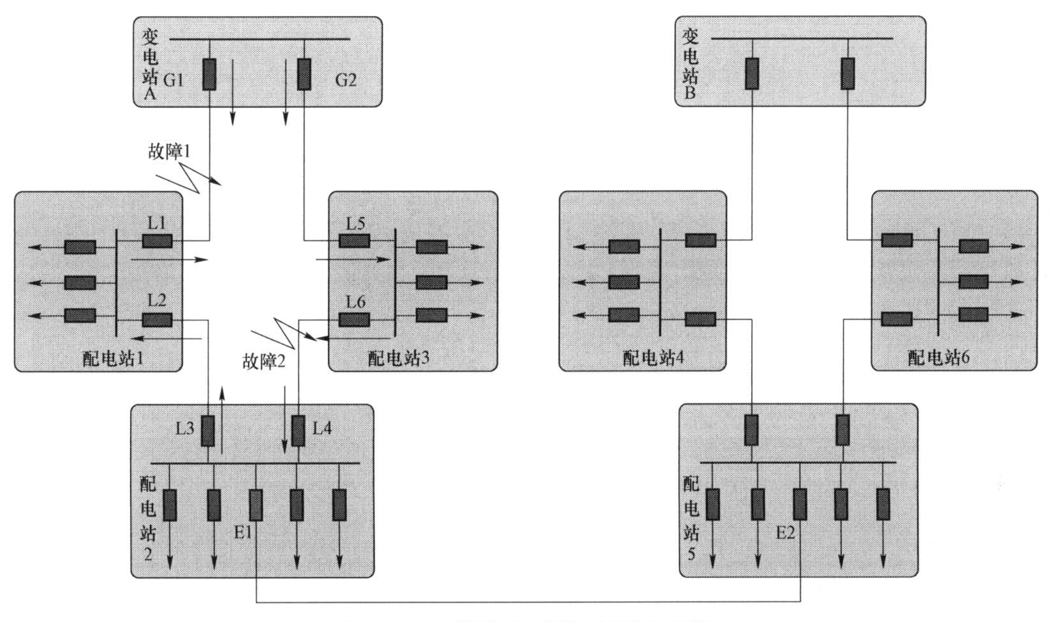

图 4－10　花瓣形环网运行站间故障

6. 与配电主站的配合

分布式馈线自动化可以与配电主站配合，采用“分区智能自愈，主站辅助决策”的处理模式，其故障处理流程及信号匹配方式如图 4－11 所示。分布式 FA 优先动作，快速处理环内故障，主站系统则根据分布式 FA 的上送信号，实时并行跟踪分析，针对特殊接线、线路检修、运行方式变化等情况下的故障，为调度员推送辅助策略，优化故障处理方案。配电主站辅助决策故障处理模式从整个配电网角度出发考虑 FA，而不是仅仅局限于单条配电线路或者一条局部馈线的故障处理。配电主站辅助决策可以实现上级电源点停电情况下的负荷转供，同时利用主站系统的分析计算能力，针对分布式 FA 的恢复策略进行优化和运行方式调整，进一步缩小停电范围。

（1）动作前与主站的交互。元数据是描述数据的数据，可以描述数据的编码方式或数据交换的格式，也可以描述一种数据如何映射为另外形式的数据等。智能分布式 FA 与主站交互的机制需要靠规范化的元数据来保证。对于基于 IEC 61968/IEC 61850 融合的智能分布式 FA 与主站交互而言，最重要的两类元数据就是 IEC 61968 消息元数据和 IEC 61850 SCL 配置文件的元数据，这两类元数据分别承载了 IEC 61968 信息模型和 IEC 61850 信息模型的语义，并且从元数据角度规范了 IEC 61968 消息和 IEC 61850 配置文件的结构和格式。

当线路拓扑模型发生变化时，需要分布式 FA 与集中型 FA 信息交互，信息模型基于 IEC 61850 标准的逻辑节点进行信息建模。根据分布式 FA 和集中型 FA 故障定位功能的需求新建故障逻辑设备 FLISR、故障定位逻辑节点 FLOC 及隔离逻辑节点 FISO。

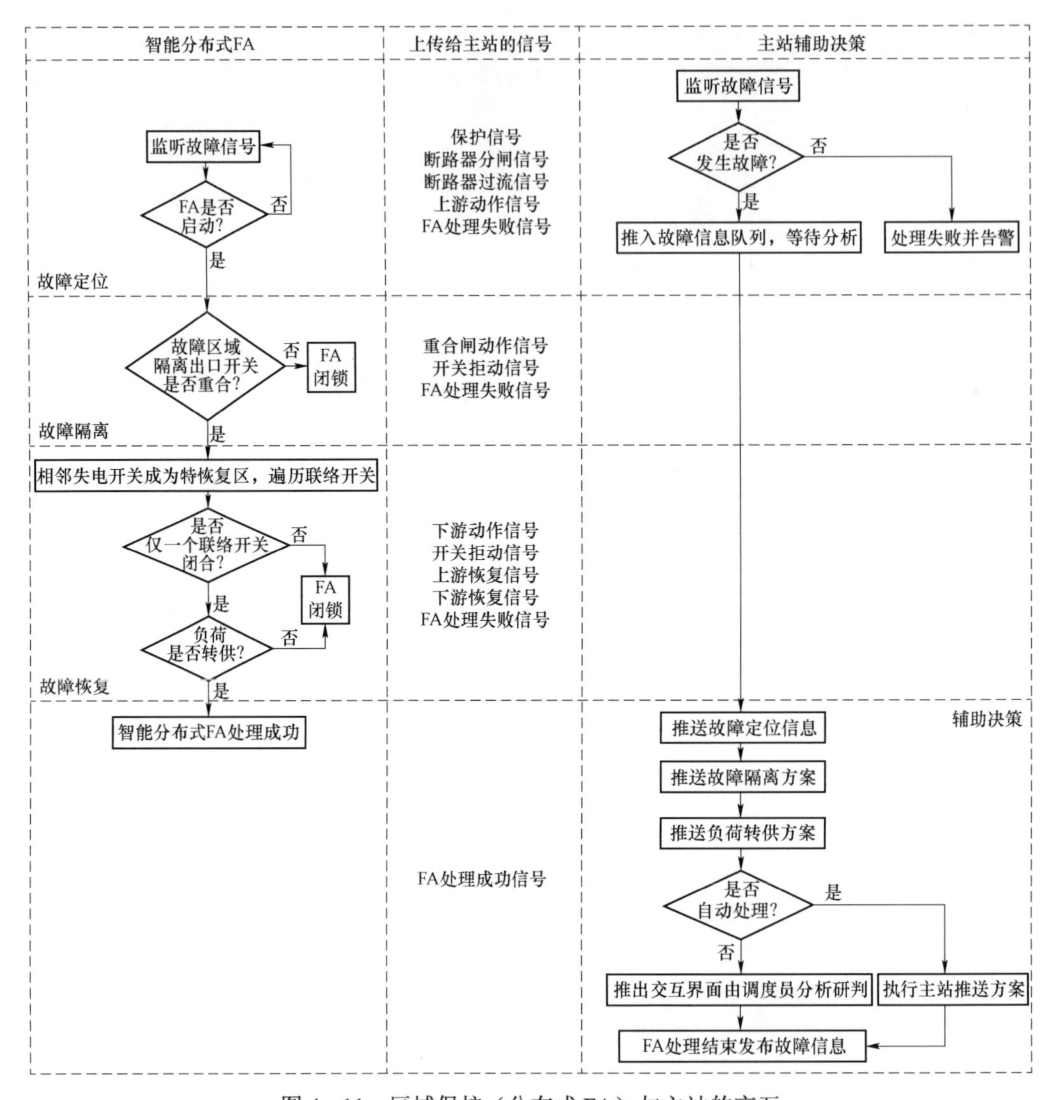

图 4-11　区域保护（分布式 FA）与主站的交互

依据 IEC 61850 的建模思想，分布式自组网系统由分布在配电网线路上的相关 IED 设备组成，每个 IED 应包含 1 个或多个服务器（Server）对象，每个 Server 对象中至少包含一个逻辑设备（LD）对象，每个 LD 对象至少包含有 3 个逻辑节点，即 LLN0、LPHD 及其他应用逻辑节点，组合成一个逻辑设备的这些逻辑节点一般具有某些公用特性。

（2）动作中与主站的交互。分布式 FA 与集中型 FA 协同控制信号交互示意图如图 4-12 所示。图 4-13 是分布式 FA 与集中型 FA 的信号交互的告警界面。区域保护动作过程中上送信号除过电流保护动作、开关遥信变位等基础信号以外，还需上送分布式 FA 配合信号，主要有以下几种。

1）上游动作：该信号代表故障区域的上游隔离开关动作，当系统分析开关状态为分，且该开关的上游动作信号动作，则代表本次操作为隔离操作，且为故障区域的上游隔离开关动作。

2）下游动作：该信号代表故障区域的下游隔离开关动作，当系统分析该开关状态为分，且该开关的下游动作信号动作，则代表本次操作为隔离操作，且为故障区域的下游隔离开关动作。

3）开关拒动：该信号代表该开关操作失败，未动作，主站分析时，起到注释作用，如果开关拒动，主站在分析时，遇到隔离开关中包含该开关时，则自动扩大隔离范围，到下一级可以操作的开关为止。

4）上游恢复：该信号代表对该开关的操作为上游恢复供电操作，系统分析时，如果发现跳闸开关状态已经为合状态，且上游恢复信号动作，则代表该开关是分布式故障处理完毕进行上游恢复操作后，状态才为合的。

5）下游恢复：该信号代表对开关的合操作为下游恢复供电操作，系统分析时，如果发现开关状态为合，且该开关的下游恢复信号动作，则代表该开关是进行下游恢复时才合上的。

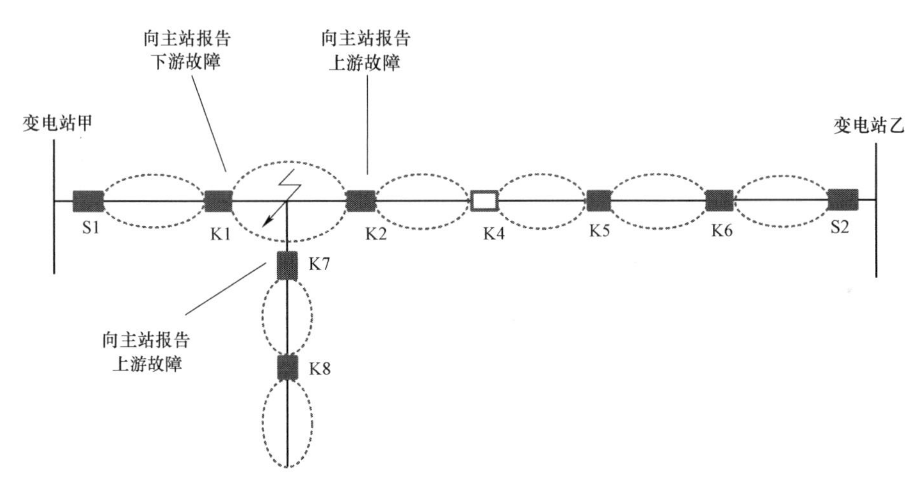

图 4－12　分布式 FA 与集中型 FA 协同控制信号交互示意图

	告警内容	
1	2017年10月23日13时23分23秒	配网测试厂站 901断路器 下游线路故障，系统等待10秒接收故障信号
2	2017年10月23日13时23分33秒	开关901断路器的DA运行状态转为退出状态
3	2017年10月23日13时23分33秒	系统完成10秒等待开始进行故障定位
4	2017年10月23日13时23分33秒	901断路器 跳闸！DA启动分析！
5	2017年10月23日13时23分33秒	系统完成故障定位
6	2017年10月23日13时23分33秒	※ A2※ 与※ A3※ 之间区域发生接地故障，导致※ 901断路器※ 跳闸.

图 4－13　分布式 FA 与集中型 FA 信号交互图

（3）动作后与主站的交互。当配电自动化系统主站将全部故障相关信息收集完成后，再发挥集中智能处理精细优化、容错性强和自适应性强的优点，进行故障精细定位并生成优化处理策略，将故障进一步隔离在更小范围，恢复更多负荷供电，达到更好的故障处理效果。当故障发生后首先发挥分布智能方式故障处理速度快的优点，不需要主站参与，迅速进行紧急控制，若是瞬时性故障则自动恢复到正常运行方式，若是永久性故障则自动将故障粗略隔离在一定范围。

集中智能和分布智能协调控制相互补救，当一种方式失效或部分失效时，另一种方式发挥作用获得基本的故障处理效果，从而提高配电网故障处理过程的鲁棒性。即使继电保护配合不当、装置故障、开关拒动等原因严重影响分布智能故障处理的结果，通过集中智能的优化控制仍然可以得到良好的故障处理效果。即使由于一定范围的通信障碍导致集中智能故障处理无法获得必要的故障信息而无法进行，通过分布智能的快速控制仍然可以得到粗略的故障处理效果。集中型 FA 在分布式 FA 动作完成并上送全部信号后，完成以下配合：优先选取继电保护配合方式。尽量实现用户（次分支）、分支和主干线路断路器（包括变电站出线断路器）的多级保护配合（包括时间级差多级保护配合以及三段式过电流保护多级保护配合）的电流保护；具体保护配合模式的选择可根据结合馈线的实际情况进行选取和整定；如果变电站出线断路器必须配置瞬时电流速断保护，则分支配备不延时电流保护，此时仍能实现一定的选择性。多级级差保护的定值整定应考虑分布式电源接入带来的影响。

主站系统监视分布式 FA 的执行，一旦故障处理有异常，系统将按照生成的方案逐一进行遥控，具体包括：

1）隔离遥控失败。系统对分布式 FA 隔离遥控失败有两种解决途径：一种是停止全自动执行，转为人工交互方式；另一种是扩大隔离范围，继续遥控执行，直到处理完成。如果选择第一种处理方式，在遇到隔离遥控失败后，将转为人工处理，系统不会自动遥控下去。

2）恢复遥控失败。在分布式 FA 完成故障隔离进行故障恢复时，如果恢复开关遥控失败后，将继续其他恢复开关的操作，直到操作全部完成后，再转交互，由人工处理遥控失败的设备。

3）故障电流信号不连续。系统在分析到故障电流信号有缺失时，系统将闭锁自动执行转为人工交互方式处理。由于故障电流有缺失，给出的故障处理方案为估计方案，需调度员确认后方可执行。

4）故障处理方案冲突。分布式 FA 故障处理时，将对未处理完毕的事故进行冲突性检验，如果未处理完成的事故操作步骤中，存在与当前全自动故障处理操作开关相同的开关，将闭锁全自动执行，转为人工交互处理。

5）短时间内开关二次跳闸。同一开关在短时间（时间可设置）内发生第二次故障启动，如果第二次故障处理采用全自动处理方式，将闭锁自动控制模式转为人工操作方式。

6）操作开关内存在除跳闸开关以外其他主网开关。分布式执行时，遇到除跳闸开关以外的主网开关操作时，将闭锁全自动功能，转为人工处理方式。

4.3　馈线自动化建设模式选择

4.3.1　不同供电区选型模式选择

1. 供电区域等级划分

根据 Q/GDW 1738—2012《配电网规划设计技术导则》，供电区域划分主要依据行政级别或规划水平年的负荷密度，也可参考经济发达程度、用户重要程度、用电水平、国内生产总值（GDP）等因素确定，表 4-1 所示为国家电网企业标准对 A+到 E 类供电区域的划分。

表 4-1　国家电网供电区域划分表

地区级别	中心城市（区）		城镇地区		乡村地区	
	A+	A	B	C	D	E
直辖市	市中心区或 $\sigma\geqslant30$	市区或 $15\leqslant\sigma<30$	市区或 $6\leqslant\sigma<15$	城镇或 $1\leqslant\sigma<6$	农村或 $0.1\leqslant\sigma<1$	—
省会城市、计划单列市	$\sigma\geqslant30$	市中心区或 $15\leqslant\sigma<30$	市区或 $6\leqslant\sigma<15$	城镇或 $1\leqslant\sigma<6$	农村或 $0.1\leqslant\sigma<1$	—
地级市（自治州、盟）	—	$\sigma\geqslant15$	市中心区或 $6\leqslant\sigma<15$	市区、城镇或 $1\leqslant\sigma<6$	农村或 $0.1\leqslant\sigma<1$	农牧区
县（县级市、旗）	—	—	$\sigma\geqslant6$	城镇或 $1\leqslant\sigma<6$	农村或 $0.1\leqslant\sigma<1$	农牧区

注　1. σ为供电区域的负荷密度（MW/km^2）。
2. 供电区域面积不宜小于 $5km^2$。
3. 计算负荷密度时，应扣除 110（66）kV 及以上电压等级的专线负荷，以及高山、戈壁、荒漠、水域、森林等无效供电面积。

A+、A、B 类供电区域一般包含直辖市、省会城市等地区的市中心和市区，C、D 类供电区域一般为城镇和农村地区，E 类供电区域一般为农牧区。

按照电网规划坚持的经济、社会、环境协调发展，注重适度超前和可持续发展原则，根据城市的定位、经济发展水平、负荷性质和负荷密度等条件划分城市级别和供电区。不同级别的城市和不同类别的供电区应采用不同的建设标准。

2. 不同供电区域的配电自动化建设模式

A+、A、B 类供电区域负荷密度大，供电可靠性要求高，因此对配电自动化建设模式的要求也会较高。

DL/T 5729—2016《配电网规划设计技术导则》提出了各类供电区域配电网建设的基本参考标准，如表 4-2 所示，A+、A 类供电区域建议选择主站集中型或智能分布式速动型/缓动型配电自动化模式，B 类供电区域建议选择主站集中型、就地型或故障指示器方式，C 类供电区域建议选择就地型或故障指示器方式，D 类地区建议选择就地型或故障指示器方式，E 类地区建议选择故障指示器方式。

表 4-2　　各类供电区域配电网建设基本参考标准

<table>
<tr><th rowspan="2">供电区域类型</th><th colspan="3">变电站</th><th colspan="4">线路</th><th colspan="2">电网结构</th><th rowspan="2">配电自动化模式</th><th rowspan="2">通信方式</th></tr>
<tr><th>建设原则</th><th>变电站型式</th><th>变压器配置容量</th><th>建设原则</th><th>线路导线截面积选用依据</th><th>110～35kV线路型式</th><th>10kV 线路型式</th><th>高压配电网</th><th>中压配电网</th></tr>
<tr><td>A+/A</td><td rowspan="5">土建一次建成，变压器可分期建设</td><td rowspan="2">户内或半户内站</td><td rowspan="2">大容量或中容量</td><td rowspan="5">廊道一次到位，导线截面积一次选定</td><td rowspan="2">以安全电流裕度为主，用经济载荷范围校核</td><td>电缆或架空线</td><td>电缆为主，架空线为辅</td><td rowspan="3">链式、环网为主</td><td rowspan="3">环网为主</td><td>集中型或智能分布式</td><td>光纤通信</td></tr>
<tr><td>B</td><td>架空线必要时电缆</td><td>架空线必要时电缆</td><td rowspan="2">集中型、就地型或故障指示器方式</td><td rowspan="2">光纤、无线或载波通信</td></tr>
<tr><td>C</td><td>半户内或户外站</td><td>中容量或小容量</td><td>以允许压降作为依据</td><td>架空线</td><td>架空线必要时电缆</td></tr>
<tr><td>D</td><td rowspan="2">户外或半户内站</td><td rowspan="2">小容量</td><td rowspan="2">以允许压降为主，用机械强度校核</td><td>架空线</td><td>架空线</td><td rowspan="2">辐射为主</td><td rowspan="2">辐射为主</td><td>就地型或故障指示器方式</td><td rowspan="2">无线或载波通信</td></tr>
<tr><td>E</td><td>架空线</td><td>架空线</td><td>故障指示器方式</td></tr>
</table>

同时，结合 Q/GDW 1738—2012《配电网规划设计技术导则》中提出的中低压配电网的目标网架结构（见表 4-3），选择适合该供电区域的配电自动化模式。

表 4-3　　10kV 配电网目标电网结构推荐表

<table>
<tr><th>供电区域类型</th><th>推荐电网结构</th></tr>
<tr><td rowspan="2">A+、A 类</td><td>电缆网：双环式、单环式</td></tr>
<tr><td>架空网：多分段适度联络</td></tr>
<tr><td rowspan="2">B 类</td><td>架空网：多分段适度联络</td></tr>
<tr><td>电缆网：单环式</td></tr>
<tr><td rowspan="2">C 类</td><td>架空网：多分段适度联络</td></tr>
<tr><td>电缆网：单环式</td></tr>
<tr><td>D 类</td><td>架空网：多分段适度联络、辐射状</td></tr>
<tr><td>E 类</td><td>架空网：辐射状</td></tr>
</table>

因此，基于目标网架结构，本节提出未来供电区域的配电自动化模式：A+和 A 类地区以集中型配电自动化模式为主，结合智能分布式速动型或缓动型作为此供电区域的配电自动化模式；B、C 类区域采用智能分布式缓动型配电自动化模式；D、E 类供电区域选择就地型配电自动化模式。

3. 不同供电区域的配电自动化通信建设模式

配电自动化的通信建设模式分为骨干网络建设和接入网络建设，在配电网通信中骨干层的主要功能是汇聚接入层业务，以环形拓扑组网为主，实现千兆互联。配电网通信骨干层网络设计，根据通信网络和管理要求选择合适的方式。骨干层汇聚很多配电终端设备所采集的数据信息，还要兼顾广域保护、输电线路监测等业务应用，这对于通信容量和通信速率有较高要求。因此，骨干层通信网络首选光纤通信。针对不同供电区域的配电网骨干层通信网络建设模式，宜根据当地具体的通信网络和管理要求选择合适的方式，组建配电网通信骨干层网络。

在配电网通信中接入层主要负责中低压配电网终端信息的接入。接入网的建设应该因地制宜选择光纤通信（以太网交换机、EPON）、中低压载波通信、无线通信三种方式。同一供电区域建议选择同一种技术组网，混合组网模式应根据区域网架结构具体分析选择性使用。每一种接入层通信技术都有优缺点，只有结合实际区域的网架结构，一次设备、二次设备以及所实现的配电自动化要求进行选择。不同类别的供电区域关于“三遥”和“二遥”功能的实现采用不同的通信方式：

（1）A+类、A 类供电区域实现“三遥”“二遥”功能的终端设备点，全部采用光纤通信方式或电力专网通信方式。

（2）B 类、C 类供电区域配电自动化通信建设模式：

1）B、C 类区域实现“三遥”功能的终端设备点，全部采用光纤通信方式。

2）B、C 类区域主干线路实现“二遥”功能的终端设备点（占 40%，不含架空开关）采用光纤通信方式，支路的终端设备点（占 60%，不含架空开关）采用 GPRS/CDMA 等无线公网通信方式。

3）B、C 类区域面积较大（大于等于 $15km^2$）的镇区光缆建设分三层建设，其中骨干层光缆规划 48 芯，汇聚层和接入层光缆为 12～24 芯。

4）B、C 类区域面积较小（小于 $15km^2$）的镇区光缆建设分两层建设，即汇聚层和接入层，光缆为 12～24 芯。

（3）D 类供电区域配电自动化通信建设方式：

1）根据配电网自动化规划情况，D 类区域仅实现“二遥”功能。

2）D 类区域中“十四五”期间不建设光缆实现配电网自动化，全部采用 GPRS/CDMA 等无线公网方式。

（4）E 类供电区域配电自动化通信建设模式：对满足配电自动化条件的线路采用 GPRS/CDMA 等无线公网方式实现“一遥”功能，其他不满足条件的需对一次设备进行改造后，满足配电自动化实施条件后选择合适的通信建设模式。

4.3.2　不同线路（架空、电缆、混合线路）模式选型

本节分析 A+、A 类供电区域电缆单环网和架空线多分段两联络两种不同线路模式的配电自动化实现方式。

1. 电缆单环网模式选型

全电缆线路按每段安装一组故障定位装置进行考虑，安装位置原则上要求在线路上正常运行方式下的电源侧，如图 4－14 中 A～G 节点。

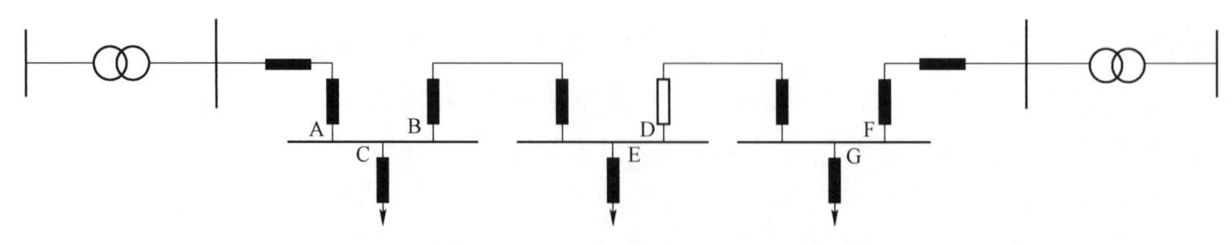

图 4-14 故障定位装置安装位置示意图

若该馈线段配置就地型馈线自动化中的电压—时间型 FA，线路出口位置分别放置一个重合器，将环网柜中的进线和出线的开关都配置成分段器，如图 4-15 所示。

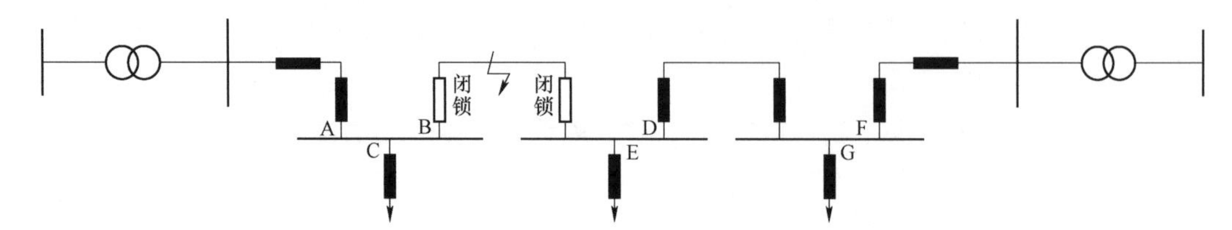

图 4-15 电缆单环网配置就地式重合闸电压—时间型 FA 模式

当线路发生永久性故障，对故障进行定位，通过断开故障点上游和下游开关并闭锁完成故障隔离，然后闭合联络开关，完成对非故障区的供电恢复。

若该馈线段配置集中式馈线自动化模式，配电自动化系统建设如图 4-16 所示。

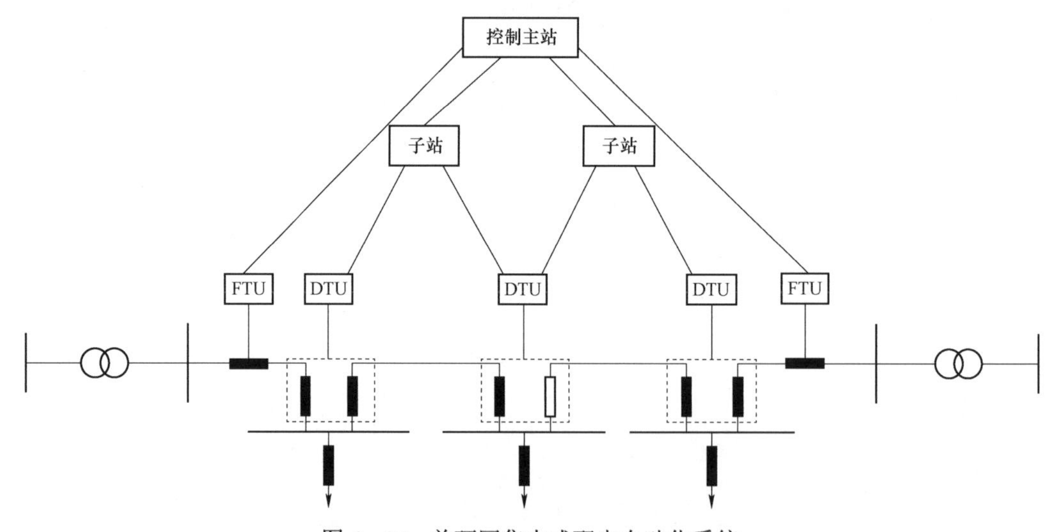

图 4-16 单环网集中式配电自动化系统

电缆环网柜配置具有处理故障能力的智能 DTU，出线断路器配置具有保护功能的 FTU，DTU 配置独立蓄电池，也可以由 FTU 中的蓄电池提供不间断供电；具有独立储能回路的开关，其储能电源可以采用由电压互感器提供的交流 220V。开关类型可以为负荷开关或断路器。通信系统采用高效可靠的通信系统，一般采用光纤通信方式。

2. 架空线多分段两联络配电自动化模式选型

当线路网架通信条件较差，“二遥”功能较难实现时，采用故障指示器模式。架空主干线路分段开关处，应在分段开关负荷侧安装一组短路故障指示器；线路上没有任何分段，距离超过 2000m 的，应在适当位置安装故障指示器，原则上至少 2000m 安装一组，如图 4－17 所示 B 节点。

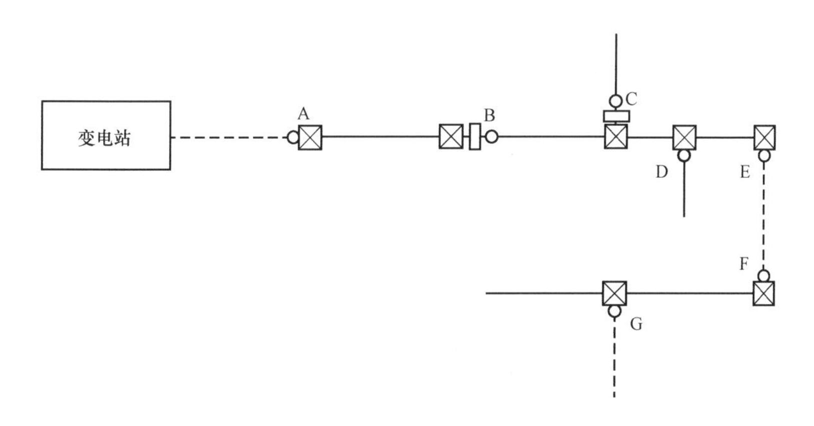

图 4－17　架空线多分段两联络故障指示器安装图

架空分支线路有支线控制开关的，应在开关后段安装一组。没有支线控制开关且支线长度超过 500m 的，应在支线与主干连接处安装一组，如图 4－17 所示 C、D 节点。

架空线路引落电缆处，当该电缆为线路联络电缆时，必须在两侧电缆头处分别安装一组，如图 4－17 所示的 A、E、F、G 节点。

同理，对于 D、E 供电区域的辐射型网络，由于多为架空线路、无电缆线路，且通信条件较差，无法满足“二遥”功能，可采用故障指示器模式。

采用就地型重合器电压—时间型模式时，出口开关采用重合器，分段开关采用电压—时间型分段器，个数可以安装线路合理分段数来确定，根据线路分段对配电自动化的影响分析，一般情况线路分段数以 3 段或 4 段为合适，则主干线路上的电压—时间型分段器的个数为 2 个或 3 个，支线装设一个电压—时间型分段器，如图 4－18 所示。

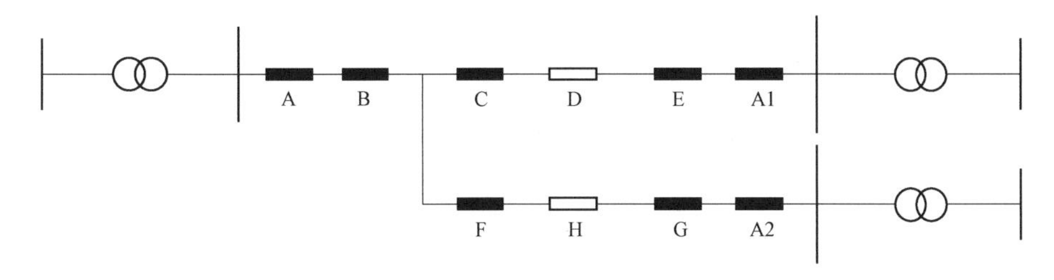

图 4－18　架空线多分段两联络就地型重合器电压—时间型模式

若采用就地型重合器电压电流型或自适应综合型模式，网架分段开关需配置具有电压电流型或自适应综合型 FA 模式的 FTU，完成与模式对应的故障处理逻辑。

若采用智能分布式配电自动化模式，出线断路器和各个分段开关和联络开关或者各个环网柜均配置具有保护功能的 FTU 或 DTU。需要上级主（子）站、通信系统、测控终端的相互配合完成。开关类型可以为负荷开关或断路器。通信系统采用高效可靠的通信系统，一般为光纤通信方式，如图 4－19 所示。

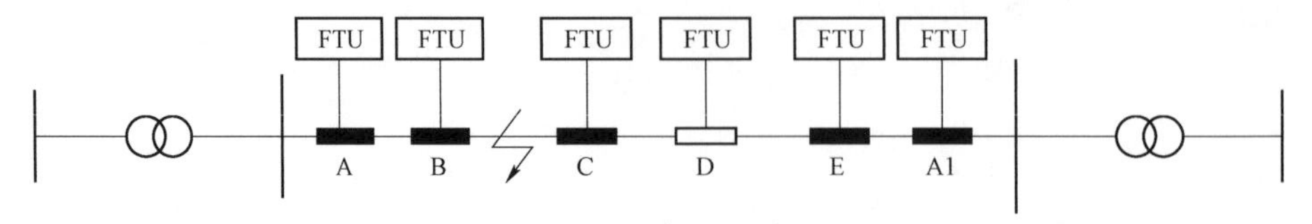

图 4－19 架空线多分段两联络智能分布式馈线自动化模式

因此，根据对配电网建设时配电自动化模式的参考标准，以及本节对不同线路模式选型的分析，得到如下结论：

（1）就地式馈线自动化电压—时间型可用于 A+、A、B、C、D、E 类供电区域的电缆，以及架空线路的全部接线模式。

（2）就地式馈线自动化电压—电流型可用于 B、C、D、E 类供电区域的架空单辐射或单联络线路接线模式。

（3）就地式馈线自动化自适应综合型可用于 B、C、D、E 类供电区域的架空线路的全部接线模式。

（4）分布式馈线自动化速动型、缓动型和集中型馈线自动化模式在实现功能时都需要配合通信实施馈线自动化的功能。通信通道根据需要进行选择，在“一遥”和“二遥”的地区使用 GSM/GPRS 无线通信，在需要“三遥”的地区使用光纤通信。分布式和集中型馈线自动化模式均要实现“三遥”功能，采用光纤通信方式。

分布式馈线自动化模式可用于 A+、A、B、C 类供电区域电缆单环网、双环网、双射式、“*N* 供一备”线路和架空线多分段多联络网架结构。

（5）对于任一种接地系统的各种网架结构的电缆线路或以电缆为主的混合线路，可选择集中式作为配电自动化建设模式。变电站配置常规电流保护和零序保护（小电阻接地系统），不投重合闸。实现“三遥”功能采用光纤通信方式，实现“二遥”“一遥”功能采用 GPRS 无线通信和光纤通信相结合的通信方式。

（6）针对架空电缆混合型单辐射、单联络接线方式，可选用就地型馈线自动化电压—时间型、电压—电流型模式。

4.3.3 不同模式下的设备选型要求

针对不同配电自动化模式下的设备选型要求，国家电网有限公司和中国南方电网有限责任公司还没有发布的正式版技术导则，本节主要依据国家电网有限公司在 2017 年 12 月发布的《馈线自动化模式选型与配置技术原则（征求意见稿）》，以及 2018 年发布的《就地型馈线自动化选型技术原则（试行）》，确定不同模式下的设备选型要求。

4.3.3.1 设计依据性文件

《电力监控系统安全防护规定》（中华人民共和国国家发展和改革委员会〔2014〕第

14 号）

《国网运检部关于引发暂态录波型故障指示器技术条件和检测规范（试行）的通知》（国家电网运检三〔2016〕109 号）

《国网运检部关于引发配电线路故障指示器选型技术原则（试行）和就地型馈线自动化选型技术原则（试行）的通知》（国家电网运检三〔2016〕130 号）

《国家电网公司关于进一步加强配电自动化启动安全防护工作的通知》（国家电网运检〔2016〕576 号）

《电力二次系统安全防护规定》（国家电力监管委员会第 5 号令）

Q/GDW 513—2010　配电自动化主站系统功能规范

Q/GDW 514—2013　配电终端技术规范

Q/GDW 567—2010　配电自动化系统验收技术规范

Q/GDW 1382—2013　配电自动化技术导则

Q/GDW 1553.1—2014　电力以太网无源光网络（EPON）系统　第 1 部分：技术条件

Q/GDW 1738—2012　配电网规划设计技术导则

Q/GDW 10370—2016　配电网技术导则

Q/GDW 11184—2014　配电自动化规划设计技术导则

Q/GDW 11185—2014　配电自动化规划内容深度规定

Q/GDW 11358—2019　电力通信网规划设计技术导则

4.3.3.2　标准规范要求

1. 一次网架设备要求

根据国家电网有限公司 Q/GDW 1738—2012《配电网规划设计技术导则》，在进行配电自动化建设时，首先考虑不同模式下对一次网架设备安装的现状和要求，配电自动化的实施对一次网架的要求见表 4–4。

表 4–4　馈线自动化实施对一次网架的要求

模式名称	对一次设备的要求
故障定位	不需要改造一次设备
集中型馈线自动化模式	选中的中压配电网一次开关设备要具备电动操动机构，并且具备必要的电流互感器或电压传感器，能够给主站的信息采集提供必要的条件；馈线自动化的各个环节在停电时拥有可靠的备用工作电源
就地型馈线自动化模式	开关改造和新建应配置具有电动操动机构的断路器，网架结构相对稳定，供电可靠性要求较高
分布式馈线自动化模式	开关改造和新建应配置具有电动操动机构的断路器；线路要合理使用分段；可靠性要求高的场合采用环网供电方式；中压电网具体的联络方式留有一定的备用容量

2. 通信建设要求

根据国家电网有限公司 Q/GDW 11358—2019《电力通信网规划设计技术导则》要

求，通信建设需满足以下五点要求：

（1）可靠性。智能配电通信网络满足配电自动化以及智能配电网的通信业务需求，采用成熟、可靠的现代主流通信技术。

（2）安全性。在建设智能配电网通信时，重视网络信息安全，加强网络优化，优先使用电力光纤专网。采用无线通信方式时采取相应的安全防护措施，确保电网安全可靠运行。

（3）兼容性。在采用多种通信方式进行智能配电网通信网络建设时，建设配电通信综合接入平台，统一接入，统一技术标准，统一施工规范。

（4）经济性。智能配电网通信网络的建设和改造充分利用现有通信资源，完善配电环节通信基础设施，避免重复建设。在满足现有配电自动化需求的前提下，充分考虑业务综合应用和通信技术发展前景，统一规划，分步实施，适度超前。

（5）开放性。智能配电通信网络在满足近期应用的基础上，考虑智能配电网的发展，在各方面为远期的扩充与发展预留条件，同时在规划、设计、建设、运行管理、维护等环节建立健全保障机制，使之具备良好的可持续发展能力。

4.3.3.3 集中型馈线自动化设备选型要求

根据国家电网有限公司 Q/GDW 513—2010《配电自动化主站系统功能规范》和 Q/GDW 514—2013《配电终端技术规范》，实现主站集中型馈线自动化模式应用的设备配置主要包括三大类：一是柱上分段开关与电流型 FTU 组成的柱上智能成套设备；二是环网柜开关柜与 DTU 组成的智能开关柜成套设备；三是分界开关与配套 FTU 组成的智能分界开关成套设备。

根据国家电网有限公司《馈线自动化模式选型与配置技术原则（征求意见稿）》，集中型馈线自动化模式配套要求如下。

1. 配套开关

（1）配套开关可采用断路器或负荷开关，并具备配电自动化接口，如三相电流、零序电流、三相电压或线电压、电动操动机构等。

（2）配套开关可选用弹簧操动机构开关，开关应具备电动操动机构。

（3）弹簧操动机构开关应具备储能机构，所配取电电压互感器应满足其储能功率要求。

（4）通常所配取电电压互感器额定输出 150VA，短时最大输出 500VA。

2. 配套终端

（1）当配电线路开关配套安装“三遥”配电终端时，还应具备故障方向检测、单相接地检测、过电流保护、过负荷保护、故障录波、远程维护等功能。

（2）要求与主站具备实时通信，能够将现场故障信号（事故总信号）、开关变位信号等上送主站。

（3）后备电源能保证终端运行一定时间：免维护阀控铅酸蓄电池，保证完成分—合—分操作并维持配电终端及通信模块至少运行 4h；超级电容，保证分闸操作并维持配电终端及通信模块至少运行 15min。

3. 配套通信

基于光纤通信具有容量大、抗干扰能力强、可靠性高等特点，主站集中式优先选择光纤通信方式；对光纤不易覆盖的区域或节点，采用无线通信方式；针对遥控命令，采取数据传递的加密、认证，确保数据安全；随着配电自动化对通信全方位、高可靠、宽带化、多元化的需求，后续配电网改造过程中逐步实现光纤化。

在建设过程中综合网架、设备现状及可靠、经济建设思路，遵循下述原则具体实施：

（1）实现“三遥”功能的配电自动化终端以光纤通信方式为主、无线通信方式为辅，满足国家电网《中低压配电网自动化系统安全防护补充规定（试行）》（国家电网调〔2011〕168 号）等规定要求。实现“一遥”或“二遥”功能的配电自动化终端采用无线通信方式。

（2）电缆网和成熟稳定架空网采用光纤通信方式，其余采用无线通信方式。

（3）光纤通信接入网采用 EPON 技术。

（4）无线通信采用公网 GPRS 方式，试点采用近距离无线通信 ZigBee 技术。

（5）同步建设配电网光纤通信网络管理系统，实现拓扑管理、故障管理、性能管理、配置管理、安全管理等功能。

（6）通信终端与配电终端采用分体式设计，接口形式和数量满足配电自动化要求。

（7）通信终端供电电源由配电终端提供，通信终端电源输入采用 DC 24V，ONU 功率不大于 15W，无线模块功率不大于 2W。

（8）实现配电自动化的配电设备配置通信箱，满足相应安全防护要求，内部预留足够的设备安装空间，包括光纤配线架（ODF）、ONU、光分路器、无线通信终端及其他设备附件。

（9）主干光缆单缆敷设，光缆有明显标识便于区分，光缆芯数 24 芯，光缆开断不超过 8 处。

（10）管道光缆采用防鼠、防蚁、非金属阻燃管道光缆；直埋光缆采用销装层绞式阻燃直埋光缆；架空光缆采用全介质自承式光缆（ADSS）。

（11）配电线路施工时，同步完善配电光纤通信网络和骨干光缆网络，且在管道、隧道及电缆沟内预留格栅式专用通信管路。

（12）配电自动化数据通过调度数据网接入主站系统，传输层采用网络。

（13）新建变电站设计时，在控制室预留 3 面配电通信专用屏位，在变电站出线电缆沟按照 10kV 出线数量预留足够的光缆专用通道；已建变电站根据现场情况合理布置。

（14）根据通信网络拓扑及业务需求，开关站设置 OLT 设备。

4. 保护配置

（1）若线路开关采用断路器并配置就地保护，当发生故障时，可优先通过开关及保护的动作特性进行故障切除。

（2）可通过配置一次或两次重合闸判别并处理瞬时性故障及越级跳闸。

（3）当就地保护完成故障切除后，可由集中型馈线自动化完成故障区域完全隔离，恢复故障区域上游供电以及通过负荷转供恢复故障区域下游健全区域供电。

（4）当分支开关或分界开关与出线断路器有保护级差配合时，宜选用断路器。

4.3.3.4 就地型馈线自动化设备选型要求

1. 电压—时间型

根据国家电网有限公司 Q/GDW 513—2010《配电自动化主站系统功能规范》和 Q/GDW 514—2013《配电终端技术规范》，电压—时间型馈线自动化配置电压型负荷开关及电压型馈线终端，实现电压—时间型馈线自动化模式应用的设备配置主要包括三大类：一是柱上电压型负荷开关与电压型馈线终端组成的柱上智能成套设备；二是电压型环网柜与电压型馈线终端组成的智能环网柜成套设备；三是分界开关与配套终端组成的智能分界开关成套设备。

根据国家电网有限公司《馈线自动化模式选型与配置技术原则（征求意见稿）》，电压—时间型馈线自动化模式配套要求如下。

（1）配套开关。

1）配套开关可选用具备失电压分闸、来电延时合闸特性的电磁操动机构开关，也可选用弹簧操动机构开关。选用弹簧操动机构开关时需要配电终端配合完成失电压分闸、来电延时合闸功能，依赖于后备电源。

2）电磁操动机构开关合闸时由终端提供操作电源，合闸后仍需由终端提供合闸保持电源，合闸电源断电后，开关自动分开；电磁操动机构开关合闸的瞬时功率较大，合闸维持功率较小，通常所配取电电压互感器额定输出 500VA，短时最大输出 3000VA。

3）开关具备储能机构，合闸前需由终端提供电源储能，合闸时由终端触发操动机构合闸，合闸后开关由机械机构保持合位，分闸时由终端触发脱扣机构，开关自动分闸；弹簧操动机构开关储能功率较大，合分闸功率很小，通常所配取电电压互感器额定输出 150VA，短时最大输出 500VA。

4）变电站出线开关应选用带有重合功能的断路器，配置过电流保护和二次重合闸，若变电站出现开关无法配置二次重合闸，将线路靠近变电站首台开关的来电延时时间延长以躲过变电站出现开关的合闸充电时间。

（2）配套终端。

1）依据国家电网有限公司 Q/GDW 514—2013《配电终端技术规范》要求，选用“二遥”动作型 FTU，应用于分段模式，配电终端均应按照电压—时间型馈线自动化模式进行配置。

2）后备电源按照国家电网有限公司 Q/GDW 514—2013《配电终端技术规范》执行。

（3）配套通信。

1）故障处理过程可以不依赖主站系统和通信方式，主要采用 GPRS 无线通信方式，选用满足无线安全接入的认证和加密技术，支持 IEC 60870 - 5 - 104 等标准通信规约。

2）在具备光纤接入条件时，采用光纤通信方式，选用 EPON 技术，支持标准通信规约。

（4）保护配置。

1）出线断路器应具备重合功能，可通过设置重合闸次数或遥控等方式实现两次重合闸。

2）当长线路配置中间断路器时，中间断路器将线路分成前后两部分，中间断路器与出线断路器应形成保护级差配合，中间断路器负责线路后段的保护和重合闸。中间断路器配置两次重合闸，线路上分段开关定值整定与普通线路一致。

3）当分支线开关或分界开关与出线断路器有保护级差配合时，可选用断路器，实现界内短路故障的快速切除，并可配置重合闸消除瞬时故障；当无保护级差配合时，可选用负荷开关，由主干线出线断路器或中间断路器保护跳闸切除故障，当分支开关或分界开关检测到无压无流时分闸隔离故障，主干线出线断路器或中间断路器恢复非故障线路的供电。

2. 自适应综合型

根据国家电网有限公司《馈线自动化模式选型与配置技术原则（征求意见稿）》，自适应综合型馈线自动化模式配套要求如下。

（1）配套开关。

1）配套开关可选用具备失电压分闸、来电延时合闸特性的电磁操动机构开关，也可选用弹簧操动机构开关。当选用弹簧操动开关时，应由配电终端配合完成失电压分闸、来电延时合闸功能。

2）电磁操动机构开关合闸时由终端提供操作电源，合闸后仍需由终端提供合闸保持电源，合闸电源断电后，开关自动分开；电磁操动机构开关合闸的瞬时功率较大，合闸维持功率较小，通常所配取电电压互感器额定输出 500VA，短时最大输出 3000VA。

3）弹簧操动机构开关具备储能机构，合闸前需由终端提供电源储能，合闸时由终端触发操动机构合闸，合闸后开关由机械机构保持合位，分闸时由终端触发脱扣机构，开关自动分闸；弹簧操动机构开关储能功率较大，合分闸功率很小，通常所配取电电压互感器额定输出 150VA，短时最大输出 500VA。

4）变电站出线开关应选用带有重合功能的断路器，配置过电流保护和二次重合闸，若变电站出现开关无法配置二次重合闸，将线路靠近变电站首台开关的来电延时时间延长以躲过变电站出现开关的合闸充电时间。

（2）配套终端。

1）具备自适应综合型馈线自动化功能，具备分段模式，选用动作型 FTU。

2）具备故障信息记忆和来电合闸延时自动选择功能。

3）当配电线路采用自适应综合型馈线自动化模式时，该线路上的所有配电终端均应按照自适应综合型馈线自动化模式进行配置。

（3）配套通信。

故障处理过程不依赖于主站系统和通信方式，可采用无线公网通信方式。

（4）保护配置。

1）变电站出线断路器通常设速断保护、限时过电流保护，当线路发生短路故障时，可保护跳闸并重合；出现断路器跳闸时，就地型分段开关通常检测到无压无流后分闸，可靠分闸时间一般不超过 1s；可通过设置重合闸次数或遥控等方式实现两次重合闸。

2）就地型分段开关应具备一次故障处理时间内（如 5min）合闸次数越限保护，避免极端情况下因故障隔离失败从而出现断路器反复合闸现象。

3）当长线路配置中间断路器时，中间断路器将线路分成前后两部分，中间断路器与出线断路器应形成保护级差配合，中间断路器负责线路后段的保护和重合闸。中间断路器配置两次重合闸，线路上分段开关定值整定与普通线路一致。

4）当分支线开关或分界开关与出线断路器有保护级差配合时，可选用断路器，实现界内短路故障的快速切除，并可配置重合闸消除瞬时故障；当无保护级差配合时，可选用负荷开关，由主干线出线断路器或中间断路器保护跳闸切除故障，当分支开关或分界开关检测到无压无流时分闸隔离故障，主干线出线断路器或中间断路器恢复非故障线路的供电。

4.3.3.5 分布式馈线自动化设备选型要求

1. 分布式 FA 速动型

（1）配套开关。

1）配套开关应采用断路器。

2）具备三相保护电流互感器、零序电流互感器。

3）环网箱配置母线电压互感器。

4）断路器分闸动作时间不大于 60ms。

（2）配套终端。

1）具备速动型分布式馈线自动化功能。

2）具备遥测、遥信、遥控、故障录波、故障事件、历史数据等功能。

（3）配套通信。

1）终端间及终端与控制器间的通信宜采用工业光纤以太网，也可采用 EPON。

2）终端应具备至少 2 个独立物理地址的网口，终端间及终端与控制器间通信及终端与配电主站间通信应各自使用单独信道。

3）终端间及终端与控制器间的通信宜不采用 TCP/IP 协议。

4）不同联络互投区域的终端应选择不同网段的通信地址，且不与主站通信地址冲突。

（4）保护配置。

1）速动型分布式 FA 动作时限主要由故障判断定位时间、FA 信息交互时间、动作延时组成，典型动作时限为 0.05s。

2）变电站出口断路器的速断、过电流保护的动作时限与速动型分布式 FA 动作时限需有级差配合，典型级差 0.3s，满足故障时速动型分布式 FA 快于变电站出口断路器速断、过电流保护出口前动作的原则。

3）当开关拒动时，速动型分布式 FA 仍满足该原则。

4）分布式 FA 终端宜与变电站侧过电流保护特性相同，例如同为定时限特性。

2. 分布式 FA 缓动型

（1）配套开关。

1）进线开关应采用负荷开关，出线开关可采用负荷开关或断路器。

2）具备三相保护 TA、零序 TA。

3）环网箱配置母线 TV。

（2）配套终端。

1）具备分布式馈线自动化功能。

2）具备遥测、遥信、遥控、故障录波、故障事件、历史数据等功能。

（3）配套通信。

1）终端间通信宜采用工业光纤以太网，也可采用 EPON。

2）终端应具备至少 2 个独立物理地址的网口，终端间通信及终端与配电主站间通信应各自使用单独信道。

3）终端间通信宜不采用 TCP/IP 协议。

4）不同联络互投区域的终端应选择不同网段的通信地址，且不与主站通信地址冲突。

（4）保护配置。

1）缓动型分布式 FA 须在变电站出口断路器跳开前可靠检测并定位故障，典型检测定位故障时限为 0.05s。

2）缓动型分布式 FA 动作逻辑遵循在变电站出口断路器速断、过电流保护出口并跳开开关之后动作的原则。

3）分布式 FA 终端宜与变电站侧保护特性相同，如同为定时限特性。

第 5 章
智能配电网运行优化与决策支持

随着电力行业的不断发展，电力企业面临的挑战越来越大，加强智能配电网的建设，是变电站发展过程中的一个重要途径，对于提高变电站的工作效率有着十分重要的影响。

智能电网包括很多方面，如变电站运营管理智能化、生产智能化等，智能配电网运行优化过程指的是在智能配电网发展过程中要采用先进、可靠、高效的智能设备，对智能配电网的各个工作环节进行有效的改进，以全站信息数字化、通信平台网络化、信息共享标准化为基本要求，对智能配电网生产运营过程中的各种信息进行采集、测量以及控制和监控，提高智能配电网运行的自动化管理效率。在智能配电网运行优化过程中，应该实现自动控制、智能调节、在线分析等功能，对智能配电网中各个设备的功能进行完善，使智能配电网的周期更长。加强智能配电网运行优化技术的分析，也需要对智能配电网运行管理工作中的各个环节进行改进，以提高智能配电网工作效率。

本章概述了智能配电网运行优化与决策支持的理念，概要介绍了智能配电网运行优化与决策支持的理念、技术思路、实践等，阐述了智能配电网运行优化与决策支持的应用经验以及一些未来的规划。

5.1 智能配电网运行优化与决策数据准备

智能配电网是智能电网的重要组成部分，科学合理的规划可以使智能电网的价值和效益得到综合提高。对配电网安全运行方式进行合理优化，提高配电网自动化程度，可以显著改善配电网的可靠性，基本上可以实现消除电网停电，并且可以抵抗自然灾害和外部破坏，受到的干扰得到降低。另外，对智能配电网运行方式的优化可以提高对电网的电力运行能力，提高电网系统的运行效率，对电力供应的安全性和可靠性也是一种保障，更好地实现电力资源的综合利用，不仅节约了资源，降低了资金投入，还可以促进智能电网又快又好地发展。

5.1.1 状态估计

随着用户对电能供应质量和可靠性要求的提高，配电管理系统（distribution management system，DMS）得以快速发展。配电状态估计（distribution state estimator，

DSE）在配电管理系统中起“滤波”的作用，过滤了数据采集与监控（supervisory control and data acquisition，SCADA）系统传来的低精度、不完整的“生数据”，剔除不良数据，将不可观的数据补齐，从而保证完整可靠的数据进入数据库。

配电状态估计是从不完整的SCADA数据和母线负荷预测数据来获得完整的实时网络状态。电网的拓扑结构确定之后，实时状态估计利用SCADA系统实时采集的遥测信息，计算出系统中母线电压的幅值和相角。电网遥测信息主要包括线路和变压器等支路的有功功率、无功功率潮流，母线注入的有功功率、无功功率，以及母线电压幅值等。遥测量的总数通常大于状态变量的总数。遥测量可能会有量测误差，甚至有幅值较大的不良数据。另外，遥测量的分布可能不均匀，部分地方量测冗余度很高，部分地方也可能没有遥测量。因此，需要用数学分析的方法进行数据处理，进行电网实时状态估计，才能得到全网一致的潮流分布结果。状态估计分两大部分：一是主配电网的估计，有实时量测量，属一般状态估计模型；二是沿馈线的潮流分量，无实时量测量，即在已知馈线始端功率和电压（估计值）的条件下，利用母线负荷预测模型，将其分配到各负荷点用于测量计算。实时状态估计包括电网的实时可观测性分析、实时状态估计计算以及不良数据的检测和处理等内容。

配电网状态估计是在获知全网网络结构的条件下，结合从馈线终端（FTU）和远程终端（RTU）得到的实时功率和电压信息，补充对不同类型用户观测统计出的负荷曲线、负荷预测数据和抄表数据，运用新型的数学和计算机手段，在线估计配电网用户实时负荷，由此可以获得全网各部分的实时运行状态和参数，为配电系统高级应用软件提供可靠的实时数据信息。

配电网状态估计经典算法根据状态变量选取不同，可分为三类：

（1）以节点电压为状态变量的配电网状态估计。这类算法可以说是广义的潮流计算方法，其典型算法是最小二乘类算法和PQ分解算法，通过建立雅可比矩阵求解目标函数。

以节点电压为状态变量的状态估计，PQ分解算法由于雅可比矩阵在每次迭代中都要重新进行计算且不对称，导致计算量大、计算时间长、占用内存多。而对配电网而言，系统的基本单元是馈线，配电网主干网以下的潮流计算不是以全网为单位，而是以比全系统小得多的局部（馈线）为单位进行分析计算，可大大提高计算速率。

（2）以支路电流为状态变量的配电网状态估计。这类算法将已知量测量利用量测变换等效为相应的电流量，简化了计算过程，但算法的稳定性和精度受限。在主站中，电流量测的准确度相对不高，一般不作为状态变量来使用，配电网中的准确度不确定其特性。

（3）以支路功率为状态变量的配电网状态估计。基于支路功率量测变换的快速解耦状态估计和不良数据辨识方法，不但保留了传统快速解耦状态估计的优点，而且可以很好地处理大R/X比值和存在单个或多个不良数据等问题。

配电网状态估计流程图如图5-1所示。

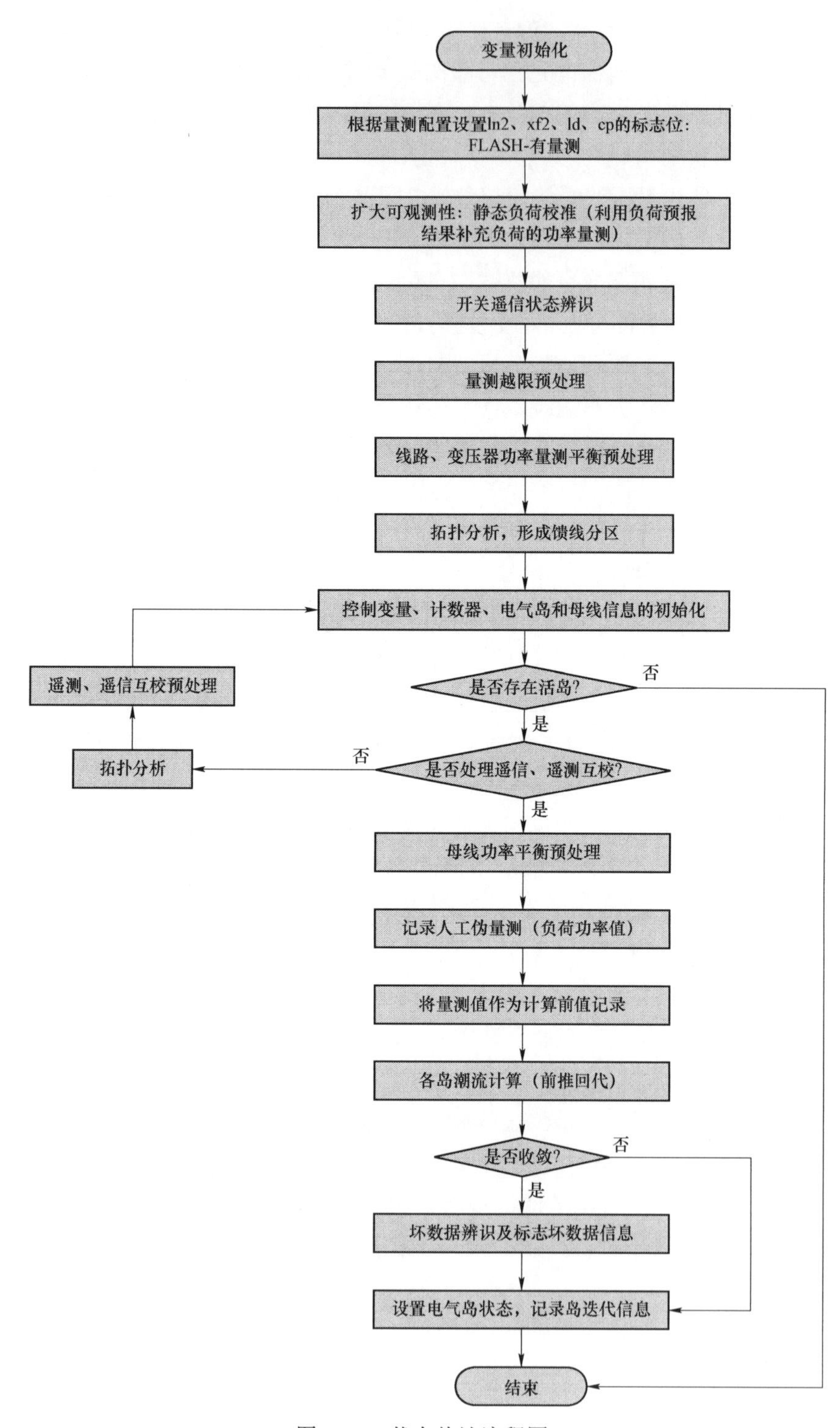

变量初始化
根据量测配置设置ln2、xf2、ld、cp的标志位:
FLASH-有量测
扩大可观测性:静态负荷校准(利用负荷预报
结果补充负荷的功率量测)
开关遥信状态辨识
量测越限预处理
线路、变压器功率量测平衡预处理
拓扑分析,形成馈线分区
控制变量、计数器、电气岛和母线信息的初始化
遥测、遥信互校预处理
是否存在活岛?
否
是
拓扑分析
否
是否处理遥信、遥测互校?
是
母线功率平衡预处理
记录人工伪量测(负荷功率值)
将量测值作为计算前值记录
各岛潮流计算(前推回代)
是否收敛?
否
是
坏数据辨识及标志坏数据信息
设置电气岛状态,记录岛迭代信息
结束

图 5-1 状态估计流程图

5.1.2　潮流计算

潮流是配电网各种分析的基础，用于电网调度运行分析、操作模拟和规划设计等，包括计算系统或局部的电压、电流、线损、多相平衡或不平衡潮流、仿真变压器有载调压和电容器操作的结果。

配电网潮流计算在网络结构、线路参数、实时量测及调压设备方面特征如下：

（1）网络结构。配电系统是辐射状网络，是一个树状结构，通常网络中只包含一个电源点，线路上流动的功率流动方向单一。当配电网发生故障时，会在短时间内出现多电源供电和弱环网的现象。这就要求配电网状态估计程序不仅能够处理辐射状网络，还能够处理环路系统。

（2）线路参数。配电网线路电抗与电阻的比值范围变化大，且存在大量的电阻与电抗比值较大的线路，造成了广泛用于输电网中的某些潮流算法（如快速分解法）并不适用于配电网。配电网中的三相线路并不像输电网三相线路采用轮换对称的方式保持三相线路的参数对称，这也是配电网线路与输电网线路的主要区别之一。

（3）实时量测。从量测类型来看，配电网量测不但包含输电网中的电压、功率量测，而且还有无方向信息的电流幅值量测；从量测分布来看，量测装置通常位于电源点出口和实现了馈线自动化的线路上面，而其他馈线需要使用伪量测。

（4）调压设备。配电系统三相线路参数不对称，三相负荷不对称导致了配电系统三相电压的不平衡，这就使得用于输电系统的单相调压设备的模型不适用于配电系统，应重新建立适用于配电系统的三相调压设备模型以便计算调压设备分接头的位置。

与输电网相比，配电网在参数特点和潮流算法分析上也有一定的特点：

（1）配电网参数特点。配电网与输电网有着明显的差异，即配电网通常呈辐射状，支路比值较大，分支线较多，传统的牛顿法和快速分解法在应用于配电网潮流计算时容易形成病态而无法收敛。由于馈线的 R/X 值一般较大，应用快速分解法进行潮流计算时可能遇到困难。

（2）配电网潮流算法分析特点。配电网潮流算法包括前推回代法、牛顿拉夫逊法及最优乘子法等。牛拉法和最优乘子法既能进行辐射网的潮流计算，也能进行环网的潮流计算。前推回代法因其原理简单、算法实现方便、收敛性好等优点得到了广泛的应用，对于出现环网运行的情况，采用前推回代法进行潮流计算将遇到困难，可采用牛顿拉夫逊法或最优乘子法进行潮流计算。

配电网潮流计算流程如图 5－2 所示。

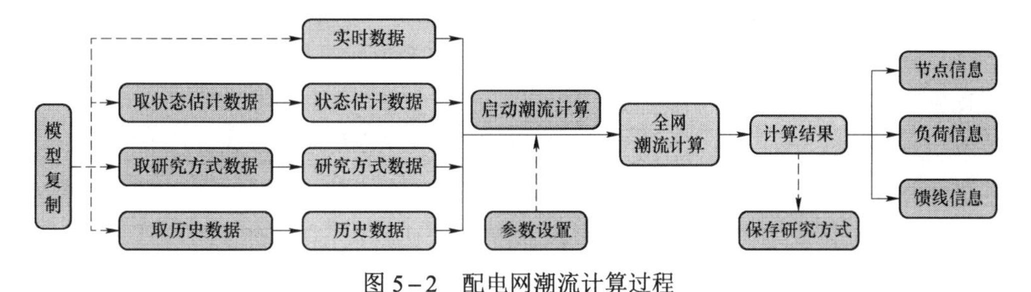

图 5－2　配电网潮流计算过程

基态潮流分析是读取历史断面数据或者实时断面数据，也可以是未来态断面数据，综合考虑电网运行方式调整、发电出力和用电负荷调整等操作模拟，为各类业务应用提供常规潮流等计算服务。计算结果给出节点电压幅值和相角，支路功率及电流数据。

配电网潮流计算首先需要为配电网模型进行模型创建和模型定义，用于读取和存储主配电网模型的参数值和量测值。在此基础上，采用宽度优先搜索原理或深度优先搜索原理完成电网拓扑分析，将物理模型转换为可以计算的计算模型。然后，采用牛顿法计算原理编写完成潮流核心计算程序，计算得到节点三相电压和支路三相功率值，并将计算结果写到系统数据库中。最后，通过界面将计算结果展示出来。由于配电网没有发电机模型，在潮流计算时只能将主网母线等值为电源。配电网潮流计算只计算 10kV 中压配电网范围，不计算低压范围，因此，低压侧负荷模型只能通过配电变压器等值处理为负荷模型，或者将有量测的开关模型等值处理为开关下游的负荷模型。

5.2 智能配电网运行趋势分析

在配电网运行的过程中，通常沿配电线路设有一定数量的分段开关，在主干线或主支线末端设有少量的联络开关以获取备用电源。在正常运行情况下，考虑经济及安全等方面原因，经常需要开合这两类开关以重新构造配电网络的运行结构，使负荷在各馈线间转移以达到合理分配的目的。此目标是在满足安全约束的前提下，通过开关操作等方法改变配电线路的运行方式，消除支路过载和电压越限，降低线损，均衡负载，实现能源节约，给供电部门带来经济收益，也给电网提供更大的故障处理空间。因此，需要从多个角度对配电网进行负荷预测与风险分析评估。

5.2.1 负荷预测

负荷预测从已知的电力需求出发，并考虑政治、经济、气候等相关因素，通过对大量历史数据进行分析和研究，探索事物之间的内在联系和发展变化规律，对未来的用电需求做出估计和预测。负荷预测是电力系统规划、供电、调度等部门的重要基础工作。负荷预测具有不确定性、条件性、时间性、多方案性等特点。负荷预测按时间期限分为长期、中期、短期和超短期。长期负荷预测是指数年至数十年的负荷预测，主要是帮助电网规划部门对电网进行规划、增容和改建；中期负荷预测是指月至年的负荷预测，用于水库调度、机组检修、燃料计划等运行计划的编制；短期负荷预测是指日至周的负荷预测，用于调度计划的编制；超短期负荷预测是指未来 1～2h 的负荷预测，用于预防控制和紧急状态处理。

在负荷预测方面，大电网因其适用范围广、发展较早，研究方法较多，但在分布式负荷短期预测方面，起步较晚，研究方法则相对较少，较多采用传统方法。相对于大电网，微电网具有负荷基数小、波动性大的特点，因此更需进行短期预测方面的研究，但预测难度也更大。负荷预测的实现逻辑如图 5-3 所示。

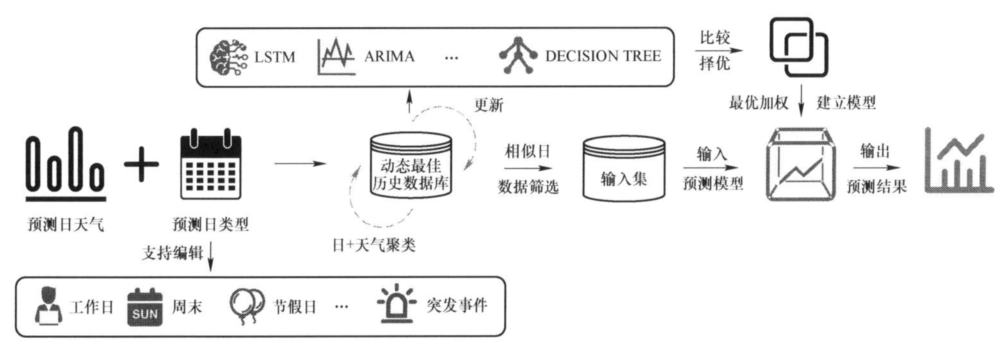

图 5－3　负荷预测实现逻辑图

针对负荷及分布式电网的特点，从历史数据出发，考虑负荷的日周期性、周周期性、节假日等社会因素，以及天气、温度、湿度等气象因素对负荷曲线变化的影响，摘选最佳特征组。同时，考虑日类型对负荷变化产生较大影响，对日类型进行细化分类（如长短假、正常工作日、周末、突发事件等），支持手动添加及更改日类型，根据所设立的日类型与气象数据建立动态最佳历史数据集。与发电预测相同，分析多种不同预测算法在不同分类簇下的预测结果，建立自适应最优加权组合负荷预测模型，实现短期及超短期负荷预测、时间尺度同发电预测。

配电网负荷预测按照预测目标不同可以分为负荷总量预测和空间负荷预测。

空间负荷预测也叫小区负荷预测，同传统的负荷总量预测不同，其预测时将配电网按照区域地理因素划分为不同的用电小区，并将划分出的小区负荷作为预测目标。空间负荷预测不仅能够预测配电网负荷总量，还能预测配电网内未来负荷的空间分布。

负荷总量预测可分为确定性和不确定性方法两类。确定性负荷总量预测方法包括经典技术法、经验技术法、回归分析法、时间序列法、趋势外推法等，把电力负荷用一个或者一组方程来表示，电力负荷与影响因素之间存在着明确的对应关系；不确定性负荷总量预测方法包括灰色预测法、优选组合法、模糊预测法、神经网络法、小波分析预测法、混沌预测法等，电力负荷与影响因素之间的对应关系不用简单的显式方程来表示，应利用推理的方法来预测。

下面以一种实用的超短期光伏发电负荷预测方法为例，该预测方法的核心是要确定预测的相似日模型。

1. 超短期功率预测算法

在当前时刻功率值已知的情况下，求预测时刻功率的变化，就得到预测结果。

$$P(t+i)=P(t)+\Delta P(t+i)=P(t)[1+P'(t)] \tag{5-1}$$

式中　$P(t+i)$ —— $t+i$ 时刻的发电功率预测值；

$P(t)$ —— t 时刻的实际发电功率值；

$\Delta P(t+i)$ —— $t+i$ 时刻相对 t 时刻到 $t+i$ 时刻的变化率。

由于 $P(t)$ 已知，预测关键是获得 $P'(t)$。由相似日的样本数据，得到相似日 $P'_{typ}(t)$，从而求得预测功率。因此，求取相似日，并由相似日得到典型变化趋势 $P'_{typ}(t)$ 是关键。

2. 相似日模型

得到典型变化趋势首先要选定相似日。相似日采用相关度的大小进行选取。由气象部门或者专业的机构获取数值天气预报，提供的天气预测信息，基本包括天气类型、辐射强度、温度、湿度等。因此可先根据天气类型筛选出一部分历史日，结合就地气象系统的采集数据，可以获得历史日准确的天气信息样本。天气类型分为晴天、雨天、阴天。先选取出与预测日相同天气类型的历史日，然后通过计算相关度来确定相似日。

用 $x_0(1)$、$x_0(2)$ 两个向量分别表示待预测日的辐射强度和温度。历史数据中某一天的两个影响因素构成的向量为 $x_j=[x_j(1),x_j(2)]$，则 x_0 与 x_j 的温度因素关联系数为

$$\sigma_j(1)=\frac{\min\min\left|x_0(1)-x_j(1)\right|+\rho\max\max\left|x_0(1)-x_j(1)\right|}{\left|x_0(1)-x_j(1)\right|+\rho\max\max\left|x_0(1)-x_j(1)\right|} \tag{5-2}$$

式中　ρ——分辨系数，一般取 0.5。

定义 x_0 与 x_j 的相似度为

$$\delta_j=\prod_{k=1}^{2}\sigma_j(k) \tag{5-3}$$

从临近的历史日开始，逐一计算与待测日的相似度并比较，相似度 δ_j 最大的历史日作为待预测日的相似日。根据区域间光伏发电特性不同，权重系数设置不同，算法中的权重系数需要大量的实测数据，通过误差分析反复调整得到相对稳定的值。

选择相关度最大的前 k 个数据记录作为相似日来计算典型的曲线变化趋势，即

$$P'_{\text{typ}}(t)=\frac{1}{k}\sum_{1}^{k}\frac{P_k(t+i)-P_k(t)}{P_k(t)} \tag{5-4}$$

3. 数据预处理

历史样本数据的预处理包括两个部分：一部分是坏数据的处理，包括奇异数据、毛刺等，如果这些坏数据参加计算必然会影响预测结果的准确性；另一部分是因为系统的计划、临时的策略引起的数据不一致性，如光伏电站的临时限电措施、定时的检修计划等。

（1）历史坏数据的判别及处理：对样本数据进行处理，去除奇异数据。对于每个相似日的发电功率，根据预测间隔设置个 I 采样点，设第 n 个相似日样本第 i 点数据为 $P(i,n)$，其中，$i=1,2,\cdots,I$，$n=1,2,\cdots,M$。首先用中位数法获得 M 个样本典型发电功率数据 $P_{\text{typ}}(t)$，$i=1,2,\cdots,I$，即将 $P(i,n)$ 对每点 M 个相似日样本排序得到 $P_{\text{sort}}(i,M)$，则

$$P_{\text{typ}}(i)=P_{\text{sort}}(i,M/2) \tag{5-5}$$

样本坏数据计算方法为

$$\frac{P(i,n)-P(i-1,n)}{P(i-1,n)}>\delta \tag{5-6}$$

式中　δ——功率变化的上限。

功率变化过大则判定为奇异数据。针对判定出来的坏数据，进行数据恢复，即

$$P(i,h) = P(i-1,n) + P_{\text{typ}}(i) - P_{\text{typ}}(i-1) \tag{5-7}$$

（2）限电及检修计划：选取历史日的样本数据时，首先要读取限电及检修计划，判断历史日是否参与了限电或者检修计划。如果某历史日采取了限电措施，则该日不能作为相似日的历史样本。如果某历史同电站的部分阵列进行检修，应当将历史数据按照检修容量比例扩大，计算出额定容量下的发电功率，即

$$P = \frac{P_{\text{fact}}}{C_{\text{fact}}} C_{\text{total}} \tag{5-8}$$

式中　P_{fact}——样本的实际发电功率；

C_{total}——系统的额定容量；

C_{fact}——历史日实际投入的发电容量。

如图 5-4 所示，超短时发电预测流程主体包括三大部分：相似日选取、发电功率预测、误差分析。启动后，首先判断是否满足相似日计算的条件，将预测日前的 15 天作为样本选择的范围，在此范围内选择与预测日相同天气模型的历史日作为相似日样本，进行加权距离的计算。将计算结果进行排序，选择加权距离最小的 3 个历史日作为超短时相似日样本，获取样本的电功率数据，先进行数据预处理，然后根据算法得到典型变化趋势。

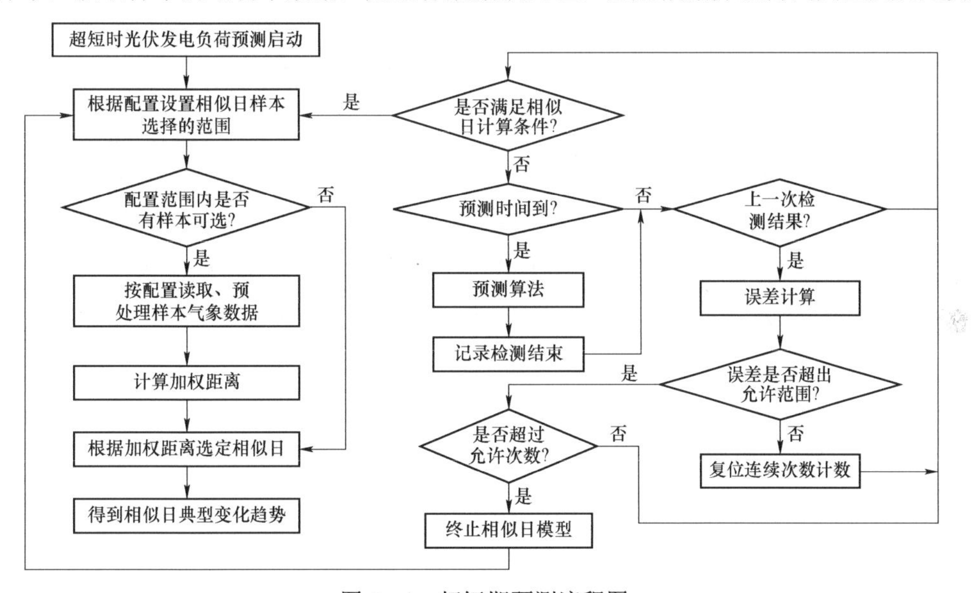

图 5-4　超短期预测流程图

5.2.2　风险分析

随着社会经济的快速发展，电力需求不断增加，能源结构不合理性与分布不均衡严重制约着电力行业的进一步发展。由于各方面的影响因素，配电网规划存在一定的风险，直接影响到人们的日常生活用电，因此，需要加大对配电网规划的重视程度，构建一定的电网规划风险评价指标体系，提出合理有效的电网规划风险规避措施，在满足人们用电需求时，尽可能降低配电网的规划风险，不断提高配电网规划设计质量。

在现有技术中，对电网安全生产风险的分析不能全面覆盖电网安全生产的可能风险，针对该问题，旨在提出一种智能配电网的风险分析管理方法。

智能配电网的风险分析管理系统包括：信息交互总线；电网数据管理中心，与信息交互总线相连接，用于通过信息交互总线调取多个包含电网数据的系统中的电网数据，利用电网数据进行电网风险分析，取得电网风险分析结果数据，还用于通过信息交互总线接收包含电网风险分析结果数据的服务请求，并通过信息交互总线对该服务请求做出服务响应。

电网数据管理中心包括：Web 服务器；应用服务器，与 Web 服务器相连接，用于对 Web 服务器接收的服务请求进行处理，产生符合该服务请求的服务响应，并将该服务响应发送给 Web 服务器；数据库服务器，用于存放电网数据及电网风险分析结果数据；综合管理服务器，分别与应用服务器和数据库服务器相连接，还与信息交互总线相连接，用于将数据库服务器中的数据提供给应用服务器，并对外发布应用服务器产生的服务信息，还用于通过信息交互总线与包含电网数据的系统进行信息交互。

综合管理服务器包括：对外服务发布服务器，与信息交互总线相连接，用于对外发布风险分析管理系统所能提供的服务信息；外部服务代理服务器，与信息交互总线相连接，用于通过信息交互总线调取包含电网数据的系统中的电网数据。

智能配电网风险分析管理的具体实施步骤如下。

步骤 1：电网数据管理中心通过信息交互总线调取多个包含电网数据的系统中的电网数据。

在本步骤中，电网数据管理中心可以通过信息交互总线从外部系统调取所需要的电网数据，充分利用综合信息，进行电网风险分析。譬如，可以从网络地理信息系统调取电网的地理信息数据、从配电自动化系统调取电网的配电信息数据，还可以从生产管理系统调取电网所服务的生产管理信息数据，并可以从客户服务系统调取关于电网的客户咨询信息数据。

步骤 2：电网数据管理中心利用电网数据进行电网风险分析，取得电网风险分析结果数据。

在本步骤中，电网数据管理中心利用所调取的所有电网数据，并结合电网数据管理中心自身数据库服务器中的数据进行电网风险分析，从而取得电网风险分析结果数据。

步骤 3：电网数据管理中心通过信息交互总线接收包含电网风险分析结果数据的服务请求，并通过信息交互总线对该服务请求做出服务响应。由于信息交互总线的设置，使电网数据管理中心不但能调取外部系统的电网数据，而且可以通过信息交互总线将风险分析结果数据共享给外部系统。

除了以上步骤外，电网数据管理中心还将电网风险分析结果数据进行存储，以备查询。

5.3　智能配电网安全可靠运行优化与决策

5.3.1　自愈控制

智能配电网是以智能设备、高效率绿色分布式电源、分布式微网、大容量储能系统等接入和灵活可靠的电网接线模式为基础，以现代电力电子技术、信息与通信技术、计算机及网络技术、高级传感和测控技术等为支撑，自动适时进行计算、分析、诊断和决策，实现规划建设、生产运营全过程的监测、保护、控制和优化，更加安全稳定、优质可靠、经济高效提供电能的配电系统。智能配电网要求能量流、信息流、业务流的融合与互动，具有集成、自愈、互动、优化和兼容 5 个关键特征。

1. 智能配电网自愈控制框架

智能配电网自愈控制以数据采集为基础，自动诊断配电网当前所处的运行状态，运用智能方法进行控制方案决策，实现对继电保护、开关、安全自动装置和自动调节装置的自动控制，在期望时间内促使配电网转向更健康的运行状态，赋予配电网自愈力，即使配电网能够顺利渡过紧急情况、及时恢复供电、运行时满足安全约束、具有较高的经济性、对于负荷变化等扰动具有很强的适应能力。智能配电网自愈控制框架如图 5-5 所示。

具有自愈力的配电网主要有两个显著特征：主动预防控制，及时发现并消除事故隐患，通过正常运行时的实时运行评价和持续优化来实现；快速紧急控制，故障情况下能维持配电网继续工作，不造成运行损失，并且自治地从故障中恢复，通过自动故障检测、隔离、恢复供电来实现。

根据配电网运行状态的定义，智能配电网的自愈控制分为 4 种情况，即紧急控制、恢复控制、预防控制、优化控制。

（1）紧急控制。配电网处于紧急状态时，为了维持安全运行和持续供电，而采取切除故障、切负荷等控制措施，以使系统转为恢复状态、异常运行状态或正常运行状态。

（2）恢复控制。配电网处于恢复状态时，选择合理的供电路径，恢复负荷供电，实现孤岛并网运行，使其转到正常运行状态或异常运行状态。

（3）预防控制。配电网处于异常运行状态时，对其实施控制，排除设备异常运行、消除过负荷与电压越限、避免发生电压失稳，使其转移到正常运行状态。并通过校核检修二次系统、调整保护定值、调节无功补偿设备、切换线路运行方式等措施，消除配电网的安全隐患。

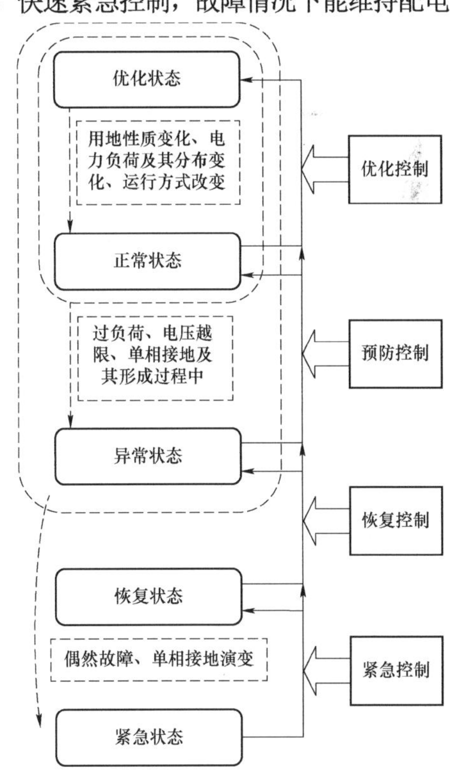

图 5-5　智能配电网自愈控制框架

（4）优化控制。配电网处于正常状态时，通过改变供电路径、调节无功补偿设备等，降低电网损耗、减小运行成本，使其转到优化运行状态。

2. 智能配电网自愈控制模式

配电网的自愈控制通过对配电网状态的自动辨识，并根据实际条件进行控制决策，统一协调智能开关、保护控制装置、安全自动装置等控制设备与配电网集中控制主站计算机，形成分布控制与集中控制、局部控制与全局控制相协调的控制模式。

配电网自愈控制模式有集中自愈、分布自愈和分层分区协调自愈，信号的处理和控制策略的生成具有自适应性，在无人工干预条件下自动完成控制过程，协调继电保护装置与保护控制装置、开关与智能开关、安全自动装置的动作行为，包括分布自愈控制/分层分区协调自愈控制和集中自愈控制两步。控制模式关系如图 5–6 所示。

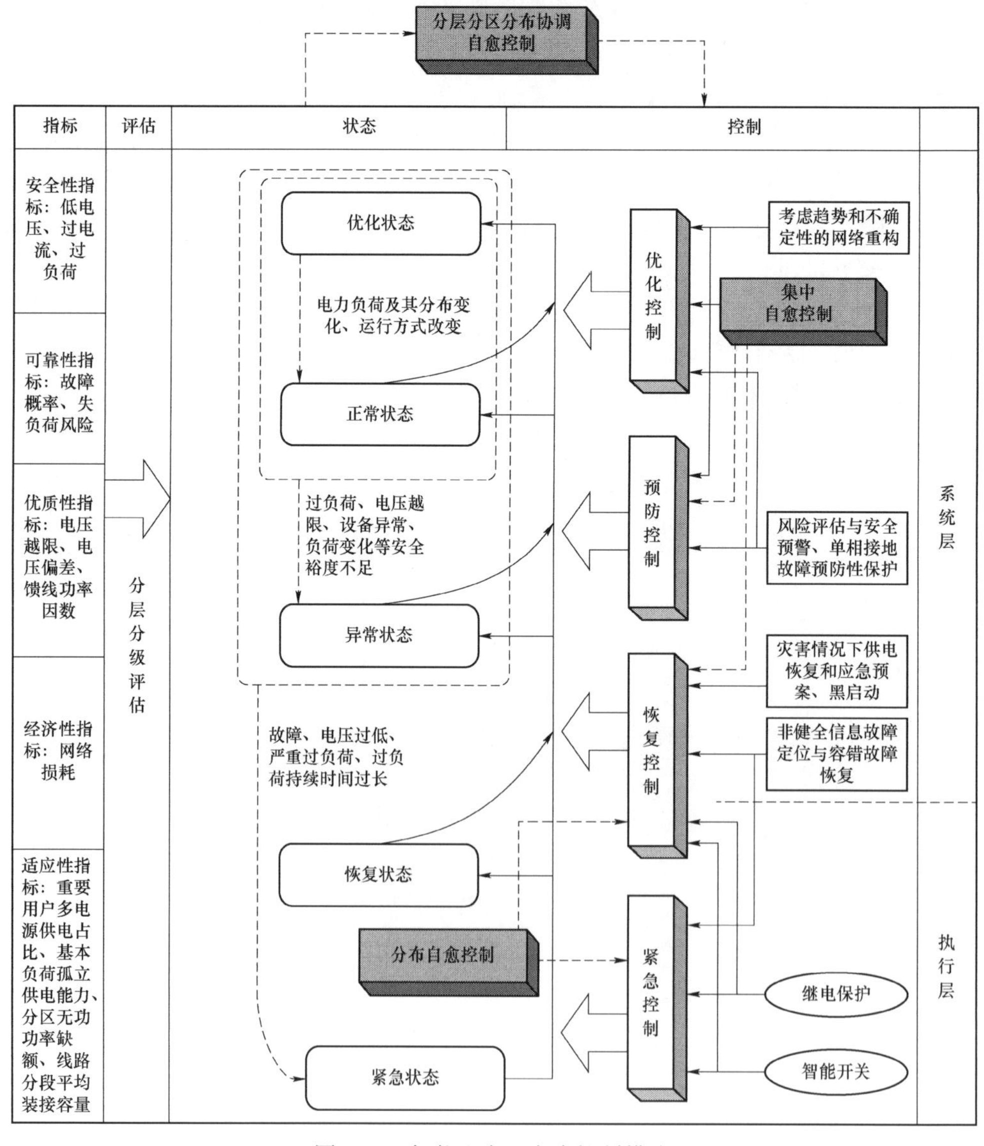

图 5–6 智能配电网自愈控制模式

5.3.2 培训仿真

配电网仿真功能能够在所有调度工作站上运行，能够给操作人员提供具有真实感的仿真环境，达到对调度员的培训作用，且模拟运行不能影响系统的正常监控。在模拟状态下，所有计算机都可以任意拉合开关进行模拟停电范围的分析，开关状态变化后线路和设备会根据供停电状态动态着色，直观反映模拟电网情况。仿真软件应能模拟任意地点的各类故障和系统的状态变化，以利于配电网工程系统验收及配电网系统大修，为实际运行模式提供方案。在模拟研究模式下，可人为设置假想故障，系统自动演示故障的处理过程，包括故障定位、隔离过程及主站的恢复策略的预演等。

1. 控制操作仿真功能

能够模拟对变电站、开关站、环网柜、开关（断路器）等的控制操作。提供与实时监视控制相同的控制操作界面。

2. 变电站仿真功能

实现对变电站站内的出线开关（断路器）、隔离开关等设备的模拟量（电流、电压、有功功率、无功功率等）、数字量（开关位置、保护信号等）的仿真模拟设置，同时可仿真模拟各种现场操作（现场拉合闸、现场检修等）时系统对应报警记录等功能。

3. 数据仿真功能

运行环境数据要求采用现有数据库中的图形及数据，不再进行大量的仿真参数设置。仿真系统数据也可根据仿真操作人员的要求灵活设置。

4. 事故的预演、操作预演、反演仿真功能

仿真事故类别包括变压器事故、配电线事故、设备自身事故等。可模拟永久性事故、瞬时性事故。根据线路设备的不同，可以智能地仿真不同的设备不同的故障处理方式，集中式或智能分布式。可通过操作预演自动生成操作票。能够进行操作票的安全性校核。

5. 设备现场运行仿真状态

能够仿真各种类型的FTU、DTU等终端的现场运行状态的仿真，如电源状态、投入闭锁状态、远方就地、通信状态、控制回路断线等。

6. 离线状态的模拟操作

可在离线方式下进行模拟操作，显示某种故障可能导致的停电范围、某种操作可能恢复供电的区域等（处于离线操作的画面应有明显而特殊的标志）。离线模拟操作根据操作者的指令开始和结束，离线操作结束后能自动恢复在线运行。电网发生故障时，应能自动中断离线模拟操作而恢复正常在线运行，亦不影响其他工作站的正常操作和显示。

5.3.3 解合环

随着城市经济的不断发展，以及配电网结构的不断发展，城市配电网中线路的走向以及配电设施和用户的分布具有明显的地理特征。因地域和配电设施比较集中，城市配电网与其他地物交叉跨越较多。为提高供电可靠性，除了建设可靠的电源点外，配电网结构多采用环形网络，将原先独立的辐射式配电网改变为运行灵活的链环式配电网。

1. 设计流程

在线解合环分析的主要功能是对指定方式下的解合环操作进行计算分析并得出结论。内容包括合环路径拓扑搜索和校验、合环稳态电流和冲击电流的计算、环路“$N-1$”安全分析和遮断容量扫描等。

合环路径拓扑搜索（环路搜索）：根据调度自动化系统高级应用软件（PAS）应用实时数据库中的合环参数和电网运行方式，主网自动拓扑搜索获得合环环路的拓扑信息，并对环路内的拓扑连接关系和变压器支路接线方式的相位进行检验，直到拓扑搜索到最短合环路径。

合环稳态电流和冲击电流的计算：主配一体的合环潮流计算首先由主网合环界面程序请求配电网合环参数服务单元，配电网拓扑自动搜索后将配电网合环参数发送给主网合环主进程，主网收到配电网合环参数后，进行合环潮流计算至收敛，得到合环开关两侧的电压矢量差，计算出合环稳态电流和冲击电流值。稳态潮流计算单元将合环冲击电流的影响等效为合环支路两端的逻辑母线的有功和无功的注入量的变化，即将合环支路断开，在合环支路的首末端对注入量分别增加和减少合环冲击电流的数值，计算出合环冲击电流对整个系统的其他支路设备的影响，直到收敛为止。功能示意图如图 5-7 所示。

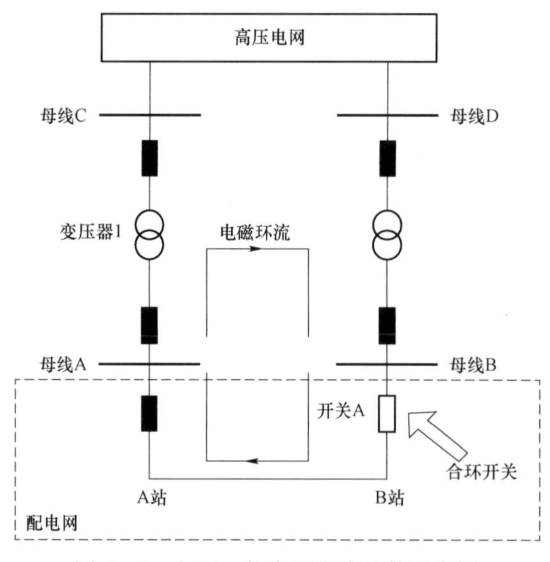

图 5-7　主配一体合环潮流计算示意图

合环对电网的影响分析：合环潮流计算除了对合环电流是否会导致合环开关的过电流保护或速断保护误动作进行判定外，还必须考虑合环是否会导致系统其他开关的过电流保护或速断保护误动作。这就需要在计算合环点合环冲击潮流的同时，计算合环冲击潮流在其他支路设备上的分布，从而计算出其他支路开关在合环瞬间的电流值。合环计算流程图如图 5-8 所示。

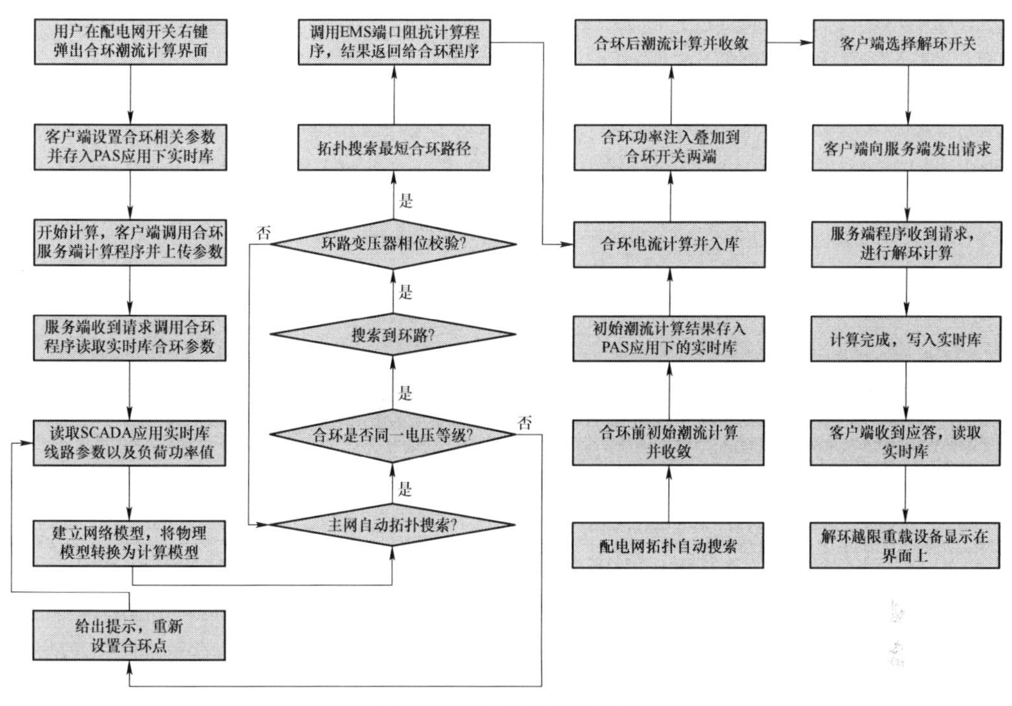

图 5-8 合环计算流程图

2. 合环计算模型处理

在实际应用时，合环潮流计算时可以做如下简化：

（1）10kV 供电馈线以集中参数等值，且忽略对地的电纳和电容。

（2）10kV 供电馈线降压变压器高压侧的电压相角相同，假定为 0。

（3）按常规合环操作方式考虑配电网合环操作的合环点（开关）。

（4）对于出线开关已知条件的处理：当仅知道 P、Q、I 其中一个条件时，可以按默认的功率因数计算线路的 P、Q。

（5）对于非合环路径上的负荷，认为其 P、Q 值恒定，合环前后没有变化。合环操作最终目的为求得合环后出线开关的电流值。

5.4 智能配电网经济高效运行优化与决策

5.4.1 线损分析

配电网高损线路治理对降损增效具有重大意义，但配电网点多面广，具有海量静态数据和动态数据，且由于历史原因，配电网数据质量长期欠佳，严重阻碍了线损分析工作的深入开展。各单位配电网线损的主要问题就是高线损、负线损问题，同期线损系统中的配电网线损异常监测分析和数据校核功能相对薄弱，线损异常无法及时预警，也无法对线损异常进行深入分析，配电网规模大，结构复杂，如果采用人工的方式进行逐个排查分析，不仅效率低下，质量也很难保障。

1. 线损分析诊断系统整体架构

线损分析诊断系统整体架构如图 5－9 所示。

智能感知层是将 PMS2.0/GIS、图模中心、配电网数字共享应用中心、配电自动化系统、调度自动化系统、负荷监测单元、营销管理系统、用电信息采集系统、同期线损系统、数据中台等相关基础数据系统，通过数据中台 API、WebService 接口、数据复制、数据抽取等方式接入配电网线损分析诊断系统。

数据融合层是相关系统数据进入配电网线损分析诊断系统后，进行数据自身的特点选择相应的存储方式以便提高数据访问效率。根据配电网统一信息模型，进行数据清洗、数据融合、数据校验，提供数据快速访问接口，为业务应用提供数据服务支撑以及数据计算服务。

智能决策层是运用大数据深度挖掘和分布式计算技术，根据各类业务需求构建配电网线损分析诊断系统，实现线损模型数据管理、线损模型数据校验、线损计算、线损诊断分析、线损指标管控等应用，实现全省统一的配电网线损分析诊断功能建设。

数据共享层是配电网线损分析诊断系统的线损计算结果数据、异常诊断结果数据通过 API 的方式推送到配电网数字共享应用中心、“配网我来保”App，新一代供电服务、数据中台实现线损诊断系统数据共享应用。

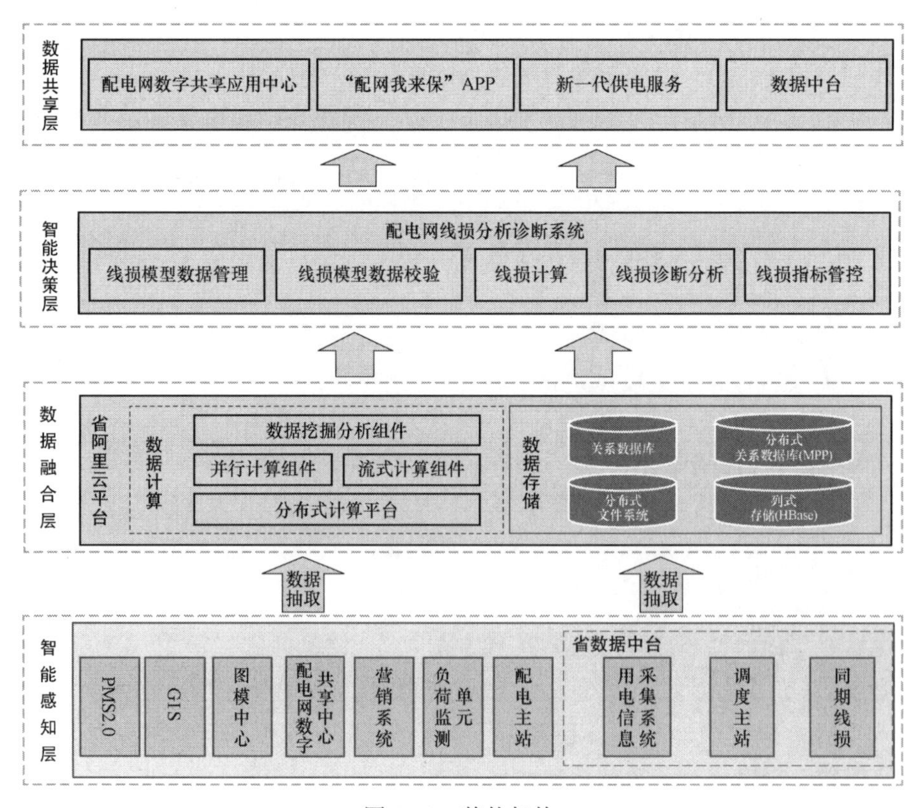

图 5－9 整体架构

2. 线损分析诊断系统功能框架

配电网线损分析诊断系统的总体功能包括线损模型数据管理、线损模型数据校验、线损计算、线损诊断分析、线损指标管控等功能模块，具体如图 5－10 所示。

线损模型数据管理模块包括变电站管理、母线管理、线路管理、配电变压器/台区管理、关口表管理、高压用户管理等功能。

线损模型数据校验模块包括台账数据校验（线路、配电变压器、表计）、运行数据校验（表码、电气量）、线变关系校验等功能。

线损计算模块包括分压线损计算、分线线损计算、台区线损计算、区域公线线损计算、10kV 母线平衡计算、理论线损计算等功能。

线损诊断分析模块包括异常用电用户诊断、高线损诊断、负线损诊断等功能。

线损指标管控模块包括国网同期线损指标预计算、国网同期线损指标对比分析、线损综合考核指标管理、线损指标全景化展示等功能。

图 5－10　诊断系统软件架构

5.4.2　无功优化

智能配电网技术的推广及部署为配电网的无功电压协调控制带来了契机。首先配电网的测点数目的增多，与用电采集系统的信息交互，为配电网的电压无功控制提供了数据基础，另外，配电网在电力系统中的重要性得到了共识，控制手段的引入使得电压与无功的协调与优化成为可能。

首先，对比较成熟的地区电网的电压无功控制策略进行剖析，了解其控制原理、调节判据及应用特点，分析其在配电网中的适用性及局限性；其次，针对配电网的特点，研究提高电压质量、降低损耗和减少设备动作次数多个目标的分解协调，研究变电站、馈线、台区多层级多类型设备的协调配合，建立控制模型及方法；最后，结合实际配电网对控制有效性、可靠性要求，提出实用的设计方案。

1. 多级协调的配电网电压无功控制策略

（1）考虑电压、无功、损耗多目标的多级协调控制策略。针对配电网中调压及补偿设备的全网协调性不够、调节能力未能充分挖掘的问题，构建变电站、馈线、台区多级协调控制的框架，充分利用现有设备，从时间、空间、目标多个维度进行分析，建立稳定电压、优化无功、降低损耗等多目标的控制模型，并选择合适的控制方法，实现配电网全局电压无功优化运行控制。

（2）减少设备动作振荡的策略调整。针对设备动作振荡的问题，有必要综合考虑电压、无功以及负荷变化之间的关系，尽量减少设备的动作次数，延长设备的使用寿命。

2. 电压无功调控资源的优化配置

考虑多因素的调控资源优化配置方法：配电网中仍存在电压调节设备不足、无功补偿设备少、设备分布不合理等情况，针对不同配电网的电压无功的问题，要结合配电网现状和各种无功补偿及调压方式的特点，充分考虑控制特性、技术和经济因素，合理制定无功补偿及调压装置的位置、容量等信息，因地制宜地定制合适的应用模式。

第6章

配电自动化测试及运维

配电自动化的测试及运维是配电运维人员的基本工作和必要的技术要求之一，对于保障配电自动化系统建设质量和实用化水平具有重要意义。智能配电网需要依靠技术手段才能更高效地完成配电自动化的测试及运维，本章从配电自动化的测试和运维两部分展开描述，首先提出了配电自动化测试的要求和方法，阐述了配电自动化主站、配电自动化终端和馈线自动化测试的关键技术。然后对配电自动化主站、终端及通信的运维提出了技术要求和方法。

6.1 配电自动化测试要求

6.1.1 配电自动化主站测试要求

配电自动化主站（以下简称“配电主站”）对配电网中的架空线路、配电所、配电变压器的遥测、遥信、告警等信息进行采集，通过工作站对采集到的数据进行分析和展示，同时通过监控画面对配电网运行结构、设备运行状态等进行实时监控。工作站可以对配电设备进行遥控操作，对故障进行隔离、负荷转供等。在实际应用配电网前，需要对配电主站的功能和性能进行测试验证。

如表 6-1 所示，配电主站测试包括实验室测试和现场测试。实验室测试包括单元测试、集成测试和系统测试；现场测试包括工程验收测试、实用化测试和运行测试等。不同阶段的测试涉及的测试系统、测试项目、测试方法等各有不同。

表 6-1　　不同测试场景下配电主站的测试内容

测试场景	测试性质	测试内容
实验室测试	单元测试	检验软件模块的设计开发情况，由编程人员和测试人员通过开发测试环节进行测试。按照设定好的最小测试单元进行测试。重点是测试程序代码，以确保各单元模块被正确地编译
	集成测试	检验各个子模块的集成情况，是软件系统集成过程中进行的测试。重点是测试子模块的接口功能，使用子模块的测试环节进行测试，测试各模块间组合后的功能实现情况，以及模块接口连接的成功与否、数据传递的正确性等

续表

测试场景	测试性质	测试内容
实验室测试	系统测试	检验系统软件功能是否与用户需求相符、在系统中运行是否存在漏洞等。重点是围绕平台开展功能指标测试和性能指标测试。需要建立特定的测试环境，包括配置软硬件、准备测试工具等，如压力测试工作站、故障注入仿真软件、资源监视软件等
现场测试	工程验收测试	工程验收测试是在现场安装调试完成，并达到现场试运行条件后进行的验收。配电主站工程验收测试包括系统各部件的外观、安装工艺检查，基础平台、系统功能和性能指标测试等内容
	实用化验收测试	实用化验收测试是在通过工程验收，验收中存在的问题已整改，系统已投入运行，有连续完整的运行记录，运维保证机制已建立并有效开展后进行的验收。配电主站实用化验收测试内容包括验收资料、运维体系、考核指标和实用化应用等四个分项
	运行测试	现场运行测试主要围绕应用中的重要功能开展测试，且测试不宜影响到系统的安全稳定运行

具体地，为考察配电主站的整体性指标，配电主站系统测试内容包括功能测试、性能测试、可靠性测试和安全保密测试。

1. 功能测试

配电主站功能测试用于考察配电主站功能需求完成的情况，通过设计测试用例对需求规定的每一个功能进行执行和确认。

配电主站的主要功能可以分为 SCADA 功能、故障处理功能、网络分析应用功能、公共服务功能及与其他应用系统互联功能，具体测试要求详见表 6-2。

表 6-2　　配电主站主要功能测试要求

测试项目	测试要求
SCADA 功能	SCADA 功能测试主要对配电主站的数据采集、数据处理、数据记录、系统时钟和对时、操作与控制、图模数与终端调试、综合告警分析、事故反演、配电终端管理等功能开展测试
故障处理功能	故障处理功能测试主要对配电主站的馈线自动化功能和接地故障分析功能开展测试。 1）馈线自动化功能测试包括故障处理功能配置与投退机制、故障处理功能要求、故障处理安全约束、故障处理控制方式等子功能的测试； 2）接地故障分析功能测试包括故障录波数据采集和处理、故障录波信息分析与展现、线路单相接地定位分析、单相接地故障处理和历史数据应用等子功能的测试
网络分析应用功能	网络分析应用功能测试主要对配电主站的网络拓扑分析功能、拓扑着色功能和负荷转供功能开展测试。 1）网络拓扑分析功能测试要求配电主站能适用于任何形式的配电网络接线方式，可进行电气岛分析、电源点分析，支持人工设置的运行状态，支持设备挂牌、临时跳接等操作对网络拓扑的影响分析，支持实时态、研究态、未来态网络模型的拓扑分析； 2）拓扑着色功能测试针对电网运行状态着色、供电范围及供电路径着色、动态电源着色、负荷转供着色、故障区域着色、变电站供电范围着色、线路合环着色等功能开展测试； 3）负荷转供功能测试针对负荷信息统计、转供策略分析、转供策略模拟、转供策略执行等功能开展测试
公共服务功能	公共服务功能测试主要是对配电主站的系统架构、支撑软件、数据管理、协同管理、多态多应用、权限管理、告警服务、系统运行状态管理、流程服务、人机界面、报表功能、打印、网络建模、模型校验、设备异动管理、图形模型发布等功能开展测试

2. 性能测试

性能测试用于评估系统的能力，识别系统中的弱点，实现系统优化。配电主站性能测试需要测试在获得定量计算结果时计算的准确性；测试在有速度要求时完成功能的时间；测试软件系统完成功能时所处理的数据量；测试软件各部分工作的协调性，如高速操作、低速操作的协调性；测试软件/硬件中因素是否限制了产品的性能；测试产品的负载潜力及程序运行占用的时间。详细测试要求如表6-3所示。

表6-3　配电主站性能测试要求

测试项目	测试要求
时间响应性指标	时间响应性指标包括实时信息变化响应时间、遥控输出响应时间、事件顺序记录（SOE）等终端事项信息时标精度、事故画面推出时间、单次网络拓扑着色时延、单个馈线故障处理响应时间、单次状态估计计算时间、单次潮流计算时间、单次网络重构计算时间等
容量指标	容量指标包括可接入实时数据容量、可接入终端数、可接入控制量、历史数据保存周期、可接入分布式数据采集片区等
系统负载率指标	系统负载率主要包括CPU负载率、网络负载率和内存负载率

3. 可靠性测试

可靠性测试研究在有限的样本、时间等资源下，找出产品薄弱环节。配电主站可靠性测试主要包括压力测试和运行稳定性测试。配电主站压力测试主要包含数据库压力测试和网络通信压力测试，模拟事故情况下信息剧增可能造成的各种对配电主站性能的影响；运行稳定性测试主要针对配电主站长时间运行的指标开展测试。详细测试要求详见表6-4。

表6-4　配电主站可靠性测试要求

测试项目	测试要求
压力测试	（1）数据处理雪崩检测： 1）接入数据总量的5%的遥测、遥信量，每隔1s同时发生变化； 2）持续时间不少于30min，CPU平均负载率（任意5min内）小于40%。 （2）Web访问压力检测： 1）并发不少于100个用户同时访问Web系统； 2）被测系统Web服务器CPU平均负载率（5min平均值），CPU平均负载率小于40%； 3）画面调用时间应小于10s
运行稳定性检测	接入不少于6000台配电终端，每台终端定义不少于100个“三遥”数据信息接入被测系统，系统应不间断运行维持72h，被测系统CPU平均负载率（5min平均值），CPU平均负载率小于40%，“三遥”信息正确率应为100%

4. 安全保密测试

根据《电力监控系统安全防护规定》（中华人民共和国国家发展和改革委员会〔2014〕第14号），要求对电网和电厂计算机监控系统及调度数据网络的攻击侵害及由此引起的电力系统事故进行防范，配电自动化系统是其中的一部分，系统的设计应该能够抵御病毒、黑客等通过各种形式对系统的发起的恶意破坏和攻击，以保障配电自动化系统的安全、稳定运行。因此，配电主站的安全保密测试具体要求如表6-5所示。

表 6-5　　配电主站安全保密测试要求

测试项目	测试要求
通信协议的安全策略	1）配电主站下发的控制命令、远程参数设置指令应采用国产商用非对称密码算法（SM2、SM3）的签名操作； 2）配电终端与主站之间的应用层报文应采用国产商用对称密码算法（SM1）的加解密操作

6.1.2　配电自动化终端设备测试要求

配电自动化终端设备（以下简称“配电终端”）的测试包括实验室测试和现场测试。实验室测试包括出厂试验、型式试验、特殊试验（专项试验和批次验收试验）。现场检测包括交接试验和后续试验。不同测试场景下配电终端的测试内容如表 6-6 所示。

表 6-6　　不同测试场景下配电终端的测试内容

测试场景	测试性质	测试内容
实验室测试	出厂试验	由生产厂家组织，每个配电终端设备出厂前，由制造厂质量检验部门，在正常试验大气条件下开展的成品检验，包括功能性能试验、绝缘测试及老化试验，以验证配电终端设备的出厂质量
	型式试验	由生产厂家组织，在电磁兼容、环境气候以及机械强度等各种试验条件下进行，用以验证产品功能的正确度。在满足以下条件时候，应进行型式检测： 1）新产品定型或老产品转厂生产时； 2）大批量生产的设备（每年 100 台以上）每两年一次； 3）小批量生产的设备每三年一次； 4）正式生产后，在设计、工艺材料、元件有较大改变，可能影响产品性能时； 5）合同规定有型式试验要求时； 6）国家质量监督机构提出进行型式试验要求时
	特殊试验	由用户指定的，针对某一批次设备在设备入网时、供货前及到货后开展的专项或批次抽样检测，为设备的招标或供货提供技术依据
现场测试	交接试验	交接试验是设备现场安装结束后，移交运维方前，用于判定是否符合规定要求，是否可以通电投入运行的验收试验
	后续试验	由用户指定的针对特殊问题的专项检测

1. 通用要求

为了提高测试水平，保证设备质量，配电终端测试的实施主体可参照《实验室资质认定评审准则》（国认实函〔2006〕第 141 号）和《检测和校准实验室能力认可准则》完善相应的通用要求。具体地，配电终端测试的实施主体应获得管理和实施测试活动所需的人员、设施、设备、系统及支持服务。

人员方面，配电终端测试的实施主体应该将影响测试结果的各职能的能力要求制定成文件，包括对教育、资格、培训、技术知识、技能和经验的要求。所有可能影响测试的人员，应行为公正、有能力、按照要求进行测试。测试人员应获得：① 开发、修改、验证和确认测试方法；② 分析结果，包括复合型声明或意见和解释；③ 报告、审查和批准结果等活动的授权。另外，测试人员的能力要求、培训、监督和授权都应保存相关记录。

设施和环境条件方面，均应适合测试的开展，不应对测试结果有效性产生不利影响

（影响因素包括但不限于灰尘、电磁干扰、辐射、湿度、供电、温度、声音和振动）。测试活动的实施主体，应对配电终端设备测试所必需的设施和环境条件的要求形成文件，并在测试过程中，监测、控制和记录必要的环境条件。

设备方面，配电终端测试的主体，应该获得正确开展测试所需且影响结果的设备，并保存设备记录，设备包括但不限于测量仪器、软件、测量标准、标准物质、参考数据、消耗品或辅助装置。同时，应该有处理、运输、储存、使用和按计划维护设备的程序，以保证其功能正常并防止性能退化。相应地，用于测量的设备应能达到所需的测量准确度和测量不确定度，应根据校准方案定期进行复核和必要的调整。

方法方面，配电终端测试的主体在引入方法前，应验证能够正确地运用该方法，以确保实现所需的方法性能。应保存验证记录。如果发布机构修订了方法，应在所需的程度上重新进行验证。并且，应对对于非标准方法、主体自身制定的方法、超出预定范围使用的标准方法或其他修改的标准方法进行确认。确认应尽可能全面，以满足预期用途或应用领域的需要。

质量控制方面，配电终端测试的主体应该采取参加能力验证或参加除能力验证之外的实施主体间的比对等措施，以监控能力水平，提升测试结果的可信度。

2. 技术要求

配电终端测试的核心目标是提升设备质量管控深度和效果，消除现场投运安全隐患，提升设备的实用化水平。本书所涉及的配电终端测试要求主要面向站所终端、馈线终端、故障指示器及一二次融合设备。配电终端测试涉及技术标准详见表6－7。

表6－7　　配电终端测试相关标准体系

标准号	标准名称
GB/T 4208—2017	外壳防护等级（IP代码）
GB/T 5095系列标准	电子设备用机电元件　基本试验规程及测量方法
GB/T 7251.5—2017	低压成套开关设备和控制设备　第5部分：公用电网电力配电成套设备
GB/T 11022—2020	高压交流开关设备和控制设备标准的共用技术要求
GB/T 13729—2019	远动终端设备
GB/T 14285—2006	继电保护和安全自动装置技术规程
GB/T 15153.1—1998	远动设备及系统　第2部分：工作条件　第1篇：电源和电磁兼容性
GB/T 17626.1—2006	电磁兼容　试验和测量技术　抗扰度试验总论
GB/T 17626.2—2018	电磁兼容　试验和测量技术　静电放电抗扰度试验
GB/T 17626.3—2016	电磁兼容　试验和测量技术　射频电磁场辐射抗扰度试验
GB/T 17626.4—2018	电磁兼容　试验和测量技术　电快速瞬变脉冲群抗扰度试验
GB/T 17626.5—2019	电磁兼容　试验和测量技术　浪涌（冲击）抗扰度试验
GB/T 17626.8—2006	电磁兼容　试验和测量技术　工频磁场抗扰度试验
GB/T 17626.10—2017	电磁兼容　试验和测量技术　阻尼振荡磁场抗扰度试验
GB/T 17626.11—2008	电磁兼容　试验和测量技术　电压暂降、短时中断和电压变化的抗扰度试验
GB/T 19520系列标准	电子设备机械结构

续表

标准号	标准名称
DL/T 634.5101—2022	远动设备及系统　第 5－101 部分：传输规约　基本远动任务配套标准
DL/T 634.5104—2009	远动设备及系统　第 5－104 部分：传输规约　采用标准传输协议集的 IEC 60870－5－101 网络访问
DL/T 637—2019	电力用固定型阀控式铅酸蓄电池
DL/T 721—2013	配电自动化远方终端
DL/T 814—2013	配电自动化系统技术规范
T/CES 018—2018	配电网 10kV 及 20kV 交流传感器技术条件
T/CES 033—2019	12kV 智能配电柱上开关通用技术条件
T/CES 034—2019	12kV 智能配电柱上开关试验技术规范
Q/GDW 382—2009	配电自动化技术导则
Q/GDW 513—2010	配电自动化主站系统功能规范
Q/GDW 625—2011	配电自动化建设与改造标准化设计技术规定
Q/GDW 10514—2018	配电自动化终端/子站功能规范
Q/GDW 10639—2018	配电自动化终端检测技术规范
Q/GDW 11813—2018	配电自动化终端参数配置规范
Q/GDW 11815—2018	配电自动化终端技术规范

（1）站所终端和馈线终端。站所终端是安装在配电网馈线回路的开关站、配电室、环网柜、箱式变电站等处，具有遥信、遥控和馈线自动化功能的配电终端。馈线终端是安装在配电网馈线回路的柱上和开关柜等处，具有遥信、遥测、遥控和馈线自动化功能的配电终端。其测试项目主要包括外观与接口检查、主要功能试验、基本功能试验、电源试验、绝缘性能试验、高低温性能试验、电磁兼容性试验和可靠性试验，具体测试技术要求详见表 6－8。

表 6－8　　站所终端和馈线终端测试要求

测试项目	测试要求
外观与接口检查	1）外观检查主要涉及终端的身份标识、软硬件版本、材质、防护等级、电气接口、信号指示等外观结构方面的要求； 2）接口检查主要涉及终端的容量配置及对应遥测、遥信、遥控接口，以及通信接口方面的要求
主要功能试验	主要功能试验主要涉及： 1）模拟量和状态量采集、处理和远传功能； 2）遥控及控制状态切换和控制出口压板功能； 3）状态指示功能； 4）故障检测、识别和处理功能； 5）故障录波功能； 6）历史数据循环存储功能； 7）防误措施功能； 8）运维管理功能
基本性能试验	基本性能试验主要涉及： 1）交流工频电量基本误差； 2）交流工频电量影响量；

续表

测试项目	测试要求
基本性能试验	3）交流工频电流过量输入能力； 4）故障电流误差； 5）故障录波精度； 6）遥信、遥控性能； 7）核心单元及整机功耗
电源试验	电源试验主要涉及： 1）双电源输入和自动切换功能； 2）后备电源管理功能； 3）电源模块带载能力
绝缘性能试验	绝缘性能试验主要在正常试验条件和湿热试验条件下，在配电终端的端子处测量各电气回路对地和各独立电气回路间的绝缘电阻，以及各电气回路与金属外壳之间和各独立电气回路间的绝缘强度
高低温性能试验	高低温性能试验主要测量配电终端在设定的高温和低温下，交流工频电量误差的改变量
电磁兼容性试验	1）电压突降和短时中断试验； 2）浪涌（冲击）抗扰度试验； 3）电快速瞬变脉冲群抗扰度试验； 4）振荡波抗扰度试验； 5）射频电磁场辐射抗扰度试验
可靠性试验	进行不少于 72h 连续稳定的通电试验，交直流电压均为额定值，各项性能应满足要求

（2）故障指示器。故障指示器的测试要求视被测设备类型而略有不同，具体测试技术要求详见表 6–9。此外，故障指示器与传统二次配电终端不同，直接从配电路线上采集电气量。因此，其测试系统也需要能够产生相应等级的模拟信号量，并能够控制对比对的标准模拟信号的稳定度、准确度及暂态响应速度。

表 6–9　　故障指示器测试要求

测试项目	测试要求
外观与结构检查	1）外观检查主要涉及终端的身份标识、软硬件版本、材质、质量、电气接口、信号指示等外观结构方面的要求； 2）接口检查主要涉及终端的容量配置及对应遥测、遥信、遥控接口，以及通信接口方面的要求
主要功能试验	主要功能试验主要涉及： 1）短路故障识别和处理； 2）故障自动检测； 3）接地故障识别和处理（外施信号型施加的波形为外施信号源动作后的输出波形）； 4）故障录波（暂态录波型）； 5）故障后复归； 6）低电量告警； 7）防误动功能； 8）邻近抗干扰功能； 9）重合闸识别功能； 10）监测与管理功能； 11）安全接入功能； 12）带电装卸功能等关键功能项目的验证
基本性能试验	基本性能试验主要涉及： 1）短路故障识别启动误差； 2）最小可识别短路电流持续时间； 3）低电量报价电压允许误差； 4）负荷电流误差；

续表

测试项目	测试要求
基本性能试验	5）录波精度（暂态录波型）； 6）上电复归时间； 7）接地故障识别正确率； 8）取电能力及功率消耗等关键性能指标的测试
绝缘性能试验	绝缘性能试验主要在正常试验条件和湿热试验条件下，在汇集单元的端子处测量各电气回路对地和各独立电气回路间的绝缘电阻，以及各电气回路与金属外壳之间和各独立电气回路间的绝缘强度
高低温性能试验	高低温性能试验主要测量配电终端在设定的高温和低温下，故障研判准确度、负荷电流误差、录波误差及采集单元三相同步误差等关键性能指标
机械试验	机械试验主要包括自由跌落试验和卡线结构握力试验，验证采集单元及悬挂安装的汇集单元的相关机械性能
耐受短路电流冲击试验	测试故障指示器采集单元或悬挂安装的汇聚单元进行相应电压等级下的短路电流冲击后的外观结构、功能性能，验证其短路电流耐受能力
电磁兼容性试验	1）浪涌（冲击）抗扰度试验； 2）电快速瞬变脉冲群抗扰度试验； 3）振荡波抗扰度试验； 4）射频电磁场辐射抗扰度试验

（3）一二次融合设备一体化测试。配电网一二次融合设备是近年来配电网设备智能化水平不断发展的产物。传统配电网一次设备与二次配电终端分体设计安装，接口标准化水平不高，互换性较差。同时，设备的测试为分体测试，难以保证集成后产品的性能。因此，按照总体设计标准化、功能模块独立化、设备互换灵活思路打造的配电网一二次融合设备应运而生。其中，柱上开关和环网柜的一体化和智能化水平较高，应用范围较广。同时，柱上开关和环网柜融合了一次设备、二次配电终端、互感器（传感器）和一二次连接电缆，带来了系统绝缘、阻抗匹配等新的问题，传统的测试手段覆盖一二次融合后的全部功能、性能关键指标。为此，有必要针对配电网柱上开关和环网柜开展一二次融合后的一体化测试，其测试要求详见表 6－10。

表 6－10　　一二次融合设备一体化测试要求

测试项目	测试要求
一体化主回路试验	一体化主回路试验主要针对一二次融合设备绝缘试验、温升试验、短时耐受电流与峰值耐受电流试验、关合和开断能力试验开展测试。测试过程中，除特殊说明外，被测设备应按照实际情况完成组装，其控制设备处于正常工作状态。测试过程中，被测设备的一次部分要满足相关试验的技术要求，其控制设备不能出现关机、重启、死机、误动作等故障，故障录波、事件顺序记录及通信应保持正常
一体化精度试验	一体化精度试验主要针对一二次融合设备开展一体化准确度试验、影响量试验、录波性能试验、暂态响应试验、互换性试验，以测试一次传感部分配套二次控制设备后的相关测量、保护性能指标
一体化传动试验	一体化传动试验主要针对一二次融合设备开展遥测、遥信、遥控、故障检测、识别和处理等关键项目开展功能验证和性能测试
一体化可靠性试验	一体化传动试验主要针对一二次融合设备开展一体化的防护等级、电磁兼容、机械特性和环境试验，以保证其组装后的可靠性

6.1.3 馈线自动化测试要求

馈线自动化的部分故障是在系统投运后产生的，所以馈线自动化的保障机制不仅需要考虑其投运前的完整验证与测试，还要考虑投运后的及时跟踪与维护。本节主要就馈线自动化投运前的完整验证与测试展开讨论，具体测试要求详见表6-11。

表6-11 馈线自动化测试要求

测试项目	测试要求	覆盖环节	适用模式
主站注入测试方法	采用测试软件，根据所设置的故障位置、类型、性质以及当前场景计算配电网故障前潮流及故障电流，并根据计算结果产生相应配电终端的故障信息发往被测配电主站。测试过程中，测试软件模拟相应配电终端与被测配电主站交互信息以进行测试	配电主站	集中式、压力测试
动模仿真测试方法	采用无穷大电源、小电源机组、各类电子电气元件、回路结构，以及硬（软）件匹配而构建的模拟配电网系统，并根据设置的故障位置、类型、性质，产生模拟故障以进行测试	配电主站、配电终端	集中式、分布式
二次注入测试方法	采用二次同步故障模拟发生器，根据所设置的故障位置、类型、性质以及当前场景计算配电网故障前潮流及故障电流，并将计算结果产生相应配电终端的故障信息，在同一时刻通过多个二次同步故障模拟发生器由二次侧注入以进行测试	配电主站、通信系统、配电终端	集中式、分布式
人工故障现场测试方法	采用人工故障发生器，根据所设置的故障位置、类型、性质，在实际配电网中产生实际故障，由一次侧注入进行测试	配电主站、通信系统、配电终端、配电开关	集中式、分布式

6.2 配电自动化测试关键技术

6.2.1 配电自动化主站测试技术

1. 高级应用软件测试

配电网的分析应用功能是配电主站系统的高级应用，必须建立在配电SCADA等基本功能的基础上，对实时数据的完整性和准确性有较高的要求，主要包括拓扑分析、状态估计、潮流计算、解/合环分析、负荷预测、负荷转供和网络重构。针对配电网高级应用的要求，Q/GDW 513—2010《配电自动化主站系统功能规范》给出了其功能要求。针对配电主站高级应用的测试必须在主站平台上，基于实时量测数据进行，针对整个主站系统的数据流进行，还必须选择具有代表性的测试案例，选择可靠的对照结果进行对比分析，进而考察高级应用处理数据的准确性。

结合以上配电主站系统高级应用测试要求，基于数字仿真软件，利用其在系统建模和模型/数据接口的丰富功能，搭建配电主站高级应用软件测试平台。

（1）高级应用软件测试关键技术。

1）高级应用测试量测数据接口转换。针对分布式电源接入环境和配电网高级应用（状态估计、潮流计算、解合环分析、网络重构）功能，数字仿真软件模拟配电网各种电气数据，通过接口将仿真信号转换成物理信号，再通过以太网传递给主站系统，为主站的分析控制等高级应用功能提供注入数据，提供配电主站真实运行环境测试，配电自动化高级应用测试示意图如图 6-1 所示。针对不同高级应用功能，定制测试场景，包括定制量测配置、量测数据质量等，灵活修改网络元件参数（如线路、变压器参数）和运行方式，进行全面测试。

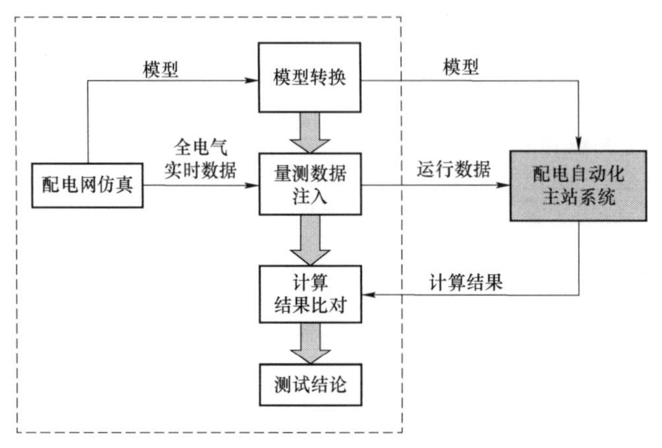

图 6-1　配电网自动化高级应用测试示意图

为了方便进行规约转换点表的配置，测试平台采用配置文件的方式将 OPC Client 与 IEC 60870-5-104 规约进行转换。例如，将运行数据保存成 IEC 60870-5-104 规约文件形式，只需将配置文件保存 OPC Item 与 IEC 60870-5-104 规约信息体地址的对应关系。在规约转换通信接口程序设置 OPC 项同 SCADA 点的映射关系，利用配置工具导出配置文件（包含点表）。OPC 服务端读取此配置文件，实现了 OPC Server 的自动配置功能。

数字仿真软件利用此配置文件中定义的 OPC 标签，将 OPC Item 配置到相应的被仿真设备的物理量上（有功功率、无功功率、电流、电压等）。通过启动数字仿真软件的时域仿真模式（time domain simulation），将电网的仿真数据发送到 OPC Server。规约转换通信接口（OPC Client）读入配置文件的信息体地址数据，放入实时库对应位置，IEC 60870-5-104 规约程序将此数据传递给配电主站 SCADA 系统，实现了配电主站量测数据的注入功能。

2）高级应用测试结果评价。通过设计配电自动化系统应用测试算例，可以将配电主站待测试的应用功能计算结果与数字仿真软件仿真结果进行对比，然而针对不同的高级应用，其问题域皆不相同。对于确定性问题求解的状态估计和潮流计算，可以利用比较计算结果的相似程度的方法。针对测试结果和对照结果，由于结果均存在大量数据，这并不是简单单个数据的对比，所以需要用到大量数据计算结果的相似性和差异性进行度量。在进行结果相似度比较时，可以采用使用余弦相似度和欧氏距离两种方法。

针对网络重构测试结果的度量，可以在先比较优化目标（如网损）结果的情况下，针对重构方案进行比较。如优化目标结果相差较大，则可以直接认为不满足要求；如优化结果比较接近，而重构方案重合度较高，则给以较高的分值；如优化结果比较接近，而重构方案重合度较低，则给予一般的分值。利用多个测试案例，进行分值的统计，得出综合评价结果。

（2）高级应用软件测试步骤。

1）在数字仿真软件中预先建立用于配电网潮流计算的仿真测试网络模型，设计其量测输出（给主站注入）。将测试案例模型以 CIM 格式导出给测试平台。进行潮流计算，将计算结果以 DGS 格式导出给测试平台，计算结果包括各节点电压和支路潮流。

2）测试平台利用配置工具配置针对主站注入的测点以及同 OPC Item 的对应关系，将仿真测试过程中，配电主站需要的网络运行信息（有功功率、无功功率、电流、电压、开关量测、控制点等），进行配置，将其导出到 OPC 服务端。

3）配电主站导入模型（网络模型、量测模型），完成对外依赖性配置。进行主站系统其他功能配置（启动各个进程和应用，完成算法参数配置等），完成配电主站测试前的准备工作。

4）激活数字仿真软件的仿真案例，启动数字仿真软件时域仿真。验证 OPC 服务端数据正常，验证规约转换通信接口实时库数据正常。配电主站同规约转换通信接口通信正常，至此配电主站测试平台准备完成。

5）通知配电主站进行高级应用计算，将计算结果导出到配电主站测试平台。测试平台将数字仿真软件的计算结果文件同测试平台导入结果文件进行比较，给出测试结论。

2. 含分布式电源配电网故障处理性能的主站注入测试技术

配电自动化是提高配电网供电可靠性的重要手段，故障处理是配电自动化系统最重要的功能之一，但是配电自动化系统自身的缺陷严重影响其故障定位、隔离和健全区域供电恢复的效果。

配电主站是配电自动化系统的监控中心，也是配电网故障处理的“总指挥”。据统计，由于主站造成配电网故障处理结果不正确的比例高达所有故障处理不正确情形的 30%以上。

主站的主要缺陷包括故障定位、隔离和供电恢复的原理不完善，故障处理相关子过程中存在缺陷，图模不正确，以及点表和参数配置不正确等。此外，配电终端参数配置不正确，比如整定值设置不当等，也会造成配电自动化系统故障处理结果不正确。

未来，大量分布式电源分散接入配电网，将会改变配电网的潮流分布以及故障时的短路电流分布，也可能会对故障处理产生一定影响。

本节即论述适用于含分布式电源配电网故障处理性能测试的主站注入测试平台及其关键技术。

（1）分布式电源接入后的配电网故障处理性能测试对主站注入测试的影响及改进需求分析。

1）分布式电源的接入将改变配电网潮流和短路电流水平和分布特征，要开展含分布式电源配电网故障处理性能测试，主站注入测试平台必须能够模拟分布式电源接入后的配电网潮流和短路电流特征，即必须具备含分布式配电网的潮流和短路电流的仿真计算功能。

2）分布式电源接入以后配电网的故障处理问题将更加复杂，配电网继电保护及自动装置以及分布式电源反孤岛保护装置的定值整定、配电终端的故障信息上报阈值设置出现问题的可能性相对于传统配电网大大增加，故障处理过程中因配电自动化系统的操作顺序不当而引起继电保护动作或分布式电源和电压敏感性负荷脱网等问题更加突出，主站注入测试平台中需能够模拟配电网继电保护和自动装置以及分布式电源反孤岛保护装置的动作特性。

3）分布式电源本身的波动特性使得其对配电网的影响始终处在一个变化的过程当中，并且分布式电源对配电网潮流和短路电流的影响还受到其相对接入位置的影响，主站注入测试平台在测试过程中必须能够充分体现分布式电源随时间的波动特性以及分布式电源短路电流随故障点位置变化的特性。

（2）含分布式电源配电网故障处理性能的主站注入测试专用平台。主站注入测试专用测试平台由配电网仿真器、实时数据库、建模与配置器、故障模拟器、规约解释器、通信管理器以及人机交互界面等几部分组成。

1）配电网仿真器的功能模块包括网络拓扑分析、潮流计算及短路电流计算模块，各功能模块中均扩展各类分布式电源。

网络拓扑分析模块在检测到开关变位时启动，它根据实时数据库中的开关状态和网络连接关系形成配电网运行拓扑。

潮流计算模块以固定的时间间隔Δt_1（一般为 5～10s）启动，或遇到开关变位时在网络拓扑完成后启动，它根据实时数据库中预先设置的各个负荷节点、分布式电源的出力以及当前网络拓扑进行潮流计算，得出各个节点的电流、电压、功率，存入配电网的实时数据库中。

短路电流计算模块在设置故障时刻到时启动，或遇到开关变位时在网络拓扑完成后启动。它根据设置的故障场景（三相短路、两相短路、两相短路接地，过渡电阻，故障位置等）和当前网络拓扑，计算出各个节点处的各相短路电流、电压、故障功率方向等存入实时数据库中。

2）实时数据库管理器功能包括：以Δt_1定期读取预先设置的负荷数据并根据主站遥控命令或故障模拟器中保护或自动装置动作情况更新开关状态；定期读取预先设置的分布式电源出力数据功能；根据潮流计算结果更新库中各个节点的电流、电压、功率；根据短路电流计算结果更新库中各个节点的短路电流、电压、故障功率方向。

3）建模与配置器实现图模一体化的配电网建模、节点类型配置、负荷节点曲线设置、自动化终端配置、分布式电源配置以及继电保护定值设置等功能。

建模与配置器具有 CIM 模型的导入和导出功能，并可以 SVG 文件的形式交换公共信息模型所对应的图形。这项功能可以直接将被测试配电自动化系统主站中已经建立的图模导入测试系统，也可以将测试系统中建立的典型测试案例的图模导入被测试配电自动化系统主站，避免了重复录入。

建模与配置器具有图模一致性校验功能，包括XML语法检查、模型一致性校验、唯一性约束检查、拓扑连接关系检查等，实现对图模正确性的分析测试。

4）故障模拟器根据所设置的故障场景下短路电流的计算结果和继电保护定值、配电终端定值、自动装置的设置情况等自动判断是否应该保护动作跳闸、自动装置动作、上报相应的故障信息等，称为“故障场景自然设置法”，它不仅可以检验上述配置的合理性和有效性，还可以对健全区域恢复供电过程中的不当操作引发的开关动作或分布式电源和电压敏感负荷脱网进行模拟，从而更加有效地对配电自动化系统的恢复策略和操作步骤的正确性进行测试检验，也可以特意设置开关拒动、故障信息漏报或误报等状况。故障模拟器以所引发的遥信变位信息更新实时数据库。

5）规约解释器根据各个节点的潮流计算结果、短路电流计算结果、继电保护等动作结果生成遥测和遥信报文以标准通信协议与被测试配电主站交互，对于遥控报文根据故障模拟器设置的开关拒动与否状态决定是否更新实时数据库中相应遥信状态，若设置了拒动则组织遥控失败上行报文，否则组织遥控成功上行报文。

6）通信管理器功能模块主要包括：① 多IP报文组织，根据自动化终端配置结果组织与被测试系统的交互报文，将当前自动化终端配置的IP地址录入主站测试软件的配置文件中，测试软件可通过多IP形式，模拟多个配电终端与主站进行信息交互；② 链路监测与维护，监测链路状态，必要时组织重连。

7）人机交互界面的功能模块主要包括：① 输入、输出管理，衔接测试员与各配置相关模块；② 操作控制管理，衔接测试员与各相关功能模块；③ 测试报表生成，辅助生成测试报表。

（3）故障场景的自然设置。故障模拟器中故障场景的自然设置是主站注入测试专用平台的关键技术，故障场景的自然设置的实现由一个主流程和配置于每个配有继电保护或自动装置、配电终端或分布式电源监控终端等节点的故障现象模拟子流程构成。

主站注入测试专用平台的主流程如图6－2所示。

主流程保持对实时数据库中的开关状态信息的监测，一旦发现开关变位则立即执行网络拓扑分析模块和潮流计算模块；若无开关变位但间隔Δt_1到，则执行潮流计算模块。主流程一旦发现设置了故障，则判断故障点是否与电源相连通，若是则执行短路电流计算模块。潮流计算模块和短路电流计算模块执行完毕后，数据库中各节点的电压、电流、功率、短路电流、短路电压、故障功率方向等都得到实时更新。

配置于各个节点的故障现象模拟子流程如图6－3所示。每个节点处可根据实际配电网情况或特殊测试需求来选择性设置其继电保护和自动装置定值、故障信息上报阈值或者反孤岛保护定值，继电保护装置可分别设置Ⅰ段、Ⅱ段和Ⅲ段电流整定值，延时时间定值，电压闭锁定值，故障方向闭锁等；故障信息上报阈值只需设置电流定值；反孤岛保护可设置动作电压范围及其对应的延时时间。故障现象模拟子流程以固定的时间间隔Δt_2（考虑到短路电流的计算速度，一般Δt_2可设置为0.5～1.0s，每经历一轮Δt_2，延时计数加1，代表保护延时时间计数增加20ms）读取实时数据库中相应节点的短路电流、短路电压和故障方向数据以及当前潮流数据，对于设置了保护或自动装置的节点（过电

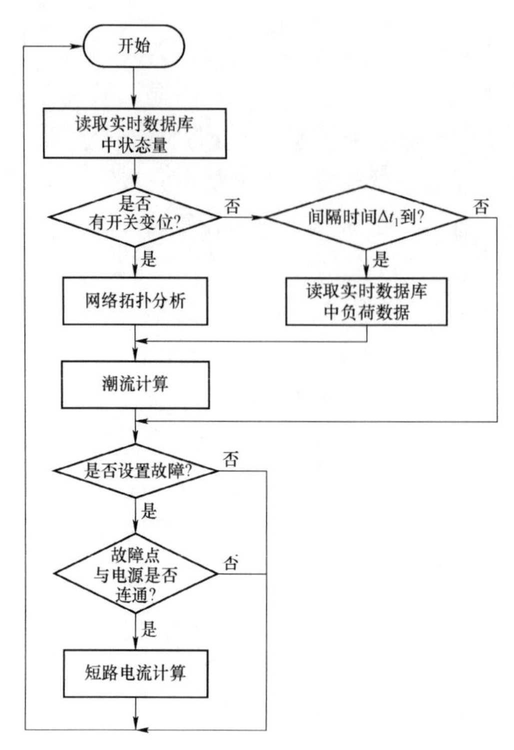

图 6-2　主站注入测试专用平台的主流程

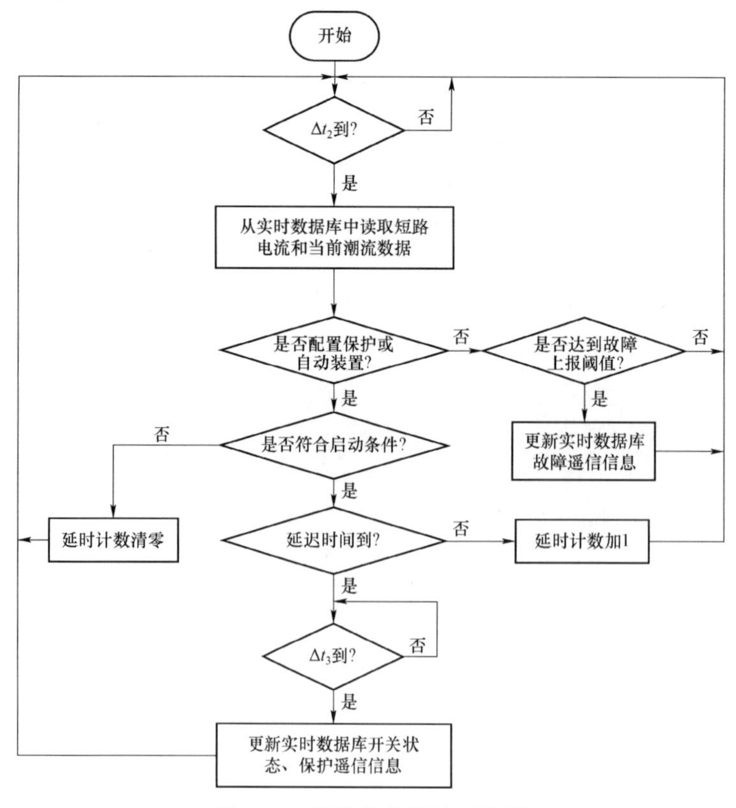

图 6-3　故障现象模拟子流程

流或反孤岛保护），与所设置的整定值比较，若符合启动条件则开启延时时间计数器，若延时时间到且仍具备动作条件，则延时Δt_3（用于模拟实际电网中从保护或自动装置出口到开关完成动作所需时间，根据开关操动机构的不同，Δt_3可设置为 100～200ms，在程序中可取为 5～10 个Δt_2）后将实时数据库中相应开关的状态更新并设置保护或自动装置动作信息；若尚未到延时时间且动作条件已不具备，则返回；对于未设置保护或自动装置的配电终端节点，则将读取的短路电流信息与其故障信息上报阈值比较，若达到阈值则更新实时数据库中的故障信息上报遥信信息，若未达到阈值则返回。

故障场景的自然设置在故障模拟器中的实现，使得主站注入测试平台可以根据所设置的故障场景下短路电流的计算结果和继电保护定值、配电终端定值、自动装置的设置情况等自动判断是否应该保护动作跳闸、自动装置动作、上报相应的故障信息等，并且也可以对健全区域恢复供电过程中的不当操作引发的开关动作或分布式电源和电压敏感负荷脱网进行模拟。

（4）遍历自动测试。主站注入测试专用平台实现了遍历自动测试功能，可以自动按日 96 点负荷曲线和分布式电源出力曲线遍历所有的区域并分别设置典型故障，“自然”引发故障现象和与被测试配电主站交互信息，自动检验被测试配电主站故障定位、隔离和健全区域供电恢复的正确性。

配电网中，周边都是监测节点（配置“二遥”终端或故障指示器）而内部不再有监测节点的子网称作监测区域；周边都是监控节点（配置“三遥”终端）而内部不再有监控节点的子网称作监控区域。监控区域和监测区域统称为区域。一个监控区域中往往包含一个或多个监测区域。显然，监测区域是故障定位的最小单元；监控区域是故障自动隔离和负荷转移的最小单元。

遍历自动测试的过程如下：

1）按照日 96 点负荷曲线和分布式电源出力曲线遍历所有时刻，并在各个时刻遍历每个监测区域分别设置三相相间短路故障和两相相间短路故障，检验被测试配电自动化系统主站的故障定位结果是否正确并形成测试记录。

2）按照日 96 点负荷曲线和分布式电源出力曲线遍历所有时刻，并在各个时刻遍历每个监控区域分别设置三相相间短路故障和两相相间短路故障，检验被测试配电自动化系统主站的故障隔离和健全区域供电恢复结果是否正确并形成测试记录。

故障隔离和健全区域供电恢复结果必须全部满足下列条件时才判定为正确：① 全部可恢复的负荷都得以恢复；② 带电区域无主电源之间形成的闭环；③ 故障隔离和供电恢复过程中未引起保护动作且所有节点满足电压和电流极限约束。

基于遍历自动测试技术，主站注入测试专用平台可以反映分布式电源随时间的波动特性以及分布式电源短路电流随故障点位置变化的特性。

6.2.2　配电自动化终端设备测试技术

1. 配电终端测试关键技术

（1）自动化闭环测试技术。在现有配电终端测试方法基础上，运用闭环测试思路，建立包括测试信号量的自动施加、终端结果的自动采集、测试结果的自动分析的测试环境，以此实现闭环测试。以配电终端的“三遥”为例，配电终端闭环测试原理如图 6-4 所示，功能部件包括测试控制软件、测试台控制器、测试台功率源、测试台开入、测试台开出，配电终端为测试对象。

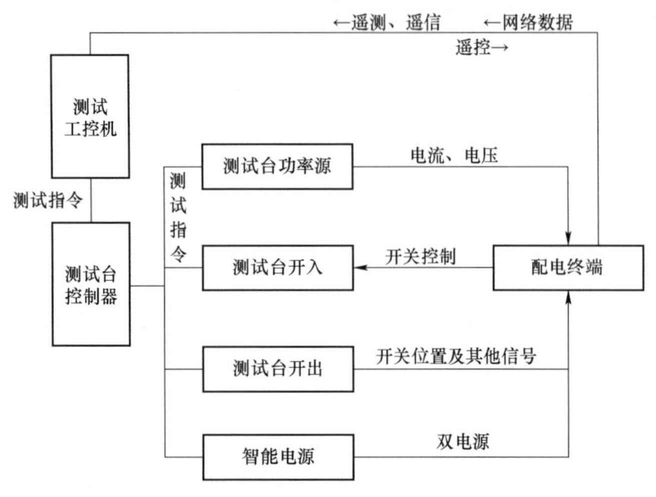

图 6-4　配电终端测试系统原理

如图 6-4 所示，测试台控制器的作用是接收测试控制软件发来的测试指令，分解指令，并把指令同步发到测试台功率源、测试台开入、测试台开出。测试台功率源以可控的幅值、相位来输出电流、电压信号的大小、持续时间，是闭环测试的核心部件。功率源施加的信号是模拟配电网实际运行环境的，通过功率源施加信号给待测配电终端，以实现配电终端的闭环测试。测试台开入、测试台开出实现配电终端的遥信分合功能。测试控制软件的功能是制定测试方案、执行测试方案、采集测试终端的数据、分析测试结果、输出测试报告、保存测试数据。测试方案包括测试的项目、状态序列（电流大小、电压大小、持续时间等）。

自动化测试采用的测试用例库模型，使每个终端的测试都可构建成一棵树结构，树根是测试对象，叶子是状态序列。对每个测试对象的序列化测试管理就是遍历该树，每一个叶子节点都是一个测试任务，自动、持续地完成这棵树上的所有任务，就实现了被测配电终端的自动闭环和任务管理。

（2）规模化并行测试技术。在实现自动闭环测试的基础上，测试平台需要能够实现多台同类型终端的同时批量并行测试，实现配电终端规模化并行测试。

配电终端并行测试在设计时采用多个配电终端并行接入一面测试屏进行测试。为此设计了一个专用装置，即电压电流切换装置（以下简称“切换装置”），该装置的作用是把信号源的输出信号合并或切换成不同回路的信号输出。有了切换装置后，配电终端并行接入测试屏，如图 6-5 所示。测试控制系统通过专用通信链路与信号源和切换装置进行通信，并通过网络与被测终端通信。

测试时，测试控制系统根据测试案例下发指令给功率信号源，功率信号源输出一条

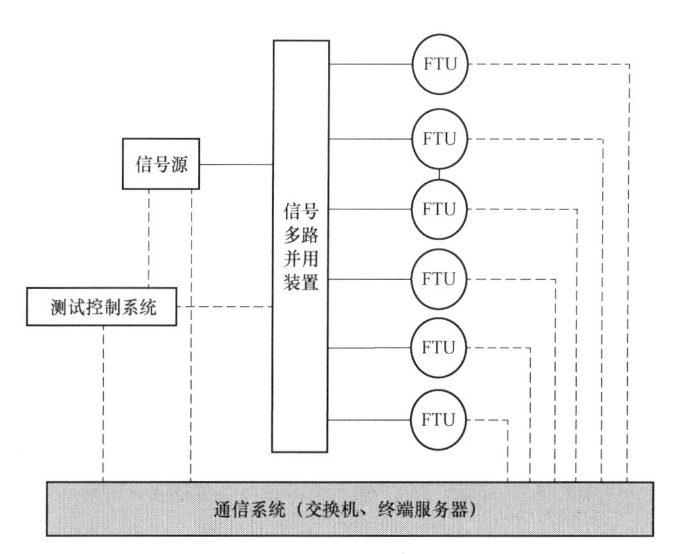

图6-5 配电终端并行接入图

线路的全状态量至切换装置，进行信号切换，进而注入多路DTU的不同回路或不同的FTU，测试控制系统同时采集被测终端的数据，并完成数据的对比分析，从而实现对多路配电终端的并行化自动闭环测试。

当测试终端的数量进一步增加时，可扩展测试屏的数量，系统架构采用“1+*N*”的方式，通过一面控制屏对*N*面测试屏控制，每一面测试屏与配电终端构成一个闭环测试系统，架构如图6-6所示。测试控制系统部署在控制屏，负责完成对各个测试屏的控制，并提供配电终端设备的通用接口（如电源测试接口等）。测试屏主要提供对配电终端设备的通用电气接口，与配电终端设备构成闭环测试系统，用于完成对配电终端设备的测试验证。“1+*N*”的控制屏和测试屏的硬件结构在配电终端规模化测试中，不仅能够减少硬件成本，还一次能够对多台不同接口的终端设备进行测试，具有较高的测试效率。

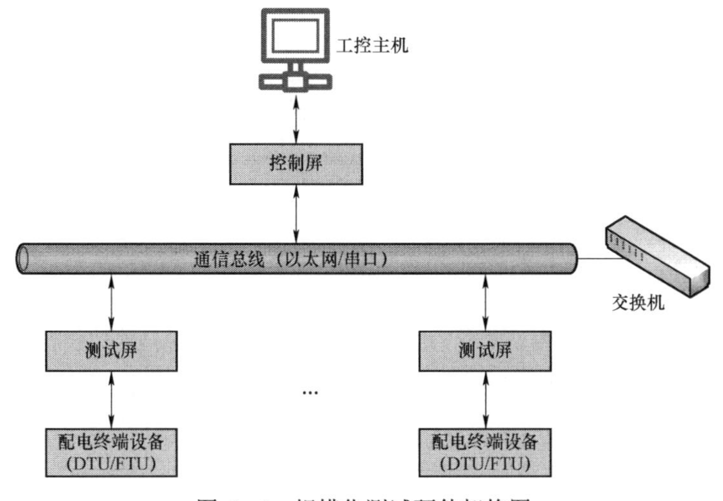

图6-6 规模化测试硬件架构图

2. 配电终端测试台

（1）配电终端测试台构成。配电终端测试台采用分立组合式结构设计，由 1 台控制屏加多台测试屏构成，如图 6–7 所示。整个平台由控制屏控制协调各个测试屏的测试过程，每台测试屏由高精度程控功率源等多种测试设备组成，各测试屏测试过程独立。

图 6–7　配电终端测试台外观图

（2）控制屏构成及功能。控制屏主要用于对各测试屏进行统一控制，协调各个测试屏的测试过程，实现各个测试单元的独立测试，同时电源试验集成于控制屏。控制屏内部结构如图 6–8 所示，以控制主机为核心控制，管理对时装置、扫描枪、电源测试接口、直流录波仪、串口服务器等。

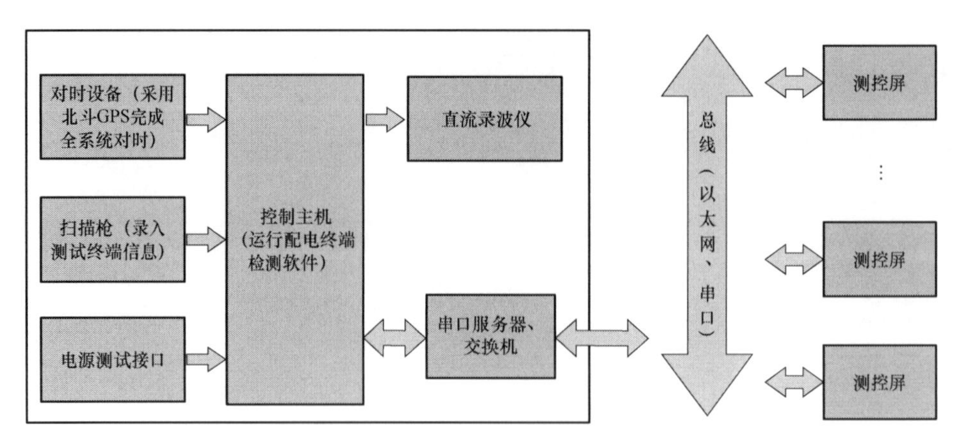

图 6–8　控制屏内部结构图

（3）测试屏构成及功能。测试屏功能是接入被测终端，根据主控屏指令，对需要测试的配电终端完成相应的测试，并将数据上传至主控屏。测试屏内部结构图如图 6-9 所示。

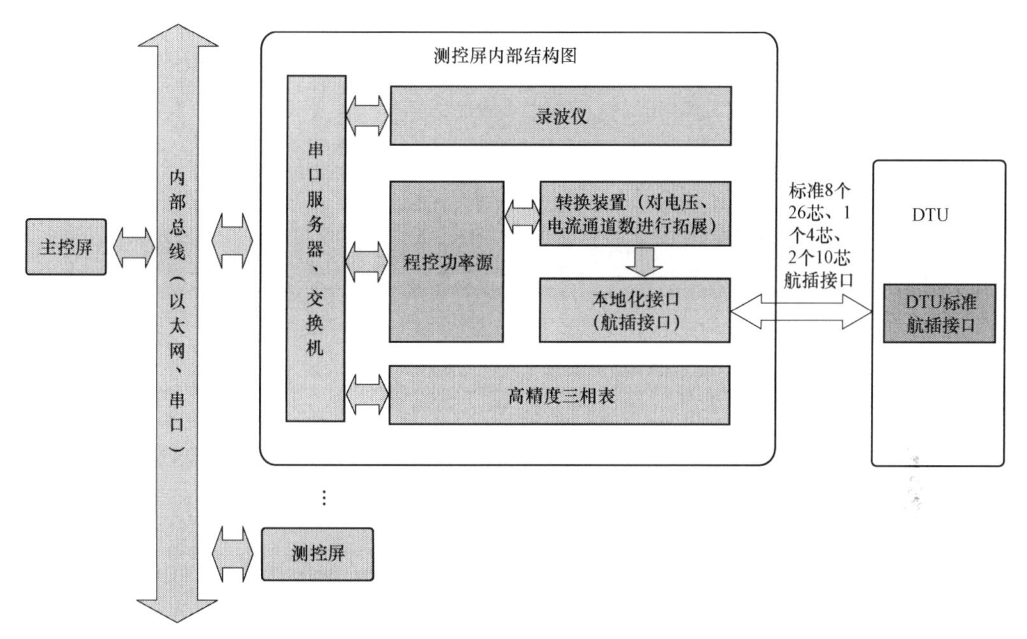

图 6-9　测试屏内部结构图

（4）测试台控制软件。测试控制系统是测试平台的核心，采用分层设计，其软件架构如图 6-10 所示。控制软件通过模块化程序设计方法将软件系统划分成为多个功能模块，在每个模块立足于面向对象程序。

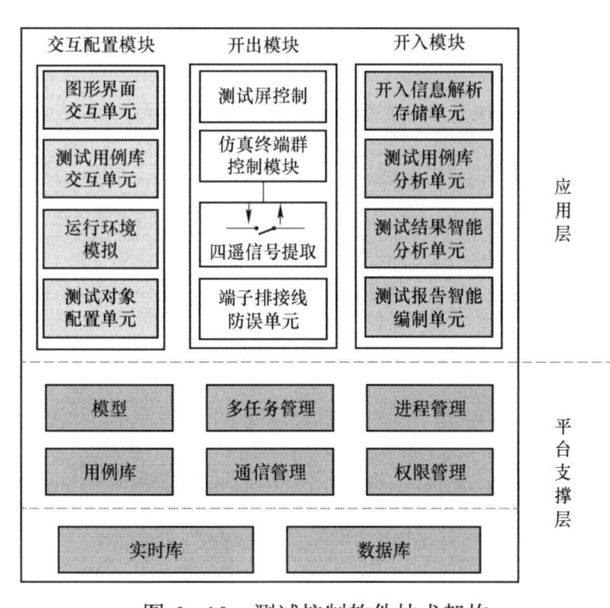

图 6-10　测试控制软件技术架构

配电终端测试台彻底改变了仪器分散，以及测试过程中不断更换接线、记录数据、计算存在误差、人工干预多的传统测试手段，避免了传统测试烦琐、测试过程和结果受人为因素影响大、计算烦琐等困难，克服了传统测试精度和效率都比较低的缺点。配电终端测试台实现了自动化、批量化、全过程的测试模式，实现了配电终端的功能与性能的全自动测试，一键生成报告。基于该平台可实现配电终端测试类别管理、测试过程闭环、测试结果分析等功能，做到人工干预少甚至不干预，大幅度提高了测试结果的准确性与测试效率。测试台的应用为配电终端测试人员提供了重要技术工具，有助于严格把关入网终端和在运终端的质量水平，避免因设备质量问题导致的直接投资损失和运行维护额外费用，大大降低投资和安全风险，同时为实现设备验收测试环节的闭环自动化测试和工程的系统化管理奠定基础。

3. 故障指示器测试方法

传统故障指示器测试依据 DL/T 1157—2019《配电线路故障指示器通用技术条件》、Q/GDW 11814—2018《暂态录波型故障指示器技术规范》等文件中对故障指示器测试的要求，将故障指示器接入模拟回路中进行测试，见图 6－11。

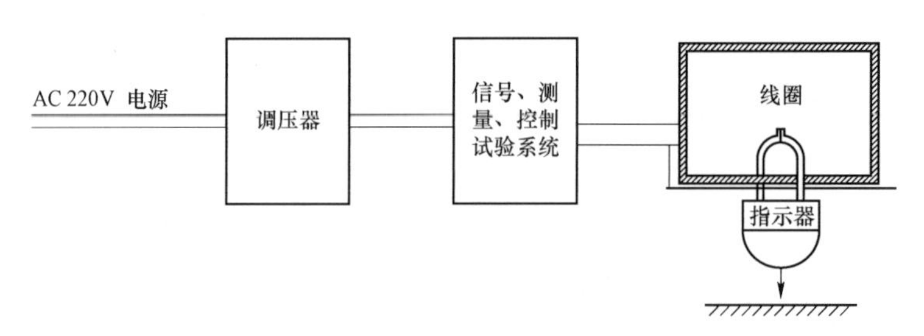

图 6－11 故障指示器测试系统示意图

传统故障指示器功能与性能测试采用多绕组线圈，此种检测方法不仅检测速度慢、自动化程度低、电压电流波形精度差、故障动作时间长、与实际故障波形特征差别大，还无法开展波形对比、单相接地等试验项目。故障指示器检测新技术通过测试技术、通信控制技术集成的自动测试环境，立足于批量化、多功能的全自动检测，模拟线路高电压、大电流输入，进行线路负荷电流采集、短路/接地故障告警及复位以及故障防误动功能试验，闭环分析测试结果，自动出具检测报告。以下就国内主流的故障指示器测试技术进行详细阐述。

（1）故障指示器测试关键技术。故障指示器测试原理如图 6－12 所示。测试过程中，检测人员通过后台控制系统向程控功率源发送指令，经过升压升流装置产生一次电压、电流作用于故障指示器，汇集单元将遥测、遥信等信息反馈到测试软件中。同时，将一次电压电流值反馈至测试软件；图像识别单元向测试软件反馈故障指示器动作信息。测试软件通过验证故障指示器与程控功率源及图像识别单元反馈信息的一致性，来确认故障指示器是否工作正常，整个测试过程形成闭环回路。

测试系统采用 10kV 三相电压源、1000A 三相电流源实现各种小于 1ms 级的突变，全真模拟实际 10kV 配电线路多种运行状况，如短路故障、重合闸、人工投切大负荷、

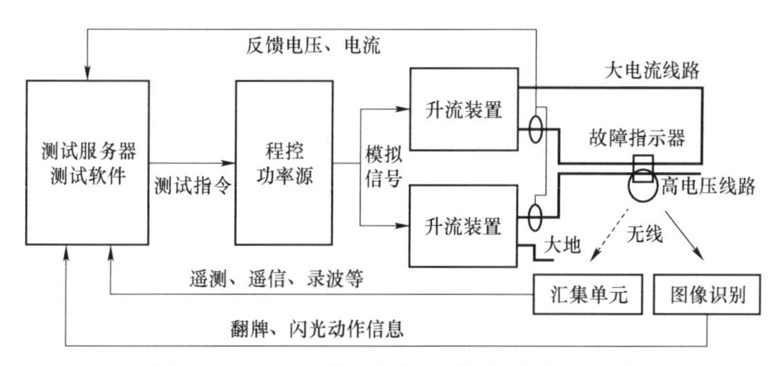

图 6－12　故障指示器闭环自动测试原理图

非故障线路重合闸等波形进行闭环自动测试。10kV 三相电压源采用 10kV/0.1kV 升压电压互感器，将功率源输出的电压信号接入电压互感器低压侧，当低压侧输入 100V，高压侧输出可达到 10kV。升压电压互感器高压侧一端连接挂杆，另一端连接大地，作为模拟线路的挂杆的参考地平面，挂杆上就能对地产生 10kV 压差，模拟 10kV 高压线路。同样利用降压升流的原理可实现 1000A 三相电流源。

闭环自动测试流程可实现故障指示器主要功能、基本性能、通信规约等项目的自动测试；数据分析由测试平台自动下载被检同一批次故障指示器汇集单元波形，并将其与录波仪记录的标准波形进行自动批量比对。图像分析由测试平台的图像识别单元通过高速摄像头将拍摄的视频流传至图像处理软件，图像处理软件通过相应算法识别采集单元闪灯、翻牌情况。另外，由于接地故障识别正确率试验项目数量多，测试台在生成报告时自动统计接地故障识别正确率。

（2）故障指示器测试台。故障指示器测试台是一套集成系统，依据 DL/T 1157—2019《配电线路故障指示器通用技术条件》、Q/GDW 11814—2018《暂态录波型故障指示器技术规范》等文件，设计科学合理的全自动测试流程，平台具备仿真、控制、录波等功能，以模拟线路故障、接地故障、合闸涌流等电流、电压特征，可以同时完成对多套故障指示器功能和性能的全方位测试，并出具测试报告。

故障指示器测试平台主要由控制屏与测试挂箱组成，其整体结构如图 6－13 所示，主要包括采集控制服务器、功率信号源、升压升流装置、图像识别单元等设备。

为了实现故障指示器自动化、全过程的测试管控，采集测试服务器配置了具备强大的管理功能的测试管理软件，待测故障指示器接入测试台后，在测试软件上完成测试方案、设备参数设置后，无需人工介入操作，即可按照测试方案项目内容，实现全方位的故障指示器测试，彻底实现高压设备与试验人员的隔离，保证测试工作的安全与高效，能够自动生成测试报告。使用测试台对故障指示器测试时，系统先初始化，然后录入产品相关信息，包括生产厂商，产品编号等；然后指示器挂装，设置好要进行检测试验的通信参数；进入自动分项测试，自动测试子项可以根据需要删减，依次进行指示器功能性能测试。最后自动生成报告，内容包括批次编号、试验时间、试验内容、试验结果等。测试台测试流程如图 6－14 所示。

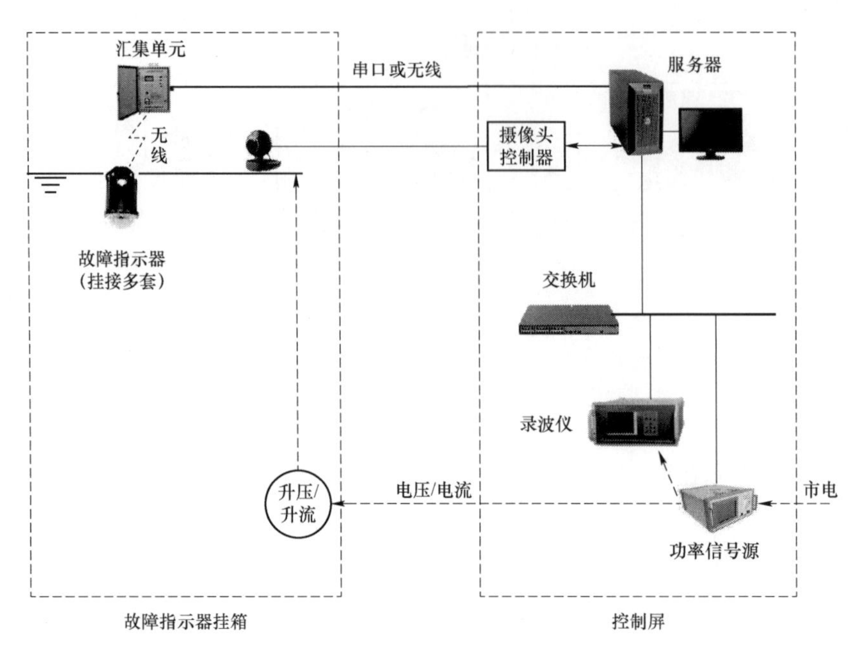

图 6－13　故障指示器测试台组成

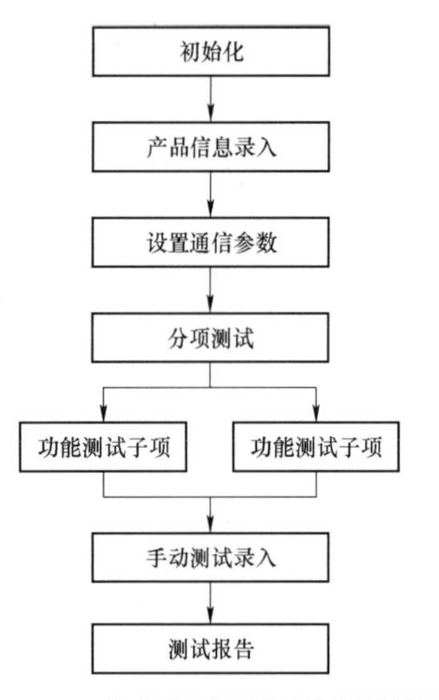

图 6－14　故障指示器测试台测试流程

4. 一二次融合设备测试方法

针对一次、二次设备的单独测试方法比较多，具备完善的测试工具。二次设备已开展入网型式试验、到货全检的工作，与之对应的配电终端测试技术在上文已说明。一次开关设备的测试与二次终端类似，都已比较完善。但是对于一二次融合设备，有必要针对配电网柱上开关和环网柜开展一二次融合后的一体化测试，一体化测试技术需要解决以下主要问题：一二次融合本身仍在不断演化，二次大信号与小信号的输出同时存在；测试环境模拟是大电流、高电压与二次信号的结合；一二次信号同步采集，实现对 TA/TV 高精度的测量；一二次融合设备联动测试、二次测试、TA/TV 测试一体化的自动切换；自动闭环的软件测试平台。

（1）一二次融合设备测试关键技术。传统配电网自动化开关独立制造、分体测试，难以保证确保集成后产品性能。配电开关一二次融合后，二次传感器和取能装置融入一次设备，一次绝缘设计、二次精度匹配均受到影响。为此，需要修改传统的一次测试技术，新增一二次一体化测试技术，以保证融合后原有设备性能不受影响、整体设备质量可靠。一二次融合设备一体化测试技术，包括一体化精度试验、一体化传动试验。

一体化精度试验主要开展稳态精度试验和暂态精度试验。稳态精度试验包括准确度试验、影响量试验和稳态录波试验。从一次侧施加交流电压、电流，读取控制终端实际采集值，与标准表所测基准值进行比对。暂态精度试验通过在一次侧产生不同启动条件的故障量，比较录波文件与施加的暂态波形文件的最大峰值瞬时误差，以考察其暂态录波性能。

一体化传动试验主要开展短路故障研判试验、接地故障研判试验和防误动试验。短路故障研判试验根据设定定值，分别研判区内、区外故障动作情况及时间。接地故障研判试验主要考察不同中性点接地方式下的接地故障的研判能力，通过波形反演方式，在一次侧施加不同中性点接地方式下的金属性、小电阻、高阻和弧光接地故障波形，通过多次施加同类型的不同故障波形计算得出研判成功率。防误动试验主要通过在一次侧施加负荷波动变压器空载合闸涌流、线路突合负载涌流、人工投切大负荷、其他线路故障等典型工况波形，以测试智能开关短路故障、接地故障的防误性能。

基于一二次融合设备一体化测试的需求，一二次融合设备测试原理如图6－15所示。测试通过测试软件向一次电压电流功率源发送指令，经过升压升流装置产生一次电压、电流接入一次开关进出线，同时回采一次电压、电流值。同理，通过二次电压电流功率源输出测试信号，注入测试终端，并从测试终端采集实时数据。通过综合切换装置，可实现一二次单体测试与一二次融合测试的快速切换，整个测试过程形成闭环回路。

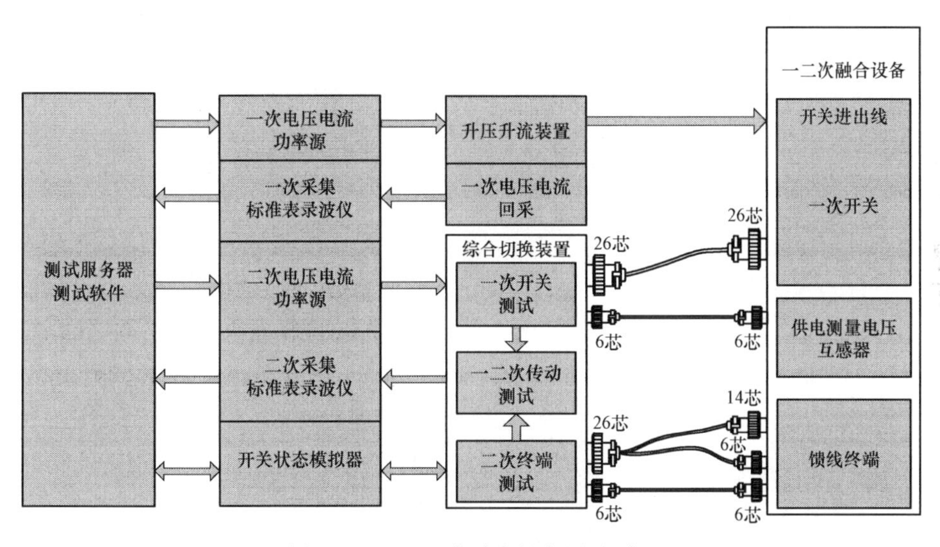

图6－15 一二次融合设备测试原理

升压升流装置主要提供高电压大电流输出接口，可全真模拟实际10kV配电线路多种运行状况（如短路故障、重合闸、人工投切大负荷、非故障线路重合闸等）波形，进行闭环自动测试。一次电压、电流与被测对象的连接结构如图6－16所示。

综合切换装置自动切换一次、二次及一二次成套测试模式的综合切换装置，具备同时实时采集一次侧注入信号和二次侧输出信号的高精度多功能表，以及测试控制软件，这些是集成化自动测试系统的关键部件。综合切换装置工作原理如图6－17所示。一方面，切换装置可根据智能开关传感器实现方式选择功率源和互感器校验仪；另一方面，

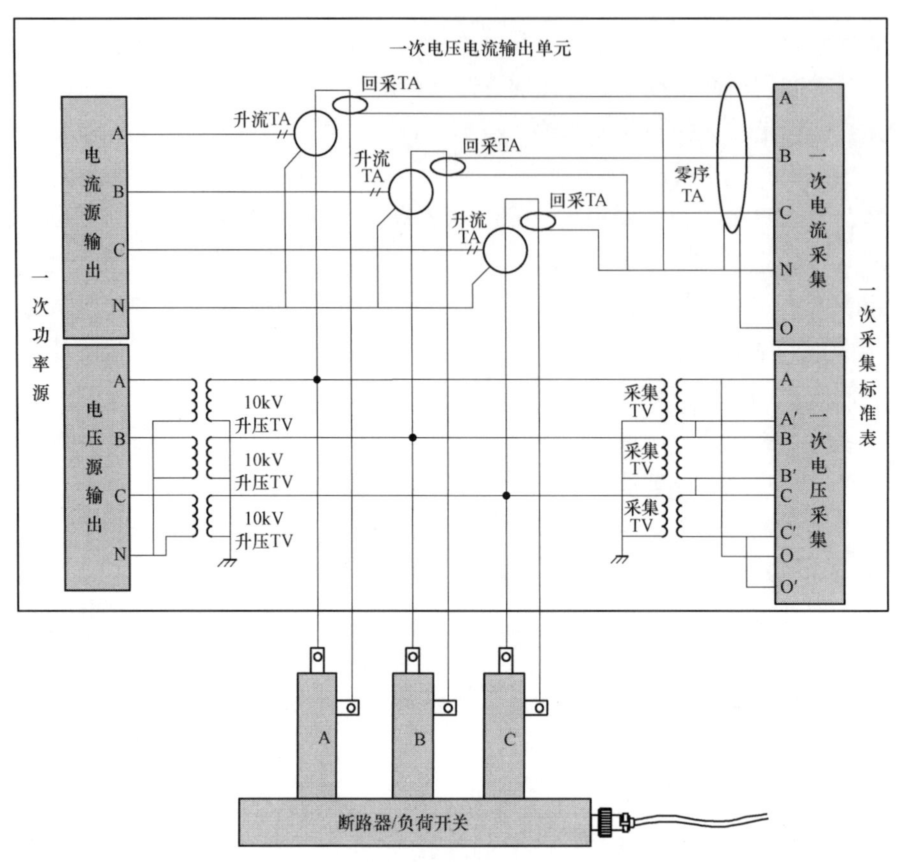

图 6-16　一次电压、电流与被测对象的连接结构

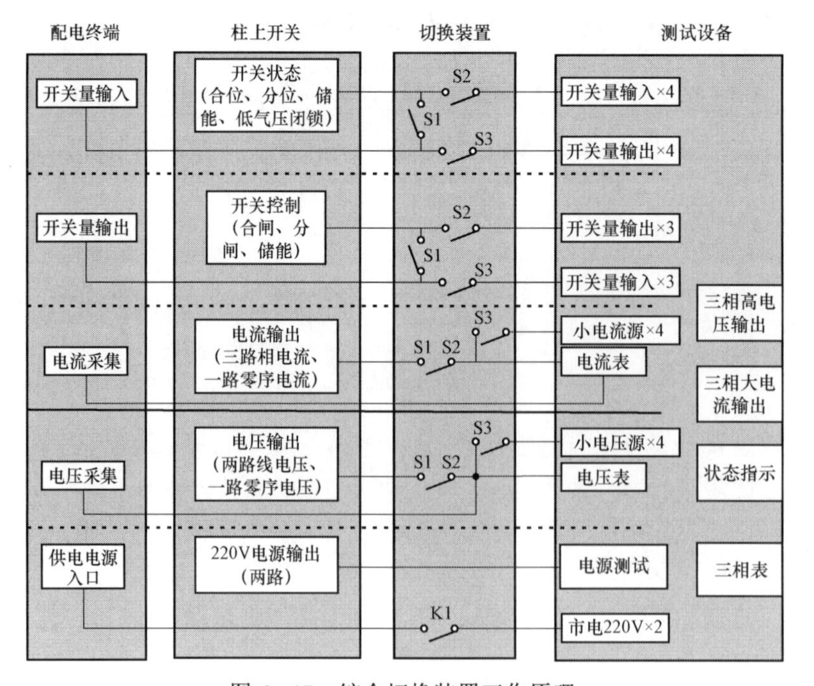

图 6-17　综合切换装置工作原理

切换装置可根据测试项目选择接入一次开关、二次配电终端或一体化智能开关。

（2）一二次融合设备测试台。一二次融合设备测试台由硬件系统及其配套软件系统组成，测试台构成如图 6－18 所示。硬件系统包括低压功率源、高压功率源、升压器、升流器、标准电压互感器、标准电流互感器、低压多通道互感器校验仪、高压多通道互感器校验仪、切换路由装置和电能表校验仪。软件系统实现了试验方案管理、被试样品管理、试验报告管理以及试验模拟主站等功能。

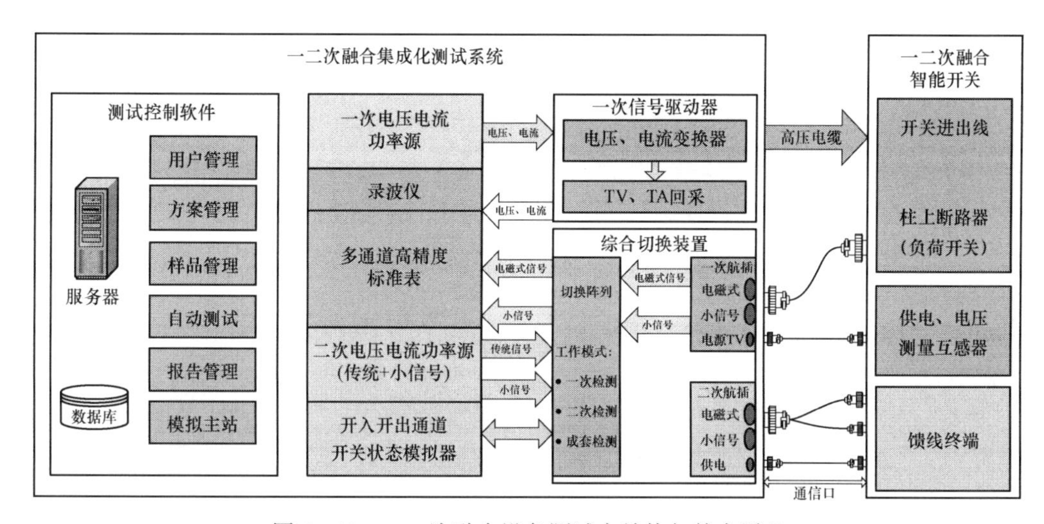

图 6－18　一二次融合设备测试台结构与基本原理

配电网建设与改造是智能电网和能源转型的重要环节，也是当前以及今后一段时期国家经济建设和发展能源互联网的重点领域。一二次融合是配电设备技术进步的必然途径，是提升配电装备水平的有效手段。大电流、高电压与二次信号相结合的环境模拟、一二次融合设备联动测试、二次测试、TA/TV 测试一体化的自动切换，实现了一二次融合成套开关的闭环自动测试。一二次融合设备测试台具有自动化程度高、功能全面的特点，适用于各种型号的融合成套开关设备的型式检验、出厂检测、抽样检测、到货检测等。这些新技术的应用，保证了一二次融合设备的本质安全，为提升配电网可靠性提供了技术支撑。

6.2.3　馈线自动化测试技术

1. 馈线自动化动模仿真测试

配电网动态模拟是一种用于研究配电网动态特性的物理模拟工具。配电网动态模拟是根据相似原理建立起来的配电网的物理模型，该方法使用的都是实际模拟设备，可以更真实地反映配电网故障时的暂态过程，对于评估测试配电终端设备在实际系统中运行性能有着重要指导意义。配电网动态模拟系统可用于配电网新技术课题研究，馈线自动化、小电流接地选线、单相接地故障判别等一二次设备的功能验证，亦可用于现场故障反演、新技术验证等配电网生产支撑。

（1）馈线自动化动模仿真测试关键技术。配电网动模仿真测试系统一般用低电压等级（400、690V 等常规低电压等级）模拟 10kV 电压等级。配电网动态模拟即实际配电系统等比例缩小的模型，它包括实际配电网的各个部分，如变压器、配电线路、负荷等，将各元件按照相似原理进行等比例缩小，建立成一个配电模型，利用该模型代替实际配电网的原型来进行各种正常与故障状态下的试验测试。

图 6-19 为一条简单的手拉手馈线，真实的 10kV 馈线电压等级为 10kV，由 110kV/10kV 降压变压器、10kV 断路器、10kV 架空线路等组成，其对应的动模系统电压等级设为 690V，由实验室 400V 三相电源供电，由 400V/690V 变压器、690V 交流接触器开关、等比模拟的线路阻抗等构成。

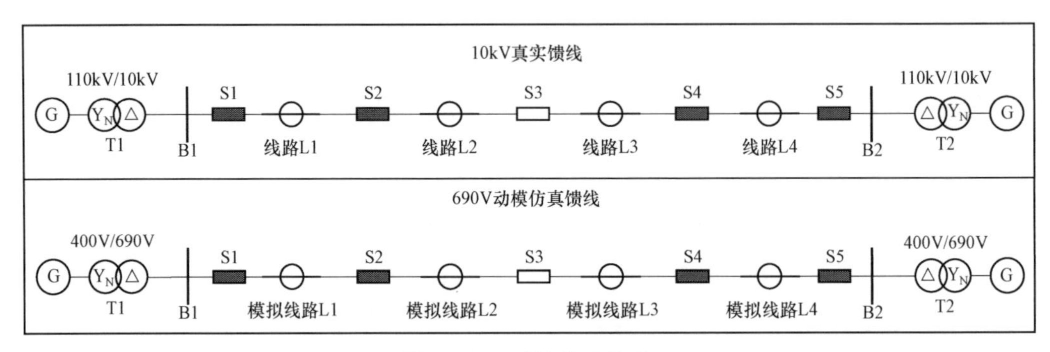

图 6-19　动模仿真馈线

（2）馈线自动化动模仿真测试系统的构成。馈线自动化动模仿真测试系统根据所仿真馈线线路网架结构和网架内设备构成进行系统性综合考虑，针对馈线自动化测试应用，还需要优化配电终端测试接口设计和动模系统测试流程控制。系统主要由动模一次系统、动模二次系统及动模管理系统组成，如图 6-20 所示。动模一次系统主要为一次设备柜，包含电源、线路、负荷、变压器等配电网模拟设备；动模二次系统作为馈线终

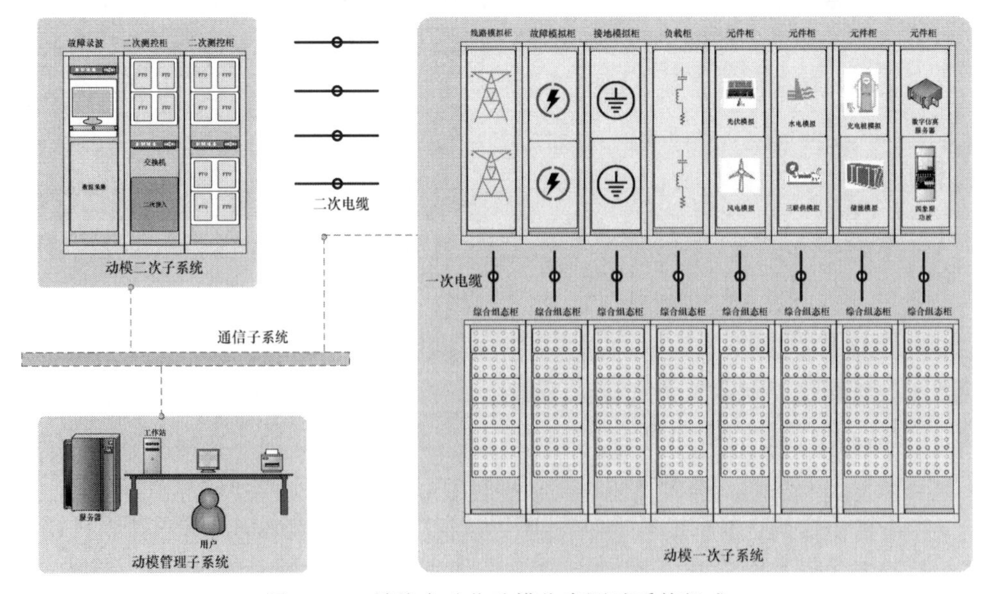

图 6-20　馈线自动化动模仿真测试系统组成

端的测试接口，同时配置监控终端控制开关、负荷等一次设备；动模管理系统主要完成系统监控与测试管理。

（3）馈线自动化动模仿真测试系统应用成效。配电网动模仿真测试系统提供丰富的测试场景、测试接口与测试案例，为馈线自动化装置、接地故障处理装置等配电设备提供测试试验接口，并通过网架结构的灵活调整、故障与接地模拟对相关设备进行系统级功能性试验测试。

动模仿真测试实现了终端设备的自动化、批量化、全过程的测试模式，实现了配电终端的功能与性能的全自动测试，一键生成报告，更重要的是，动模系统实现一条或多条馈线的全拟真环境模拟，可实现馈线自动化实际应用前的系统级验证测试，极大提高测试效率，保证馈线自动化系统投运前整条馈线配置功能的正确率，缩短现场出错调试的工作时间。

2. 接地故障处理测试技术

接地故障选线与定位装置的稳定运行和准确动作是电网定位接地故障的重要依据，直接关系到配电网故障处理速度和准确度。及时准确选线、定位并消除配电网接地故障能大大缩短停电时间，提高供电可靠性。

针对故障选线与定位装置的测试手段有很多，概括起来可分为两类：一类是基于测试平台的实验室测试方法，另一类是基于实际故障模拟的现场测试方法。实验室测试平台大多基于实验室故障模拟的测试工具，常用的有终端测试仪模拟、动模系统仿真、静模系统模拟、离线电磁暂态仿真、实时数字仿真等，这类方法通过数字仿真、物理仿真、现场录波的接地故障波形数据，对配电终端进行二次侧加量测试；现场测试方法基于真实配电网，采用配电网真型试验场或者实际配电网线路，通过真实的接地试验，模拟实际中发生的接地故障进行装置测试。

本节对故障选线与定位装置的实验室测试方法和现场测试方法进行了介绍。

（1）接地故障处理实验室测试。接地故障处理实验室测试可基于上文介绍的二次注入测试和动模仿真测试，本节不再赘述，以下主要介绍实时数字仿真模型测试与接地故障波形回放测试。

1）实时数字仿真模型测试。接地故障处理实时数字仿真模型测试一般采用实时数字仿真（RTDS）平台进行测试验证。对于接地选线装置功能与性能的测试来说，配电网模型的准确性及故障场景的还原是十分重要的。建立 RTDS 模型并搭建闭环仿真平台，其架构如图 6-21 所示。该仿真平台包括仿真工作站、实时数字仿真器、接口设备、继电器、功率放大设备及小电流接地选线装置。实时数字仿真器输出模拟量和数字量信号，模拟量信号接入模拟量输出接口板卡再经过功率放大器处理传送至小电流选线装置，数字量信号接入数字量输出接口板卡再经过端子式继电器传送至选线装置，装置通过数字量输入接口板卡将数字量输出到实时数字仿真器，构成闭环实时仿真试验系统。

接地选线装置主要利用出线零序电流、零序电压、三相电压等交流量来判定，需要选取典型变电站配电系统接线图，基于 RTDS 系统建立对应的仿真模型。为了确保配电网仿真模型的真实性和可靠性，配电网仿真模型以真实变电站为基础，仿真参数与实际

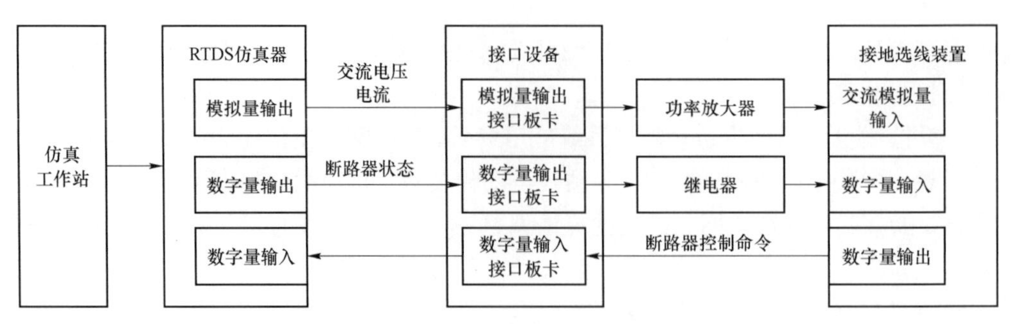

图 6－21　RTDS 测试平台架构

参数相符，尽可能仿真变电站多条出线真实故障工况。通过模型参数采用真实参数的方法保障仿真结果的准确性和有效性，并结合 RTDS 实时仿真故障控制的灵活性与可实现性，使实时数字仿真测试实现配电网几乎所有的接地故障场景，按照场景的组合分类，可综合选用中性点经小电阻接地、经消弧线圈接地、不接地等不同中性点接地方式，馈线上不同电容电流，馈线上不同故障发生位置，金属接地、弧光接地、间歇接地、不同电阻接地等多种接地故障类型，不同接地故障起始角度与持续时间，以及不同类型和大小的负载接入等测试场景模拟。

2）接地故障波形回放测试。实时仿真在试验方法上对配电网实际工况进行了不同程度的简化，所模拟的接地故障并不能和实际故障工况完全一致，为了能够灵活、准确地对故障选线装置进行测试，引入波形回放测试方法，利用故障录波文件对配电网中实际发生的故障进行回放，还原配电网实际接地故障的真实工况，有效实现选线装置在真实配电网接地故障工况下的选线性能测试与评估。

波形回放测试可以采用继电保护测试仪、配电终端测试仪、数字仿真系统等多种设备实现，针对配电网现场不同类型的接地故障，筛选出典型录波文件，测试选线装置在真实故障工况下的选线性能。因此，波形回放的基础是故障波形，需要将仿真的典型波形形成一个特征库，用作后续的故障波形用例。故障波形特征库的波形也可用于指导现场的实际工作，若某条配电线路发生故障，配电网终端录下的波形可与特征库的波形进行比对，从而让检修人员做出初步的判断，故障波形的通用数据格式为 comtrade 文件格式，且回放时需要波形文件的配置文件（.cfg）和数据文件（.dat），因此建立故障波形特征库时将仿真的典型波形以 comtrade 文件的形式保存，且同时保存配置文件和数据文件，即将典型故障仿真波形的 comtrade 文件放在同一个根目录下即可，故障波形回放或者相关的实验分析只需从此故障特征库中寻找即可。

用于仿真回放的波形文件，宜采用具有典型特征的接地故障波形，对于故障电压电流特性不明显、配电系统存在严重干扰、馈线电容电流比过大等极端情况，应尽量避免，确保所选故障录波波形能够体现配电网故障工况中的典型性和代表性。

（2）接地故障处理真型测试。配电网真型测试完全采用真实设备、真实线路参数进行验证，与以往采用电力系统动模、实时数字仿真（RTDS）、电力仿真软件、二次模拟一次设备、一次设备降压模拟等仿真验证方式有着本质的区别，真型测试完全在 10kV

真实环境进行验证，做到真实设备的可观、可测、可验证，是一个完整的、浓缩的 10kV 配电网系统。配电网真型试验场可对多种一次网架结构及开关、电压电流传感设备、二次控制设备及其控制策略、通信系统设备、主站系统进行组合测试验证，从而针对不同现状找到最佳的建设模式。

真型测试系统全部按照真实使用环境搭建，安装使用实际的配电网柱上开关设备及其配电终端设备，模拟真实的架空配电系统；安装使用环网柜、分支箱、箱式变压器及其相关测控设备能够模拟真实的电缆系统；安装多组电容器组仿真模拟实际系统中不同线路的对地分布电容，接入实际的消弧线圈，仿真消弧线圈接地的配电系统；安装多组相间短路设备（短路开关设备）和接地设备（大功率接地电阻及接地开关设备）用于进行不同线段和分支的短路故障和单相接地故障试验。10kV 配电真型试验场接地故障试验研究大都基于国网配电网智能化应用及关键设备联合实验室（某真型试验场）的实验环境，其一次接线如图 6－22 所示。

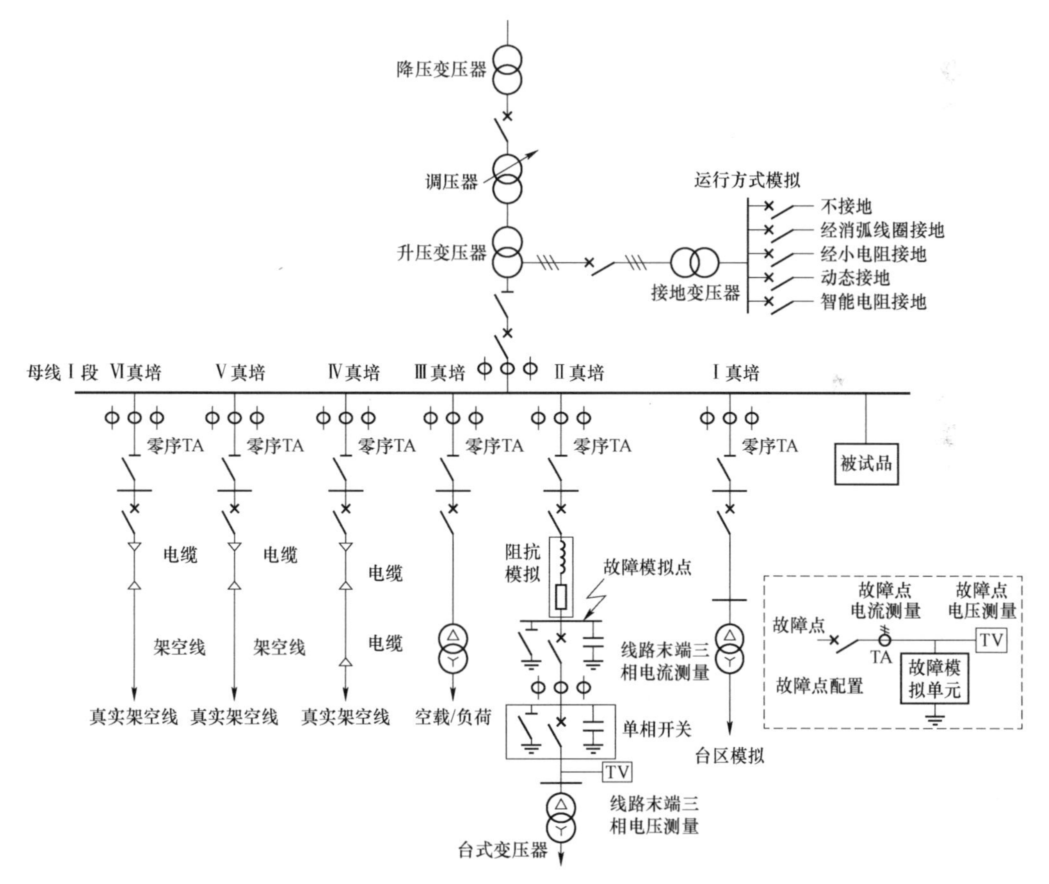

图 6－22　某真型试验场一次接线图

配电网及配电自动化真型综合验证测试平台由多个部分及系统组成，分别为电源部分、线路部分、故障模拟部分、通信系统、主站系统。其中，电源部分主要由隔离变压器、中性点工作方式模拟单元等组成；线路部分主要包括 10kV 架空、电缆线路，柱上开关、开关站、环网柜、配电终端、故障指示器、线路参数模拟装置、柱上台式变压器、模拟负载；故障模拟部分包括短路故障模拟单元及接地故障模拟单元。

故障模拟装置作为验证测试平台模拟产生线路故障的装置应具备模拟多种类型单相接地故障的能力。故障模拟能够模拟各种接地故障类型，如弧光接地、经电阻接地、金属性接地、断线接地等，真型故障模拟如图 6－23 所示。其中，弧光接地可通过放电间隙模拟不同放电间距、固定弧道的弧光环境；对于电缆故障，可采用真实电缆模拟短间隙放电环境；经电阻接地可模拟多种阻值接地情况；断线接地能够模拟架空线路发生断线后，线路在电源侧发生接地、负荷侧发生接地、电源侧与负荷侧两端都接地的环境，接地路面可为土地、沙地、水泥地等。

图 6－23　接地故障模拟地面

真型试验场是用真实架空线路、真实电缆线路和集中参数模拟线路模拟真实配电网的试验平台。其网络结构的电压要求与真实的配电网高度一致，因而所得试验结果与真实配电网验证结果的吻合度较高。对真型试验场多次接地故障的试验结果分析得出：真型试验场故障相电压、接地变压器中性点位移电压、故障点电流，以及故障线路三相零序电流等电气参数的变化规律，与真实配电网发生单相瞬时性弧光接地故障和单相永久性接地故障时电网电气参数变化完全一致。这反映了真型试验场与真实配电网高度的等效性。

结果表明，真型测试能够完成选线装置的校验测试，能够真实模拟配电网运行工况、复杂高压环境下的各种典型故障，提高选线装置的选线正确率，提高供电可靠性。

6.3　配电自动化运维

6.3.1　配电自动化主站运维要求

1. 配电主站厂家运维业务内容

（1）远程技术咨询服务。负责对各省、地市配电自动化系统现场运行技术问题进行解答、指导，包括主站、终端现场运行问题的处理方法、运行使用等方面。服务方式包括电话、微信、传真、电子邮件，保证过程中的信息安全。对处理过程中存在的疑问跟踪负责，向研发和工程人员进行咨询解决。

（2）系统运行故障应急处理。负责按照相关流程对配电自动化系统运行故障进行快速诊断处理，必要时协调研发、工程等人员参与故障处理。接听用户在线服务申请电话，与用户协同进行处理故障。故障处理时，按照故障的不同等级选择完善可行的故障处理预案，及时消除有可能影响配电网运行或实时管理工作的重大故障并限制其影响范围。故障处理完毕后，向用户反馈故障处理报告，给出故障发生的原因、故障处理措施、避免故障再次发生的建议等信息。

（3）驻地运维。安排人员在现场驻地运维，协助自动化部门组织实施系统例行检查、硬件巡视、系统故障处理等系统运维工作，协助自动化部门开展自动化系统扩充、更新、改造的可行性研究、方案论证等技术支持工作。

（4）保电工作支撑。对于重要社会活动、迎峰度夏、迎峰度冬等保电工作，协助局方进行相应保电方案编制、保电事前检查、保电期间技术支撑、保电结束总结等工作。

（5）主站远程升级。在统一安排下，协助用户进行主站软件升级、操作系统、数据库等版本补丁升级、定值下装、电池活化等工作。

2. 运行管理

（1）运行巡视管理。配电主站运维人员应按照配电网调控专业要求对配电主站、机房进行巡视，做好运行值班、交接班管理等工作。巡视工作分为值班巡视、专业巡视和特别巡视。值班巡视工作为每日两次的例行巡视，由自动化运行值班人员承担，主要包括在值班时间内对自动化运行设备进行常规检查。配电网调控人员应通过配电主站加强系统整体运行监控，积极开展遥控操作，提升实用化水平。

（2）投运退役管理。新建自动化站所的自动化、通信设备应同步建设、同步验收、同步投入使用。新产品、新设备由国网运检部统一组织相关测试，履行入网手续，并经挂网试运行和技术鉴定后方可投入正式运行，试运行期限不得少于半年。配电自动化相关设备投入运行前或永久退出运行时，应履行相应的审批手续。新设备投运前应组织对新设备的运维人员开展技术培训。

配电终端设备永久退出运行时，应事先由其运维部门向该设备的调度部门提出书面申请，经批准后方可进行。配电主站投入运行前或旧设备永久退出运行时，应履行相应的审批手续。

（3）缺陷管理。

1）缺陷分类。按照对电网一二次设备及主站、终端运行的影响程度，配电自动化缺陷分为危急缺陷、严重缺陷和一般缺陷。

危急缺陷是指威胁人身或设备安全，严重影响设备运行、使用寿命及可能造成自动化系统失效，危及电力系统安全、稳定和经济运行，必须立即进行处理的缺陷。危急缺陷必须在 24h 内消除，主要包括配电主站故障停用或主要监控功能失效、配电通信系统片区性中断、配电终端发生误动等。

严重缺陷是指对设备功能、使用寿命及系统正常运行有一定影响或可能发展成为危急缺陷，但允许其带缺陷继续运行或动态跟踪一段时间，必须限期安排进行处理的缺陷。严重缺陷必须在 5 个工作日内消除，主要包括配电主站重要功能失效或异常、遥控拒动、馈线自动化动作策略错误等。

一般缺陷是指对人身和设备无威胁，对设备功能及系统稳定运行没有立即、明显的影响，且不至于发展成为严重缺陷，应结合检修计划尽快处理的缺陷。一般缺陷应列入检修计划尽快处理，时间一般不超过 5 个月。

2）缺陷处理。配电自动化缺陷应基于信息平台进行全过程、在线和闭环管理，严禁出现缺陷管理开环情况。运维单位发现缺陷后应立即启动缺陷处理流程，处理流程包括缺陷的发现、建档、消除、验收等环节。做好缺陷的归纳、收集和整理工作，一旦发现家族性缺陷以及系统性缺陷，及时上报运维检修部，进行相应处理，并制定后续防范措施，避免家族性缺陷引起系统整体运行不良情况发生。

3）缺陷分析。运维单位应综合考虑电网和设备风险、设备负载水平、季节特点、新设备投运等因素，对设备缺陷进行动态管理，采取差异化的管控措施，并根据情况缩短配电自动化缺陷的处理时限。当发生的缺陷威胁到其他系统或一次设备正常运行时必须在第一时间采取有效的安全技术措施进行隔离。严重或危急缺陷消除前，设备运行维护部门应对该设备加强监视防止缺陷升级。

配电主站使用单位是发现终端缺陷的主要部门，也是终端缺陷管理流程中的主要发起部门。这主要是由于终端缺陷中有比较大一部分在现场实际巡视中并不能发现，诸如频繁掉线、数据上传不准确等，需要调控中心在主站巡视过程当中发现并提报。

配电自动化运维单位应做好缺陷统计和分析工作，通过生产管理信息系统实现缺陷闭环管理。配电自动化管理部门至少每季度开展一次运行分析工作，针对系统运行中存在的问题，及时制定解决方案。

（4）设备异动管理。

1）设备异动要求。根据“源端唯一、全局共享”的原则，保证生产管理系统、电网 GIS、配电自动化系统中各配电设备和关联和对应关系。生产设备现场实际运行工况，是各系统基础数据准确性验证的唯一标准。PMS 设备台账和 GIS 中图模信息应与现场保持一致，配电自动化系统图模应与所导入的系统中图模保持一致。

异动管理涵盖生产系统中低压工程、大修技改工程、生产维护、小区配套费工程和线路迁改等产生的配电设备异动管理，以及公司营销系统中业扩报装、增减容、业务变更等产生的配电设备异动管理。

2）设备异动流程。按照设备异动管理流程进行管控，实现各项业务的闭环管理，保证 PMS、GIS 及 DMS 中设备图纸台账的一致性联动更新。设备异动流程分为两类，一是设备变更异动流程，涉及拓扑关系及图形更改图模变化；二是属性变更异动流程，仅涉及设备台账属性信息的变化。

配电生产专业以配电 PMS 作为设备台账图纸维护的主体，配电网现场发生设备异动（包括停电改造、业扩工程、生产维护等）后，班组技术人员在 PMS 中发起设备异动单为起点，经配电运检室、运检部配电运检专工和调控中心三级审核无误后，传送到

GIS 进行相应修改。调控中心自动化维护人员负责配电自动化系统的异动，自 GIS 导入图形信息，自 PMS 中导入设备台账信息，完成配电自动化系统图形建模，经审核无误后，在配电自动化系统中进行图模发布。

（5）数据维护管理。配电主站进行数据运行维护时，如可能影响调度员正常工作，应提前通知当值调度员，获得准许并办理有关手续后方可进行。在设备、站点新投或更改后，配电主站值班人员应确保配电主站、配电网相关系统（GIS、EMS 等）与现场设备的网络拓扑关系（一次主接线图），调度命名、编号的一致性，遥信、遥控、遥测等配置信息的准确性，以及馈线自动化方案的正确性。配电自动化主站系统数据库的运行维护设专人专责管理。数据库专责人员负责数据库的生成、修改、扩充，修改后需作记录。前后台数据库设立口令，严禁擅自改动。

（6）信息安全防护管理。配电自动化系统运维单位应在本单位电力二次系统内部署升级防病毒软件，了解相关系统软件漏洞发布信息，及时进行修复或加固。配电自动化系统安全防护要求应严格按照《电力二次系统安全防护规定》（国家电力监管委员会第 5 号令）和《中低压配电网自动化系统安全防护补充规定（试行）》（国家电网调〔2011〕168 号）要求执行。

3. 检修检验管理

（1）检修管理。配电主站的检修管理按照 DL/T 516—2017《电力调度自动化系统运行管理规程》等相关规定要求执行。

运行中的配电自动化设备，应根据设备的实际运行状况、缺陷分类及处理响应要求，结合配电网状态检修相关规定，合理安排、制定配电终端、配电通信系统的检修计划和检修方式。

（2）检验管理。配电自动化系统应按照相应检验规程或技术规定进行检验工作，设备检验分为两种：新安装设备的验收检验、运行中设备的补充检验。当运行中的设备发生异常并处理、事故处理、发生改进或运行软件修改、设备更换等情况时，应安排补充检验。

新安装的配电自动化设备的验收检验按 Q/GDW 567—2010《配电自动化系统验收技术规范》的要求进行，对于运行中的配电自动化设备，运维部门应根据设备的实际运行情况，制定检验计划，对有特殊要求的设备安排组织专业机构或人员进行设备定验。

对配电自动化系统有关设备进行检验时，如影响配电网调度正常的监视，应将相应的配电终端退出运行，并通知相应设备的调度人员。设备检验完毕后，应通知相应设备的调度人员，经确认无误后方可投入运行。

配电自动化系统有关设备检验前应做充分准备，如图纸资料、备品备件、测试仪器、测试记录、检修工具等均应齐备，明确检验的内容和要求，在批准的时间内完成检验工作。设备检验应采用专用仪器，相关仪器应具备相关检验合格证。

（3）定期试验管理。为保证配电自动化系统正常运行和备用冗余设备的完好，必须按期、按规定要求进行有关设备的切换试验、轮换工作。

主站定期试验、切换的项目和周期如下：主站 DSCADA 系统多数据源（主备模拟/数字通道、网络通道等）切换试验每季度一次；主站 UPS 主备进线电源切换试验每季度一次；各系统主备服务器切换试验每季度一次；会影响 DMS 其他系统业务或正常配电网调度员工作的切换试验，必须征得相关专职人员同意或批准后方可进行。

定期试验切换工作，一般应安排在系统运行正常的时候进行，并加强监护，做好事故预想，制定安全对策。所有定期切换试验的进行情况和检查结果均应记入运行日志。如发现异常情况应及时处理、汇报。

（4）版本管理。

1）基本要求。配电自动化系统职能管理部门应统一发布配电主站系统的软件版本。运行中的配电自动化系统相关设备、数据网络配置、软件或数据库等做重大修改，均应经过技术论证，提出书面改进方案，经主管领导批准和相关职能管理部门确认后方可实施。配电主站软件版本如发现严重缺陷，相应管理部门应组织厂家进行版本升级，并对新升级版本进行全面测试和试运行。

2）升级流程。新软件版本投入运行前，必须进行入网检测，通过检测试验的软件版本方能投入使用。根据检测报告对有关程序进行修改后形成的新版本，应重新检测，确保不衍生新问题。入网检测工作由省公司职能管理部门、省电科院统一组织实施。

配电主站软件版本正式升级前，由厂家向相应职能管理部门提出升级申请。升级申请包括升级装置名称、型号、升级原因、新老版本功能区别，以及新软件的版本号、试验证明、功能说明和使用说明等。应详细描述系统升级工作的风险，提出防范措施及应急预案，并同步提交升级操作指导书，详细写明升级操作步骤。配电自动化职能管理部门收到升级申请后，经过审核、确认后统一安排升级工作。

4. 技术资料管理

技术资料管理坚持“谁主管、谁负责，谁形成、谁整理”的原则，在配电自动化项目验收时，地市供电企业运检部应组织同步做好配电自动化项目文件材料的收集、整理和归档，并在项目验收合格后 3 个月内完成向本单位档案部门移交。设备因技术改造等原因发生变动，必须及时对有关资料予以修改、补充，并归档保存。各运行维护部门应将管辖自动化设备的台账录入信息管理系统，实现在线管理，并在设备变更后及时完成台账的更新工作。

运行资料、光和磁记录介质等应由专人管理，应保持齐全、准确，要建立技术资料目录及借阅制度。各级档案部门对配电自动化项目档案工作进行监督检查指导，确保档案的齐全完整、系统规范，并根据需要做好档案的接收、保管和利用工作。

新安装配电自动化系统必须具备的技术资料：设计单位提供已校正的设计资料（竣工原理图、竣工安装图、技术说明书、远动信息参数表、设备和电缆清册等）；设备制造厂提供的技术资料（设备和软件的技术说明书、操作手册、软件备份、设备合格证明、质量检测证明、软件使用许可证和出厂试验报告等）；工程负责单位提供的工程资料（合同中的技术规范书、设计联络和工程协调会议纪要、调整试验报告等）。

正式运行的配电自动化系统应具备下列技术资料：配电自动化系统相关的运行维护管理规定、办法；设计单位提供的设计资料；现场安装接线图、原理图和现场调试、测试记录；设备投入试运行和正式运行的书面批准文件；各类设备运行记录（如运行日志、巡视记录、现场检测记录、系统备份记录等）；设备故障和处理记录（如设备缺陷记录）；软件资料（如程序框图、文本及说明书、软件介质及软件维护记录簿等）。

5. 评价与考核

配电自动化应用指标体系主要包括 6 项评价指标，即配电主站月平均运行率（以下简称“主站在线率”）、配电终端月平均在线率（以下简称“终端在线率”）、遥控使用率、遥控成功率、遥信动作正确率、馈线自动化成功率。其中，前 5 项指标是作为配电自动化项目实用化验收的必要条件，也是实用化应用过程中运检季度考核指标，第 6 项指标为实用化应用过程中参考考核指标。6 项指标覆盖配电自动化系统实用化应用的主要方面，基本可以反映出各个单位实用化应用水平及程度。各项指标计算方法如下。

（1）主站在线率。

计算公式：（全月日历时间－配电主站停用时间）/（全月日历时间）×100%。

计算依据：以配电主站运行记录及日志作为统计计算依据。

认定方法：以配电终端的全月遥测曲线同时中断作为主站停用的认定依据。

实用化验收要求：主站在线率大于等于 99%。

（2）终端在线率。

计算公式：（全月日历时间×参与考核终端总数－参与考核终端停用时间总和）/（全月日历时间×参与考核终端总数）×100%。

计算依据：依照配电终端的运行记录进行统计计算。

认定方法：以配电终端运行记录中出现“退出”状态后再恢复“投入”的时间间隔认定为终端停用时间。

实用化验收要求：终端在线率大于等于 95%。

（3）遥控使用率。

计算公式：（考核期内实际遥控次数）/（考核期内可遥控操作次数的总和）×100%。

计算依据：依照调度运行日志、停电计划、故障记录进行统计。

认定方法：实际遥控次数＝遥控成功次数＋遥控失败次数。可操作遥控次数＝实际遥控次数＋“三遥”开关非遥控产生变位次数－“三遥”开关调试、产生变位次数。考核期是指具有连续完整运行记录的运行时间，实用化验收要求至少 3 个月以上。

实用化验收要求：遥控使用率大于等于 90%。

（4）遥控成功率。

计算公式：（考核期内遥控成功次数）/（考核期内遥控次数总和）×100%。

计算依据：依照调度运行记录进行统计。

认定方法：总遥控次数＝遥控成功次数＋遥控失败次数，30min 内的连续三次遥控记录以最后一次为准。

实用化验收要求：遥控成功率大于等于 98%。

（5）遥信动作正确率。

计算公式：（遥信正确动作次数）/（遥信正确动作次数＋遥信拒动、误动次数）×100%。

计算依据：依照配电主站遥信变位打印记录、终端 SOE 记录进行统计。

认定方法：遥信正确动作次数＝遥信变位与 SOE 对应且时间间隔小于 15s 总次数。遥信拒动、误动次数＝遥信变位丢失、SOE 变位丢失且与 SOE 时间间隔大于 15s 总次数。

实用化验收要求：遥控成功率大于等于 95%。

（6）馈线自动化成功率。

计算公式：（馈线自动化成功动作次数）/（馈线自动化启动次数）×100%。

计算依据：依照所有具备馈线自动化功能的线路所启动过的馈线自动化记录进行统计。

认定方法：以考核期内所有投入馈线自动化功能的线路所启动的馈线自动化事件记录作为启动次数；以启动的馈线自动化功能正常执行结束认定为成功。

6.3.2 配电自动化终端及子站运维要求

1. 配电终端及子站远程运维要求

（1）总体要求。配电终端周期性运维以主站运维为主，现场简单化运维，排查问题为主，配电主站远程监测采用自动监测运行方式，监测配电终端运行状态异常时自动告警；远程监测配电终端通信及运行状态、配电终端遥信、遥测异常告警信息、配电终端的自检信息、配电终端的开关动作信息、配电终端的电源模块、后备电源等配套设备信息、配电终端的定值参数信息等。

配电终端远程运维时，配电终端不应发生误出口、误闭锁/解锁等；支持远程参数召唤和下装；支持软压板投退；支持终端远程复位功能；支持终端远程程序升级；支持终端电池的远方活化；运维人员在主站进行远程操作时，需要在维护前进行挂牌操作，维护结束后摘牌。

（2）远程运维内容。

1）遥测数据异常。遥测数据包括线路的电压、电流、有功功率、无功功率、功率因数、频率和直流量等测量值；主站远程自动监视遥测数据的状态，有异常时进行告警，通知运维检修人员进行现场处理。

2）遥信数据异常。遥信数据包括实遥信和虚遥信；主站远程自动监视遥信数据的状态，有异常时进行告警，通知运维检修人员进行现场处理。

3）遥控数据异常。检查配电主站“五防”逻辑闭锁。配电主站设置有“五防”逻辑闭锁功能，如带接地开关合断路器、带负荷电流拉开关导致误停电。配电主站与配电终端之间通信异常。可以在通信网管侧查看终端侧通信终端是否在线，应确保终端在线、与主站通信正常的前提下，进行遥控操作。

4）参数读写。配电网监控单位应定期读取终端固有参数、运行参数和动作参数，检查参数是否正确；对动作参数的修改，应采用整组参数设置方式或者单组参数设置方式，避免参数修改过程中终端误出口。

5）程序升级。配电网监控单位执行终端程序升级工作；程序升级后，应读取终端固有参数确认程序是否升级成功。

6）历史文件读取。支持读取终端历史文件并备份存储；历史文件传输支持断点续传。

2. 配电终端及子站本地运维要求

（1）总体要求。配电终端宜根据主站监视告警开展巡视工作，配电终端进行本地运维前，应将相关压板退出，运维人员现场检修时，应通知主站进行异常挂牌。

（2）遥测数据异常。

交流电压采样异常的处理：用万用表直接测量终端遥测板电压输入端子电压值，判断电压异常是否属于电压二次回路问题，如果发现二次输入电压异常，应逐级向电压互感器侧检查电压二次回路，直至检查到电压互感器二次侧引出端子位置，若电压仍异常，可判断为电压互感器一次侧输出故障。当二次输入电压正常时，应使用终端维护软件或本地运维工具查看终端电压采样值是否正常，若正常即可判定为配电主站侧遥测参数配置错误，否则应检查终端遥测参数配置是否正确，当检查发现终端遥测参数配置正确时，即可判定为终端本体故障。终端本体故障的处理流程应按照先软件后硬件、先采样板件后核心板件的原则进行。更换终端内部板件时，应对更换后相应参数重新配置。

交流电流采样异常的处理：用钳形电流表测量终端遥测板电流输入回路电流值，判断电流异常是否属于电流二次回路问题，如果发现二次输入电流异常，应逐级向电流互感器侧检查电流二次回路，直至检查到电流互感器二次侧引出端子位置，若电流仍然异常，可判断为电流互感器一次输出故障。当二次输入电流正常时，应使用终端维护软件或本地运维工具查看终端电流采样值是否正确，若正常可判定为配电主站侧遥测参数配置错误，否则应检查终端遥测参数配置是否正确，当检查发现终端遥测参数配置正确时，即可判定为终端本体故障，终端本体故障的处理流程应按照先软件后硬件、先采样板件后核心板件的原则进行，更换终端内部板件时，应对更换后相应参数重新配置，交流电流采样值是根据负荷大小变化的，所以在检查过程中应结合整条线路上下级终端采样值进行比较和核对，并确认电流互感器的变比。

终端直流采样包括后备电源电压、直流 0～5V 电压或 1～20mA 电流的传感器输入回路，输入为电压时，应解开外部端子排，用万用表测量电压，确认外部回路是否正常；输入为电流时，应用钳形电流表直接测量，确认外部回路是否正常。当外部回路正常时，查看端子排内外部接线是正确，是否松动，是否压到二次电缆表皮，是否有接触不良情况。端子排接线正常时，断开直流采样外部回路，从端子排到装置背部端子用万用表测量通断，判断是否线路有异常。当线路无异常时，在直流 0～5V 电压或 1～20mA 电流、温度电阻回路、温度变送器无问题时，应更换直流采样板件。

（3）遥信数据异常。遥信根据产生原理不同分为实遥信和虚遥信，实遥信由电力设备辅助触点提供，虚遥信由配电终端根据采集数据计算后触发，反映设备保护信息和异常信息等。应首先检查遥信电源是否异常，遥信电源故障会导致装置上所有遥信状态都异常。当遥信电源正常时，判断信号状态异常是否为二次回路问题导致，将遥信外部接线解开，用万用表对遥信点和遥信公共端测量，带正电电压的信号状态为 1，带负电电压的信号状态为 0，如果信号状态与实际不符，则检查遥信采集回路的辅助触点或信号继电器触点是否正常，端子排内外部接线是否正确，接线是否松动，是否压到电缆表皮，是否接触不良；当二次回路正常时，应使用终端维护软件或本地运维工具查看终端遥信采样值是否正常，若正常可判定为配电主站侧遥信参数配置错误，否则应检查终端遥信参数配置是否正确，当检查发现终端信测参数配置正确时，即可判定为终端本体故障。

终端本体故障的处理流程应按照先软件后硬件、先采样板件后核心板件的原则进行，更换终端内部板件时，应对更换后相应参数重新配置。

遥信信号有可能出现瞬间抖动现象，应加以去除，否则造成系统误遥信，系统误遥信属于严重缺陷，应按照严重缺陷处理流程处理：首先检查配电终端外壳和电源模块是否可靠接地，若没有接地应做好可靠接地。检查配电终端防抖时间设置是否合理，可以适当延长防抖时间为 200ms 左右。检查二次回路节点是否牢靠，螺栓是否拧紧，压线是否压紧。误发遥信的二次回路在辅助回路处短接，通过主站观察，若 7 天内遥信误报消失，应更换开关辅助触点后观察 7 天；若遥信误报仍然存在，应对配电终端重新进行电磁兼容试验。

（4）遥控数据异常。

遥控返校异常的处理：检查配电终端处于就地位置。配电终端面板上有“远方/就地”切换把手，用于控制方式的选择。当“远方/就地”切换至“远方”时可进行遥控操作；切换至“就地”时只可在终端就地操作，会出现遥控选择失败的现象，将其切换为“远方”即可。若 CPU 板件故障，关闭装置电源，更换 CPU 板件。遥控板件故障会导致 CPU 不能检测遥控返校继电器的状态，从而发生遥控返校失败，可关闭装置电源，更换遥控板件。

遥控执行异常的处理：终端控制继电器无输出时，可判断遥控板件故障，应更换遥控板件；当控制继电器动作但开关未动作时，应检查控制回路二次接线是否正确，出口压板是否投入；当二次回路有输出但开关未动作时，应检查开关电动操动机构。

（5）后备电源异常。电源回路异常包括主电源异常和后备电源异常。后备电源异常指交流失电后后备电源不能正常供电；主电源异常包括交流回路异常、电源模块输出电压异常，应测量 TV 柜、终端接线端子和电源模块输入端子电压，若异常，应检查交流空气断路器是否跳闸、熔丝是否完好、导线是否松动或中间继电器是否正常。

运维人员应使用万用表测量直流输出电压，查看电压是否在正常范围，如有超标应记录并排查故障。当电源模块输入端子电压正常但输出异常时，应检查电源模块接线和模块本身是否损坏。当后备电源异常时，应检查蓄电池接线是否松动、蓄电池是否有漏液或损坏、蓄电池输出电压是否正常、是否存在欠电压；当蓄电池电压正常时，应判定为电源模块故障，更换电源模块。检查蓄电池接线、蓄电池外壳，以及蓄电池是否漏液；检查蓄电池输出电压、充放电电流及内阻；检查蓄电池充电器模块是否正常；在维护设备上分项检查电源模块本身自检信息，包括交流失电、输出故障、后备电池损坏等；对蓄电池定期进行充放电，定期更换异常的蓄电池。

3. 运维工具要求

本地运维采用统一的运维工具，可采用手持式终端，运维时需要登录验证。记录终端 ID、软硬件版本号、本次运维时间及运维操作，运维结束后可自动生成运维报告。运维工具具备二维码扫描、RFID 识别功能，兼容 3G、4G 无线通信功能，支持 GPS/北斗定位功能，防护等级 IP64 防护等级，满足室外作业要求，方便快捷，便于携带，手持式终端采用触摸屏，若有需要，增加按键，手持式终端自带电池。

终端和运维工具支持统一的本地运维调试接口，终端与运维工具之间采用统一的通信协议，运维工具支持 4G/5G/专网通信功能，可将数据发送至主站或相关运维人员手机。

本地运维的安全防护，应满足《电力监控系统安全防护规定》（中华人民共和国国家发展和改革委员会〔2014〕第 14 号）和《国家能源局关于印发电力监控系统安全防护总体方案等安全防护方案和评估规范的通知》（国能安全〔2015〕36 号）的要求。

运维工具软件权限分级。不同级别权限用户支持的软件功能须支持可配置模式，运维工具与终端间基于数字证书体系的身份认证，对各种控制指令须采取强身份认证及数据完整性验证等安全防护措施。

运维工具主要功能包括：

（1）登录验证及管理功能，具备登录密码验证、权限管理、人员管理、密码管理、证书管理等功能。

（2）实时数据查询功能，实时数据包括遥测、遥信、电能量、环境量信息、告警信息等。

（3）历史数据查询功能，历史数据包括事件顺序记录、遥控记录、遥测统计数据、录波数据、历史电能量、LOG 日志等。

（4）通信报文监视及分析功能，能实时查看装置通信报文情况、分析通信过程、辅助异常诊断、导出报文及诊断信息。

（5）参数的查询及设置功能，可查询及设置通信参数、运行参数、故障处理参数、电度计量参数等。

（6）运行控制操作功能，配电运行控制相关的就地操作，通过终端进行就地开关分/合操作、软压板投退、就地电池活化等。

（7）终端控制操作功能，手动录波、复归、复位。

（8）通信传动测试功能，用于调试时的通信信息对点，包括终端与主站通信传动、与其他接入设备通信传动等。

（9）出口测试传动测试功能，用于终端的开关分、合控制出口测试。

（10）LED 测试功能，测试 LED 是否亮灭正常。

（11）数据备份与恢复功能，支持终端的设置参数、历史数据、配置文件等备份。

（12）参数值备份功能，运维工具读取旧终端的参数值，下载到新的终端，通过通信协议方式传输参数。

（13）历史数据备份功能，读取旧终端的历史数据文件，转给主站备份。

（14）一键恢复功能，运维工具支持终端参数的一键恢复，更换终端后通过一键恢复完成配置。

（15）程序升级功能，通过维护端口就地升级终端的程序。

（16）对时功能，通过运维工具对终端进行就地对时。

（17）支持自定义扩展功能，自定义命令输入/输出。

4. 通信要求

配电终端远程运维的方式宜采用现有电力通信规约及其拓展的方式进行，通信方式采用现有的业务通信通道，远程运维采用的规约应遵循 DL/T 634.5101《远动设备及系统 第 5－101 部分：传输规约 基本远动任务配套标准》、DL/T 634.5104《远动设备及系统 第 5－104 部分：传输规约 采用标准传输协议集的 IEC 60870－5－101 网络访问》及 GB/T 18657.5《远动设备及系统 第 5 部分：传输规约 第 5 篇：基本应用功能》的规定。对于规定中无法满足现有功能需求的部分，应适当扩展，扩展部分的帧格式、传输规则仍应遵循 DL/T 634.5101、DL/T 634.5104 及 GB/T 18657.5 的规定，而拓展部分的数据结构及基本应用功能可参考现有数据结构及基本功能进行制定。

5. 安全要求

终端具有登录功能，必须输入正确的账号和密码才能进行远程维护操作，具备权限管理功能，不同的账号可以设置不同的权限。定值修改、参数修改、程序更新、软压板投退等可以分别设置权限。远程运维内容应生成日志，以供查验，配电终端和配电主站侧应具备安防措施。运行和维护的相关操作应使用基于加密认证的技术进行安全防护，应满足《电力二次系统安全防护规定》（国家电力监管委员会第 5 号令）以及国家信息安全的相关条例和规定，终端远程运维的安全防护，应满足《电力监控系统安全防护规定》（中华人民共和国国家发展和改革委员会〔2014〕第 14 号）和《国家能源局关于印发电力监控系统安全防护总体方案等安全防护方案和评估规范的通知》（国能安全〔2015〕36 号）的要求。

6.3.3 配电通信运维要求

配电终端通信通道异常表现为主站与终端无法正常通信，引起终端掉线或频繁投退，通信通道异常可能是物理链路出现异常造成的，也有可能是通信设备配置不当造成的，配电终端通信异常的原因比较多样化，需要分段排除。

配电终端通信异常一般由主站发现并发起异常处理流程，为了更快地对通信异常进行处理，光纤通信可将通信通道分为配电主站到核心交换机、核心交换机到配电终端两段，无线通信为配电主站到运营商服务器、运营商服务器到配电终端两段。通信运维人员核查通信网管系统，核查通信设备是否有异常告警信息，对于主站系统内所有终端同时掉线的情况，首先排查配电主站到核心交换机或运营商服务区之间的通信是否正常，并进行运维处理；对于线路出现终端同时掉线的情况，首先由网络管理系统排查主通信设备是否正常、物理介质是否被破坏，并进行现场确认修复；对于单个配电终端通信异常，可由现场运维人员到现场检查通信设备电源是否正常、物理介质是否完好，并检查网络参数配置的正确性、路由信息配置的正确性，合理分配通信 IP、子网掩码、网关地址等；检查通信物理接口是否正常、网口等闪烁是否正常、串行口收发指示灯是否正常，确认接口信息配置是否正常，确认通信协议配置是否正常，确认通信链路地址配置是否正常。

第7章
典　型　案　例

7.1　华北A市电力建设案例

“十三五”期间，华北某电力公司根据地区配电网规模和应用需求，遵循国家电网有限公司配电自动化建设相关技术标准规范，以“做精智能化调度控制，做强精益化运维检修，信息安全防护加固”为目标，基于“新一代”主站系统架构，采用“大数据、云计算”技术，开展“一体双核”配电主站系统建设，部署A、B两个核心节点即“两地双活中心”，一体化运行，首次在调度控制系统实现了存储、网络、应用的全方位异地双活，保障系统异地容灾的高可靠性；基于馈线模型动态分片及分布式并行计算技术，实现了海量实时数据分布式并行处理，满足地区配电网600万点实时数据的接入需求，解决了省级部署配电网主站接入规模大、数据吞吐量高、实时量测处理和二次计算效率低等性能瓶颈问题，至2018年底，已接入各类型配电终端5.84万台，实现地区配电自动化100%全覆盖；部署地调、电科院17个应用节点，通过应用层和基础平台层，实现应用节点的高效冗余，支持业务分区自由组合的多级管控应用模式。

“十三五”期间，部署国内首套“一体双核”配电主站，创新应用“保护级差+主站集中型”馈线自动化以及基于暂态故障录波的接地故障模式，投入全自愈功能线路3283条，占比35.83%；通过应用配电自动化系统，配电网故障平均恢复时间由2017年的2.68h缩短为1.41h（减少47.39%），年故障次数降低90%；建成配电自动化建设、运维等全过程管控标准规范。

采用典型的“1+1”配电自动化建设模式，开展基于大数据技术的新一代地县一体化配电主站建设，市公司与区公司“一级部署、两级应用”，有效支撑配电网调控运行、调控管理、故障研判等业务，为配电网规划、建设、生产运维提供全面的数据支持。

7.1.1　系统架构

“一体双核”系统是面向全市配电网监控管理建设的一套一体化配电网主站系统，包含两个核心节点及两个应急子系统，两个核心节点分别部署在A、B两地。正常情况下两地协同工作，负载均衡，负责全市配电网运行监控及管理；异常情况下，任一核心节点均可独立承担所有配电网业务，可通过自动或手动方式恢复到正常运行状态；极端异常情况下，两个应急子系统可承担其管辖范围内监控业务。

“一体双核”系统的内涵和运行机制如下：

（1）“一体”是指构建全市一体化运行的配电主站系统，实现本市全部 17 个地区的配电自动化数据流、信息流、业务流全集中。

（2）“双核”是指一体化系统分别由部署在 A、B 两地的两个核心计算节点承载。两个节点同时工作，负载均分，处理全市的配电自动化业务。各地市局远程工作站通过配电数据网或综合数据网连接到核心节点，并根据配置选择连接到哪一个核心，进行配电网日常业务的监控与运维。

（3）系统同时建设两个应急子系统。作为“一体双核”的安全保障机制，确保双核系统在极端情况下，两个应急子系统能够承载 A、B 两个中心区域的配电网业务。

（4）系统有三种运行状态，分别是双核正常运行、单核风险运行、子系统应急运行状态。双核正常运行状态下，A、B 两个核心节点分布式同时运行，两个应急子系统作为后备系统，处于热备状态，接收运行数据；单核风险运行状态下，一个核心节点负载全部任务运行，两个应急子系统作为后备系统，处于后备状态；子系统应急运行状态，两个应急子系统承担 A 区域和 B 区域的系统Ⅰ区配电网运行监控业务。

1. 整体架构

A 市“一体双核”系统整体架构示意图如图 7–1 所示。

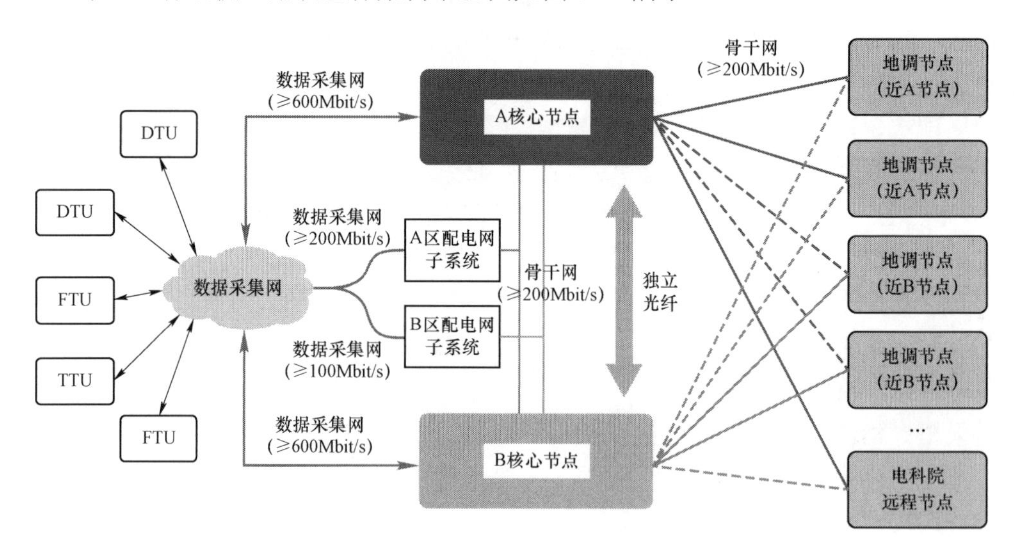

图 7–1 华北 A 市“一体双核”系统整体架构示意图

系统图将“一体双核”系统架构依据业务划分为三块：

（1）左侧为数据采集业务，终端数据分别送至 A 区和 B 区核心节点，同时与 A 区子系统和 B 区子系统间部署备用通信连接链路。

（2）中间为系统数据处理及交互业务，“一体双核”系统存在两个核心节点，分别为部署在 A 区的核心节点和部署在 B 区的核心节点，两个核心节点Ⅰ、Ⅲ区之间分别通过光纤网络直连。同时，在 A 区供电公司和 B 区供电公司分别部署两套子系统，子系统作为“一体双核”系统的应急热备系统，在“一体双核”系统宕机后，分别承担 A 区核心区和 B 区的配电网运行监控应急需求，应急子系统不考虑配电运行状态管控应用功能应急备用需求。

（3）右侧为远程运维与监控业务，各地调及电科院节点采用远程工作站的模式，通过系统Ⅰ区和Ⅲ区骨干网络连接到“一体双核”系统两个核心。

2. 运行状态

系统正常运行时，“一体双核”系统接入 A 市所有配电网终端的信息，数据采集、数据处理分布在两个核心节点上，两个核心节点同时工作，负载均分。采集及数据处理可以根据定制的处理逻辑分区域处理，例如 A 区核心节点采集并处理 A 市西部区域的业务，B 区核心节点采集并处理 A 市东部区域的业务。两个核心节点上均具有完整的实时数据库用以支撑配电自动化应用分析需求。

配电运行监控应用部署在双核心的生产控制大区，直接调取所需实时数据及分析结果。配电运行状态管控应用部署在双核心的管理信息大区，并通过信息交换总线接收从双核心生产控制大区推送的实时数据、历史数据及分析结果。

3. 软件架构

系统整体软件架构图如图 7-2 所示。

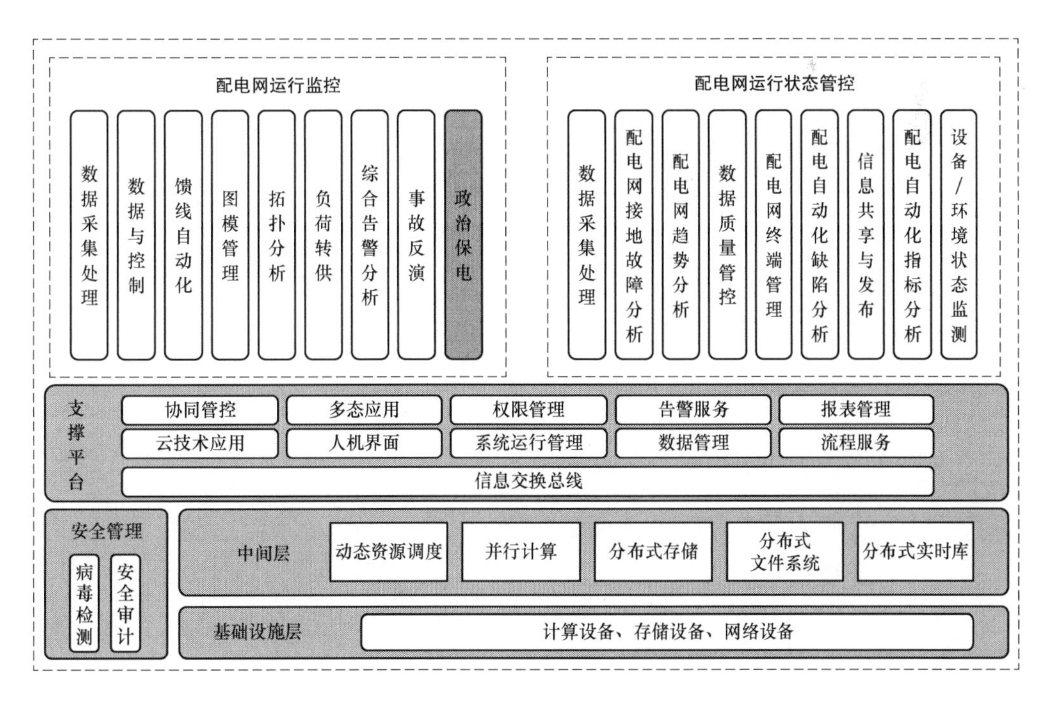

图 7-2　系统整体软件架构图

系统软件功能架构及功能描述遵循 Q/GDW 513—2010《配电自动化主站系统功能规范》的要求。

7.1.2 建设概况

1. 光纤通信方式设备接入

在光纤通信条件下，配电主站为传输控制协议（TCP）链接的客户端，主动发起与配电终端的 TCP 链接。A 区核心和 B 区核心的前置服务器能与所有的配电终端通信，应急子系统只与本地的配电终端通信；前置服务器通过负载均衡策略实现全部配电终端数据的接入，并避免多台前置机争抢同一个配电终端的通道。

采集任务的负载均衡由前置系统依据任务分配策略进行任务均衡分配。当单服务器异常时，由另一核同组服务器接管；当一核全部服务器或通信异常时，由另一核接管全部配电终端。

以 4 个 DTU 的数据采集为例，其数据流如图 7-3 虚线箭头所示。

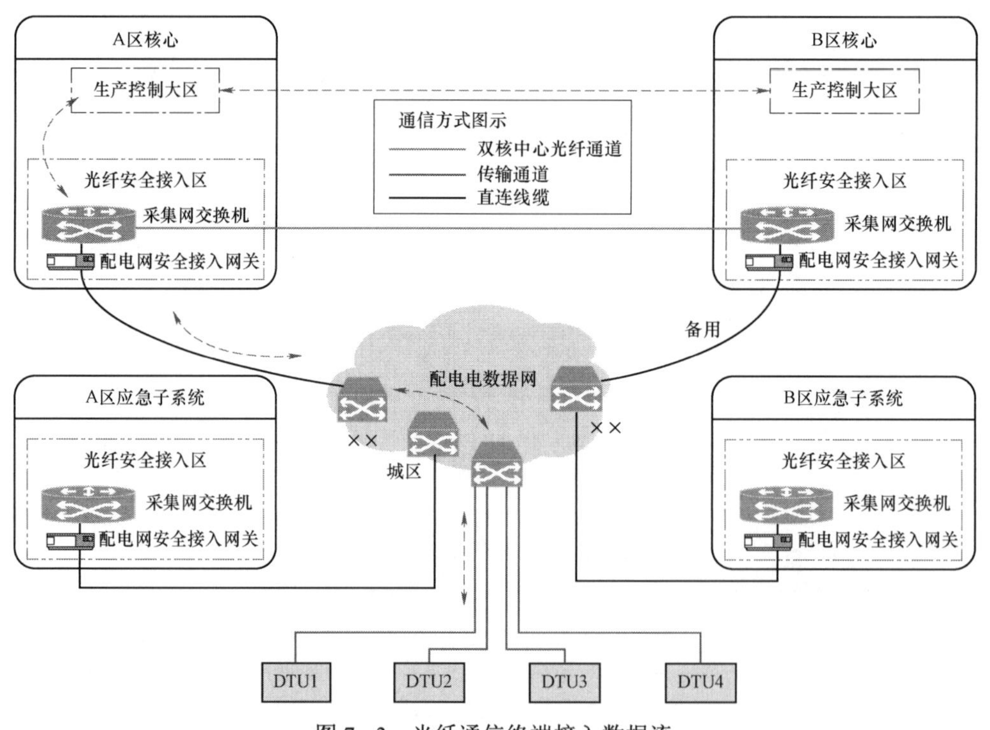

图 7-3 光纤通信终端接入数据流

2. 无线通信方式设备接入

无线 APN 专线的汇聚点在通信机房。在两个核心及两个应急子系统各部署一台负载均衡器。

以 4 个 DTU 的数据采集为例，其数据流如图 7-4 虚线箭头所示。

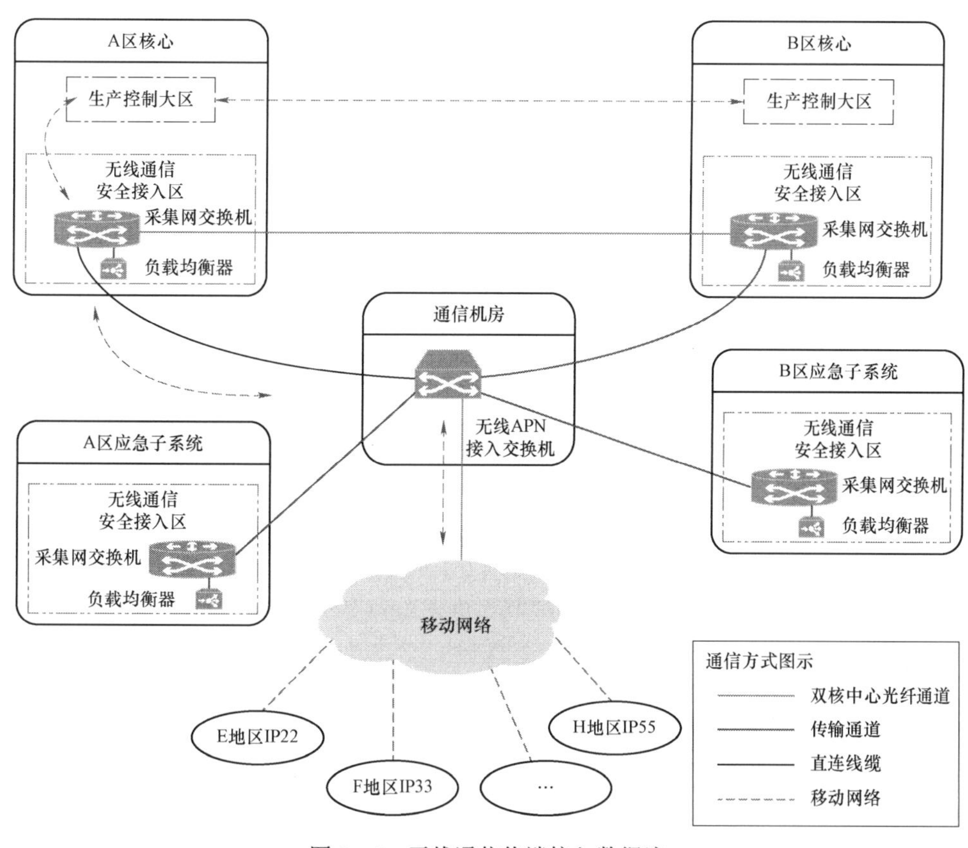

图 7－4　无线通信终端接入数据流

7.2　西南 B 市建设案例

西南 B 市配电自动化系统采用国家电网有限公司典型集中构建模式，按大型 100 万信息点规模设计建设，2009 年规划，2010～2011 年建设工程覆盖主城区内 193km^2 范围，涵盖 100% 10kV 配电网线路 320 条，95%以上配电站点 1190 个，是当时全国一次性建设规模最大工程。其中柱上开关和环网柜占 90%，全部按“三遥”站点建设，电缆分支箱站点采用“二遥”终端建设。建设工程随建随投，建成周期一年，2011 年底全部正式上线，同步按实用化标准运行。

至今，覆盖区域扩展至外环城区 598km^2 区域，且平均保持城区整体线路覆盖率大于 96%水平。站点终端配置原则沿用“应装尽装、三遥为主”成功经验。至 2019 年底，城区配电线路 600 余条，总长度 3500 余千米，部署中压配电终端 5000 余个；全域 10000 余条线路，中压终端 6000 余台。

7.2.1　配电自动化系统结构

西南 B 市配电自动化体系结构遵循国家电网有限公司技术导则，采用主站终端两层架构，集中部署，按业务不同采用不同用户权限，且按安全分区原则有序运行和操作使用。西南 B 市配电自动化遵循标准的体系结构示意图如图 7–5 所示。

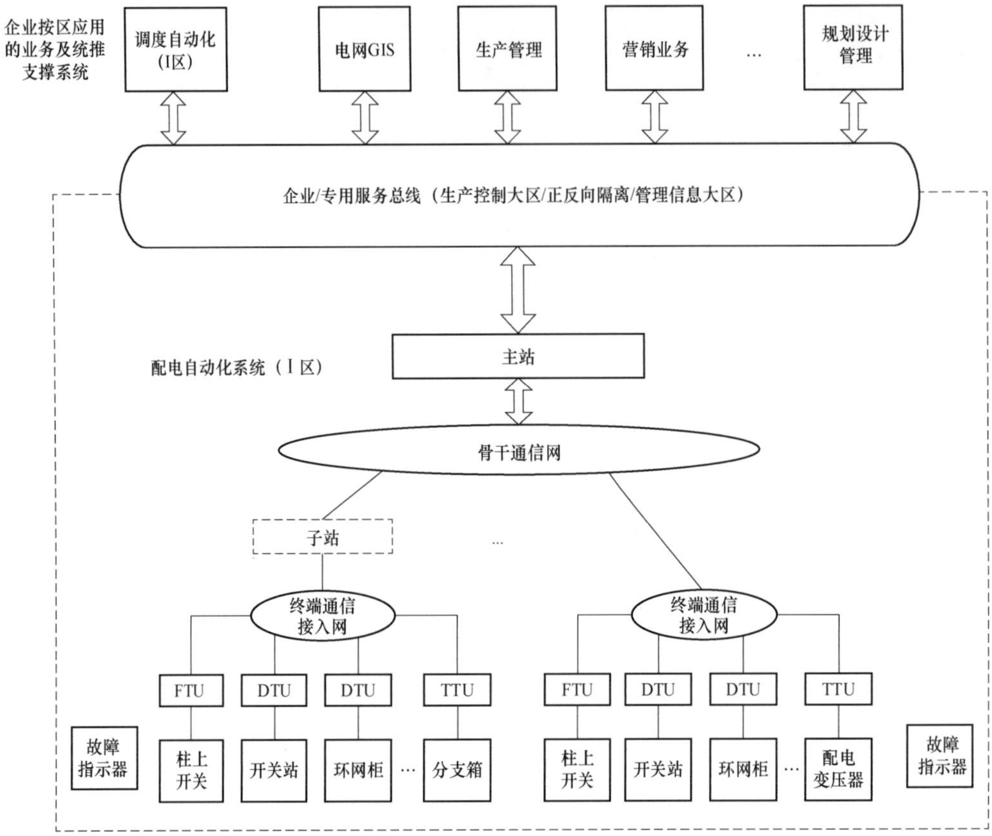

图 7–5　西南 B 市配电自动化遵循标准的体系结构示意图

7.2.2　信息交互总线及其系统集成

1. 框架结构

B 市构建配电自动化体系，信息交换总线（IEB）随 OPEN3200 同步建设，同步优化和实用化。配电自动化的建设同步拉动了整体城市电网协同控制能力，电网安全运行和服务水平得到了质的飞跃，至今曾互联共享图模数集成运行的系统达到 10 个，包括 PMS、GIS、OMS、CIS、AMI、95598、通信资源管理、电缆网监控、抢修指挥平台、地区 EMS 等系统，形成了智能电网中国典型案例，效益显著。B 市配电自动化利用信息交互总线及其集成应用工程实践示意图如图 7–6 所示。

2. 基于 2.0 时代升级技术与应用

面向国网 PMS2.0，B 市公司演进了十大类应用技术，传承 10 年信息图模建设和应用经验，包括配电网专题图继承与扩展、PMS/GIS2.0 建模功能优化、图形快速编辑工具集添加、图模数据属性扩展、数据校验功能升级、新旧图模数据比对及设备映射导出、PMS2.0 红黑图异动流程适配及完善、专题图数据推送通道建设、GIS 平台性能优化、系统升级服务添加等。全景式数字化配电系统初现，同时通过配电自动化实用化充分展示配电信息化图模数源端奠基石的作用。PMS/GIS2.0 B 市客户端 GIS 服务演进示意图如图 7－7 所示。

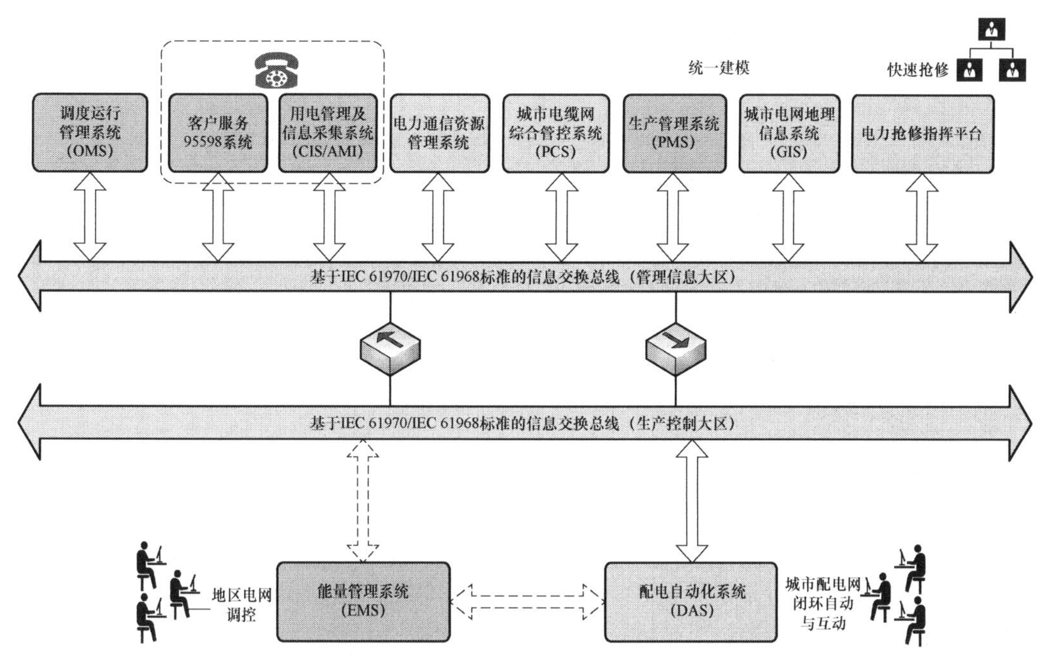

图 7－6　B 市信息交互总线及其集成应用工程实践示意图

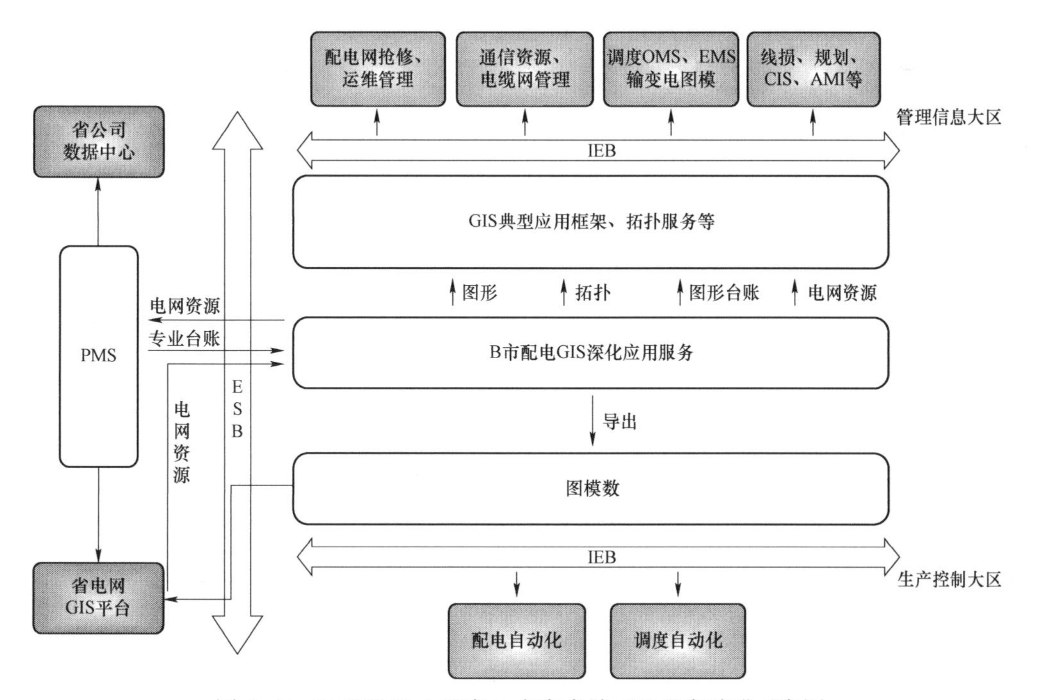

图 7－7　PMS/GIS2.0 西南 B 市客户端 GIS 服务演进示意图

7.2.3 配电图模信息交互及设备新投异动机制

1. 红黑图机制流转

源端维护的图模数融入了红黑图机制，配电主站系统嵌入 GIS 模块，PMS/GIS2.0 图模通过 GIS 专题图模块处理后，由深化 PMS/GIS2.0 客户端服务，将其源端维护生成的中低压配电图模数导入配电主站，生成符合调度使用规范的配电网专题图。PMS/GIS2.0 源端及配电主站端统一施行红黑图机制，构建图模调试区（调试态、红黑图机制）。配电网图模数流转示意图如图 7-8 所示。

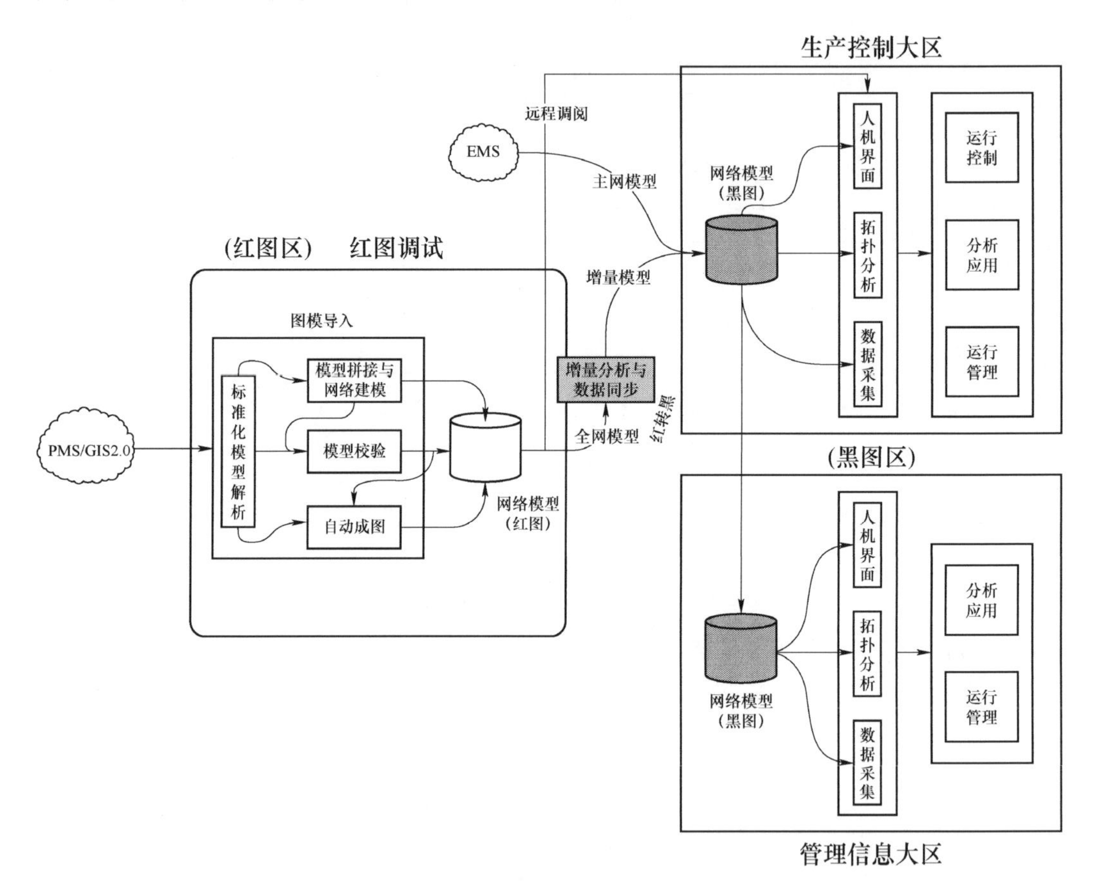

图 7-8 配电网图模数流转示意图

2. 新投异动业务及互操作

配电网网络结构几乎每天都在变化，新投异动业务繁忙，平均每天 5～10 项，最多可达 20 项，配电网图模数及时同步更新（新投异动）成为 B 市工程的必要条件之一。

B 市配电新投异动体系闭环运行 8 年多，涉及营销管理系统、生产管理系统、电网 GIS 平台、调度管理系统、配电自动化系统。系统之间通过跨区穿透正反向物理隔离装置实现电网专题图数据共享，数据交互内容包括单线图模型、单线图、电缆网图、FA

环路图，体现先进的理念和技术思想，其中包括启动、电网资源维护、中间环节、工程施工、试验验证、图模数回退修订、生产设备管理者审核、调度各专业管理者审核、图模数导入导出、图模数入库确认、发布投运等环节等。B 市配电网一次设备新投异动流程如图 7-9 所示。

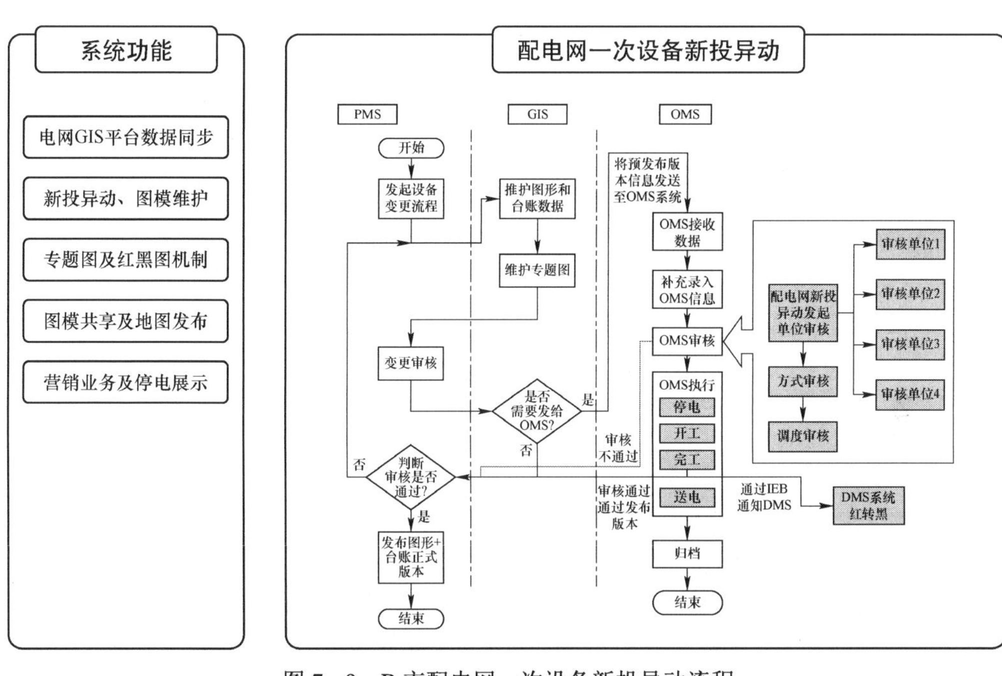

图 7-9　B 市配电网一次设备新投异动流程

配电自动化覆盖城区 598km² 范围，保全城市供电需求，在社会评价中，B 市供电服务水平一直保持很高的满意度。以 B 市配电自动化引领的信息化、自动化技术进步构建起城市协同控制体系，社会效益良好。

7.3　华东 C 市电力建设案例

华东 C 市配电自动化系统是在国家电网有限公司“智能电网”建设战略背景下，将各地市配电主站接入省级信息管理大区，建设为全面融合配电物联网、适应配电网全覆盖、跨生产控制大区与信息管理大区应用的新型配电自动化系统。

2016 年开始，随着智能电网进一步发展，C 市开始新一轮的全省新一代配电自动化建设，新一代系统采用“1+*N*+*X*”模式，采用生产控制大区分散部署、管理信息大区集中部署方式。2017 年 10 月，在 C 市完成国网首个新一代配电自动化系统试点项目并通过国网总部专家组验收，实现试点上线，2018 年 7 月，在该市实现四区主站全面贯通，2018 年底，完成全省 11 个地市新一代系统上线运行，2019 年完成系统实用化功能提升，并完成了与物联管理平台、电网资源业务中台融合的技术验证，2020 年开展基于中台的改造与迁移，正式形成基于中台的新一代配电自动化系统。

截至2020年，该省共有10（20）kV线路30321条，其中城市配电网线路9327条，配电自动化线路覆盖9252条，配电自动化覆盖率99.2%；农村配电网线路20994条，配电自动化线路覆盖17026条，配电自动化覆盖率81.1%，总体配电自动化覆盖率为86.7%。配电自动化系统已经接入各类配电网监测终端70万余台，包括“三遥”DTU、公用变压器终端、故障指示器、智能开关、剩余电流动作保护器、低压线路监测单元、智能电容器、SVG、换相开关、光伏、充电桩、“二遥”DTU等。

全省数据采集量超过240亿条次，实现从变电站10kV出线到380V用户智能表计监测全覆盖，接入10kV馈线开关、10kV开关柜、架空线路、配电变压器、用电信息采集专用变压器、表计等多类型数据，结合PMS图模构建动态数字电网，实现了配电网运行监测与状态分析。

7.3.1 云架构主站在配电自动化系统中的应用

云平台是近年来较为新颖的应用部署平台，相比传统平台具有良好的扩展性和广泛的灵活性，云平台提供从基础设施到业务基础平台，再到应用层的连续的整体的全套服务，云服务器体系架构包含云处理器模块、网络处理模块、存储处理模块与系统模块等。这种架构的优势使得云上应用可以大幅提高对硬件资源的利用率，使得资源性价比得以提升。而传统的IT环境构建是一个复杂的过程。从安装硬件、配置网络、安装软件、应用、配置存储等，许多环节都需要一定的技术力量储备，当环境发生改变时，整个过程需要重复进行，资源的后期扩展往往受到服务器自身扩展能力的限制，甚至涉及系统架构的调整。

C市新一代配电自动化四区主站系统基于云虚拟资源建设，将数据资源分为非关系型持久化数据、热数据、关系型数据、分析结果数据四大类，分别利用云平台提供的虚拟化资源部署列式数据库组件、内存数据库组件、关系数据库组件、分析数据库组件。将应用拆分为前台应用与中台服务，前台应用利用中台服务聚合形成具体业务功能，中台服务负责原子化操作与基础功能提供，以微服务的形式在云上虚拟资源与容器环境下部署。系统逻辑架构如图7－10所示。

C市电力配电自动化系统采用云平台架构后，灵活性和稳定性大大提高。一是脱离了传统系统架构对资源的依赖，以往数据库不够升级、应用服务器升级慢的现象不复存在，当系统资源不足时，通过向云平台资源中心申请扩容，即可实现对单个应用模组的性能提升，大幅缩短了系统升级迭代周期，并提高了系统稳定性。二是实现了系统性能的自主调配，当某个功能需要较多硬件资源时，完全可以通过增加微应用实例进行扩展，并减少不常用的微应用实例。三是通过不同云组件实现了不同性能的应用，比如块数据和缓存通过内存库Redis存取，海量数据通过列式数据库Hbase存储，打破了以往无论何种类型数据都存在一个数据库的弊端。

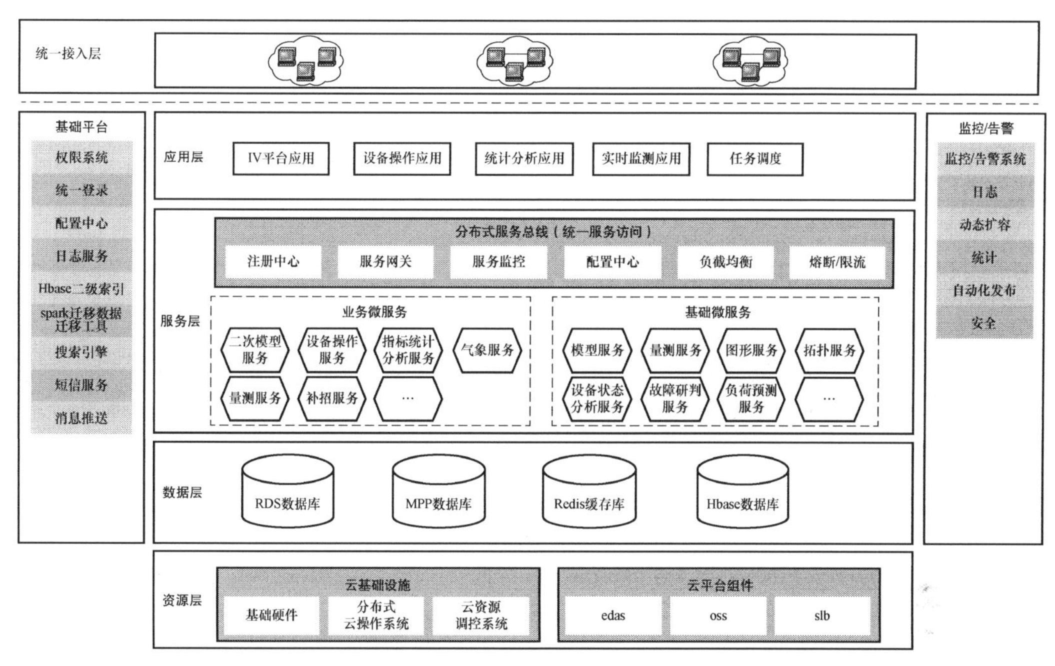

图 7－10　系统逻辑架构图

7.3.2　微服务架构在配电自动化系统中的应用

以往信息系统大部分都是单体应用，如传统的 Servlet＋SP、SSM、SpringBoot 等，一个应用即承载了所有的业务需求，包括数据提取、分析转换与前端展现，每当新需求发布时，就需要停止单体应用并进行整体更新，单体应用会存在以下弊端：

（1）部署成本高（无论是修改 1 行代码，还是 10 行代码，都要全量替换）。

（2）改动影响大，风险高（不论代码改动多小，成本都相同）。

（3）成本高、风险高，导致部署频率低（无法快速交付客户需求）。

（4）无法满足快速扩容、弹性伸缩，无法适应云环境特性。

微服务架构使得系统应用由原来的单体变成几十到几百个不同的工程，并利用云虚拟资源分别部署，微服务具有单一职责和面向服务两大特点：单一职责，一个微服务应该都是单一职责的，这才是“微”的体现，一个微服务解决一个业务问题（注意是一个业务问题而不是一个接口）；面向服务，将自己的业务能力封装并对外提供服务，这是继承 SOA 的核心思想，一个微服务本身也可能使用到其他微服务的能力。

因此，微服务架构的特点可以规避单体应用的弊端，具有以下优点：

（1）针对特定服务发布，影响小，风险小，成本低。

（2）可以频繁发布版本，满足快速交付需求。

（3）低成本扩容，弹性伸缩，适应云环境。

C 市电力新一代配电自动化四区主站系统应用微服务架构，将业务拆分为多个域，并按业务域分别开展微服务化，遵循 RESTFul 协议，分为原子服务和聚合服务，聚合服务以 PRC 的方式调用原子服务；原子服务通过服务注册对外公开，聚合服务通过服务发现识别服务地址；所有可以对外的服务均注册到 API 网关，配置服务路由，并对外公开服务路由地址。应用业务域分配如图 7－11 所示。

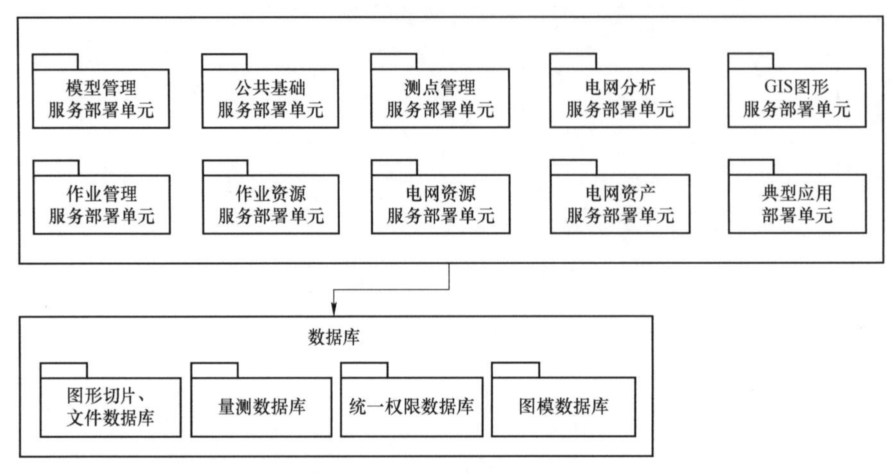

图 7－11　应用业务域分配图

C 市电力配电自动化系统采用微服务架构后，一是能够利用微服务小型化、微型化的特点进行分布式部署，每个配电自动化业务域的微服务由不同的开发小组管控，实现业务之间的解耦，减少共性业务导致的代码重复开发，有效减少工作量，提升工作效率；二是通过微服务的组合与汇聚，可以快速实现一个具体的业务功能，如故障研判需要用拓扑分析服务群和图形服务群、停电分析到户要用到拓扑分析服务群和量测数据服务群，通过服务群里的多个微服务组装即可上页面展示，大幅缩短了功能迭代周期；三是利用微服务架构可以实现系统不停机迭代更新，由于微服务是集群化部署，更新时采用依次更新的方式，可以使仅涉及该服务的业务短时暂停，并在分钟级内实现业务恢复，更新微服务完全可以做到让客户无感，提高了系统可靠性与客户体验。

7.3.3　高级处理与决策建设

配电网故障分析与定位是配电网主动抢修的重要依据，配电自动化系统作为感知层应用，对于配电网故障研判与定位的准确性要求比较高，传统配电自动化主要利用开关遥信信号对配电网故障进行分析，主要分析与定位短路故障与接地故障。C 市在传统自动化信号基础上融入了多元分析元素，得益于新一代配电自动化系统的全网感知能力，能够收集从变电站端到低压用户的所有遥测、遥信数据，先形成可靠的单设备故障事件，再将事件纳入配电网故障综合研判模块，最终形成可靠的配电网故障分析结果与准确故障点定位。

C 市电力新一代配电自动化系统能够综合多元素事件，规避检修计划，对馈线故障、馈线瞬时故障、分支线故障、分支线瞬时故障、单配电变压器停电、低压线路故障、表箱停电、表计停电、线路过电流、线路接地、中压线路缺相、跌落式熔断器跌落等常见配电网故障进行分析与定位，并实时推送给供电服务指挥系统，利用配电网生产抢修模块开展主动抢修。

系统已经可接入各类配电网监测故障事件 26 项、配电网运行异常事件 14 项、配电网运行预警事件 22 项，截至 2020 年 6 月，C 市应用故障综合研判，共监测定并定位全线路短路故障 8500 余次、智能开关主动故障隔离 4700 余次、单相接地故障定位 2500 余次、低压故障 5300 余台次，综合故障定位准确性在 95%以上，并且实现主动抢修工单派发 38000 余张，监测并主动消缺配电变压器低电压 877 台次、重过载 455 台次、线路运行缺相 3350 条次，检测疑似跌落式熔断器跌落 1800 余次，有效缩短了各项配电网故障及缺陷恢复时长，大幅提高了配电供电可靠性。

1. 配电网故障智能综合研判功能架构体系

该子功能是基于动态数据驱动的配电网故障综合分析引擎实现的，通过定义配电网故障分析领域的可扩展动态数据驱动应用系统（DDDAS）作为分析框架，技术方案要点包括：建立基于 DDDAS 的配电网故障仿真体系架构；定义同源事件推导故障信息的可扩展规则集；定义多个故障信息的归并机制和变更策略；实现多信息源的故障综合智能分析结果。

DDDAS 引起所需的各类事件，以 WebService 或者消息形式接入企业服务总线（kafka 消息队列）并存储到数据中心（HBASE/RDS）；通过 RESTful 服务提供电网数据、拓扑分析、实时数据、停电信息、消息等微服务，实现故障综合研判分析并将分析结果推送到配电网智能运维管控平台，如图 7－12 所示。

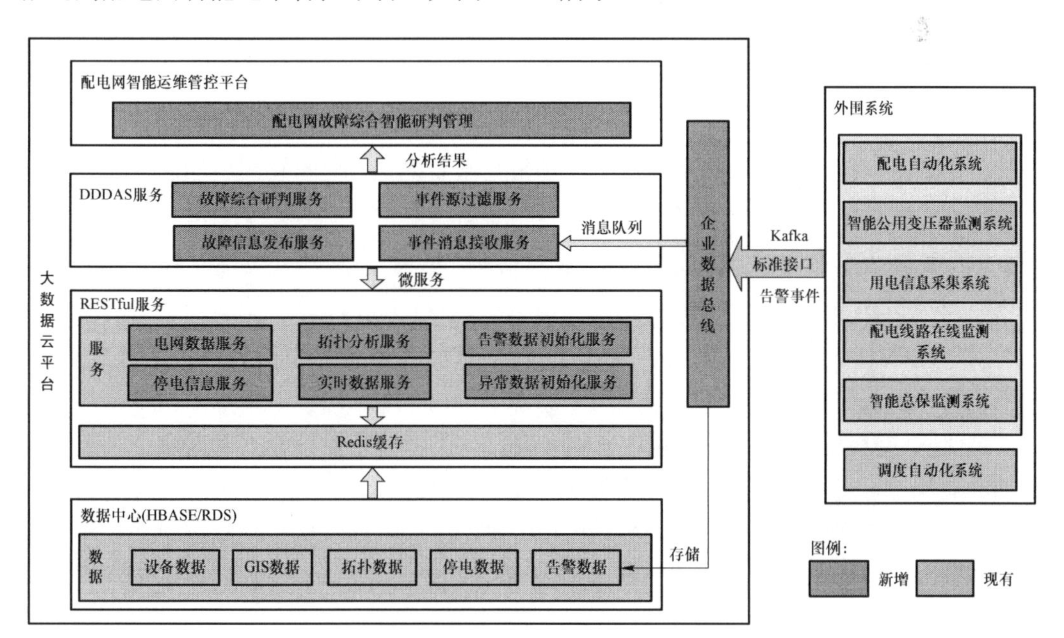

图 7－12　配电网故障综合研判架构图

2. 单设备故障诊断与实时监测

系统配电网故障类事件（部分）主要包括以下类型：

（1）馈线开关跳闸。来自调度自动化系统，通过跨Ⅰ/Ⅳ区的信息传递总线实现信号接收与跳闸事件分析，过滤后对形成跳闸的准确事件向事件中心推送。

（2）线路短路。来自配电自动化自身接收的数据，信号来源包括线路故障指示器、智能开关、环网站、开关站的短路翻牌遥信、过电流遥信信号等，结合故障遥测数据进行短路事件的有效性分析，鉴别短路相后向事件中心推送。

（3）线路接地。来自配电自动化自身接收的数据，信号来源包括线路故障指示器、智能开关、环网站、开关站的接地遥信信号，辅以智能电流放大装置动作、智能开关接地保护动作、变电站母线接地信号触发线路接地事件综合分析，最终结合故障遥测数据进行接地故障事件准确性分析，分析接地相后向事件中心推送。

（4）配电变压器停电。利用智能公用变压器终端上报的停电事件，主站主动召测台区电压和台区下用户表计电压，佐证配电变压器停电有效性，过滤因终端检修等非故障原因上报的停电事件，将准确的停电事件向事件中心发布。

（5）配电变压器缺相。利用配电变压器每 15min 上报的负荷数据分析是否出现某相电压、电流缺失，分析历史配电变压器负荷数据判断是否发生配电变压器缺相，将准确的配电变压器缺相事件向事件中心发布。

（6）剩余电流动作保护器动作。以剩余电流动作保护器（漏电保护器）上报的保护器闭锁事件为依据，结合动作原因与故障时刻剩余电流值佐证漏电保护动作准确性，剔除手动操作与漏电测试引起的跳闸事件，将准确的漏电保护动作向事件中心发布。

（7）表箱停电。主要数据来自用电信息采集系统推送，利用智能电能表停电信息结合表计与表箱关联关系判断是否发生表箱停电，并将表箱停电事件发布给事件中心。

（8）表计停电。主要数据来自用电信息采集系统推送，接收智能电能表主动上报的停电信息，以及来自用电信息采集系统综合分析后推送的表计停电事件，排除表箱停电后形成单表计停电事件，发布给事件中心。

3. 配电故障智能综合研判

基于智能电能表（台区总表）停电事件、调度（配电）自动化开关故障跳闸事件、配电线路故障指示器短路告警事件、集中器停电事件、配电网设备地理信息和拓扑信息等，结合事件校验策略、过滤策略、研判策略及信息源可信度级别，开展基于动态数据驱动的故障综合智能研判，通过对现场故障情况的快速仿真，实现故障设备位置初步定位、故障停电范围信息（区域、设备、用户）自动生成、停电信息自动报送、抢修工单主动派发等功能应用，提高故障研判指挥效率，如图 7－13 所示。

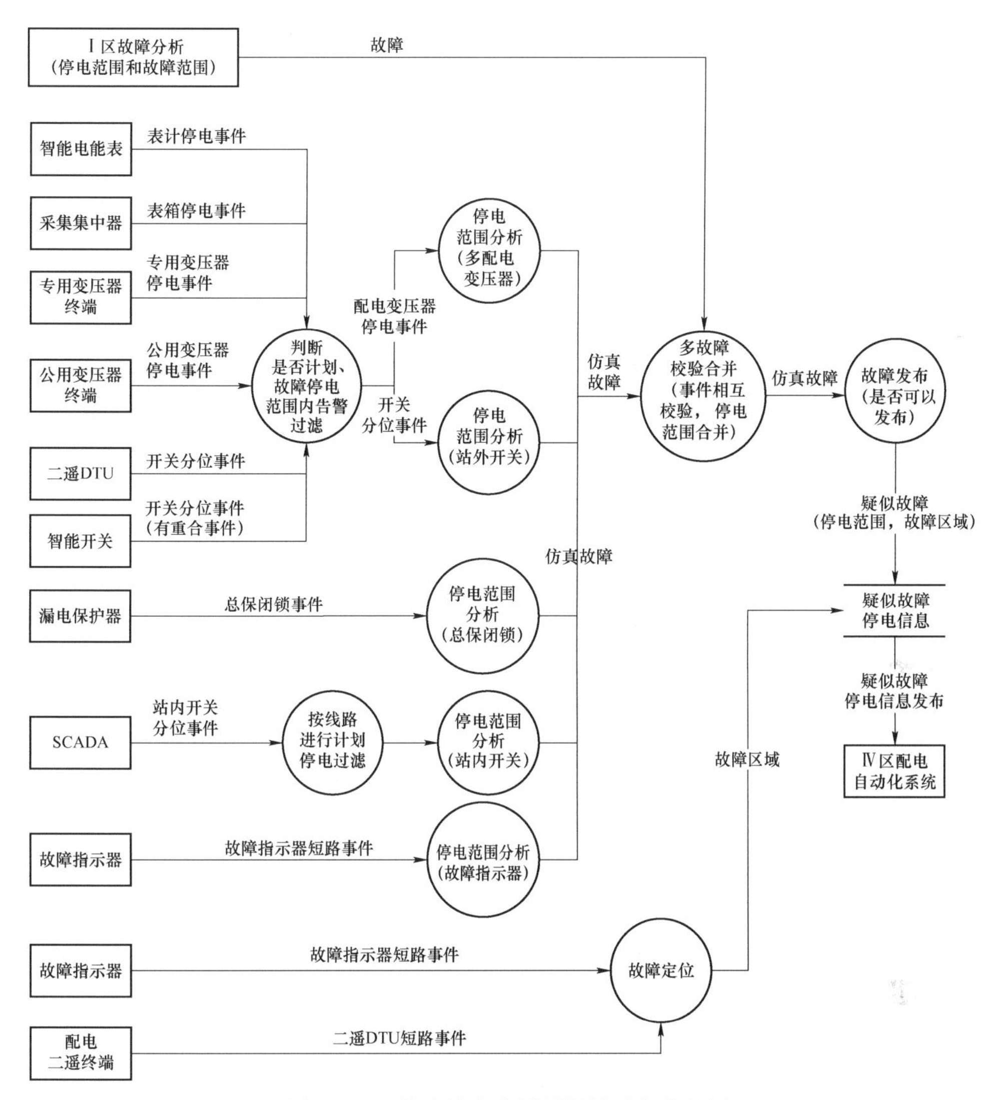

图7－13 故障综合分析逻辑关系与流程图

7.4 华南D省公司建设案例

2014年，华南D省电网公司批复19个地市供电局“十三五”10kV及以下配电网自动化规划，按照《××电网公司馈线自动化推广技术方案》要求，结合地区配电网网架差异，配电网自动化建设宜分批、分阶段进行，由珠三角城市向东西两翼及粤北地区逐步推进，由中心城区向郊区、农村地区逐步推进。

7.4.1 智能配电网监控建设

华南D省电力公司20个地市局配电网主站均已全部投入，主站已与EMS、省级GIS及海量准实时平台打通并结合多元数据开发了线路故障倒推、重过载监视等功能应用。全省配电主站系统已完成27947条配电网单线图(覆盖所有馈线,图模准确率100%)、14618条线路（配电网自动化覆盖率60%，馈线自动化覆盖率44%)、51.6万台配电变压器计量数据（接入率96.4%)、7062个10kV小型水电站（接入率100%）接入配电主站，实现了对馈线、配电变压器、小型水电站的实时监视，配电网调度员能够及时、主动发现和处置配电网故障、配电变压器重过载、电压越限等运行异常情况，有效防止调度误操作，大幅提高供电安全性和可靠性。完成所有地市局配电主站安全接入区改造，确保遥控安全，积极推进主站快速复电遥控，全省实现4400个配电网自动化开关遥控试点。

1. 主站系统硬件结构

配电主站系统采用开放式分布体系结构，系统功能分布配置，主要设备采用冗余配置。硬件设备主要包括服务器、工作站、网络设备等。根据不同的功能，服务器可分为前置采集服务器、SCADA服务器、数据库服务器、分析应用服务器、支撑平台服务器和Web服务器等。工作站可根据运行需要配置，如调配工作站、维护工作站、报表工作站、远程工作站等。服务器和工作站的功能可任意合并组合，具体配置方案与系统规模、性能约束和功能需求有关。

计算机网络结构采用分布式开放局域网交换技术，双重化冗余配置，由主干局域网交换机及工作组边缘交换机两层结构组成。各种服务器分别接入Ⅰ、Ⅱ和Ⅲ区主干交换机，各安全分区内的应用工作站采取工作组边缘交换机接入主干网。各区之间通过防火墙或正反向物理隔离装置进行安全隔离，所有设备根据安全防护要求分布在不同的安全区中。典型的配电主站系统硬件结构如图7－14所示。

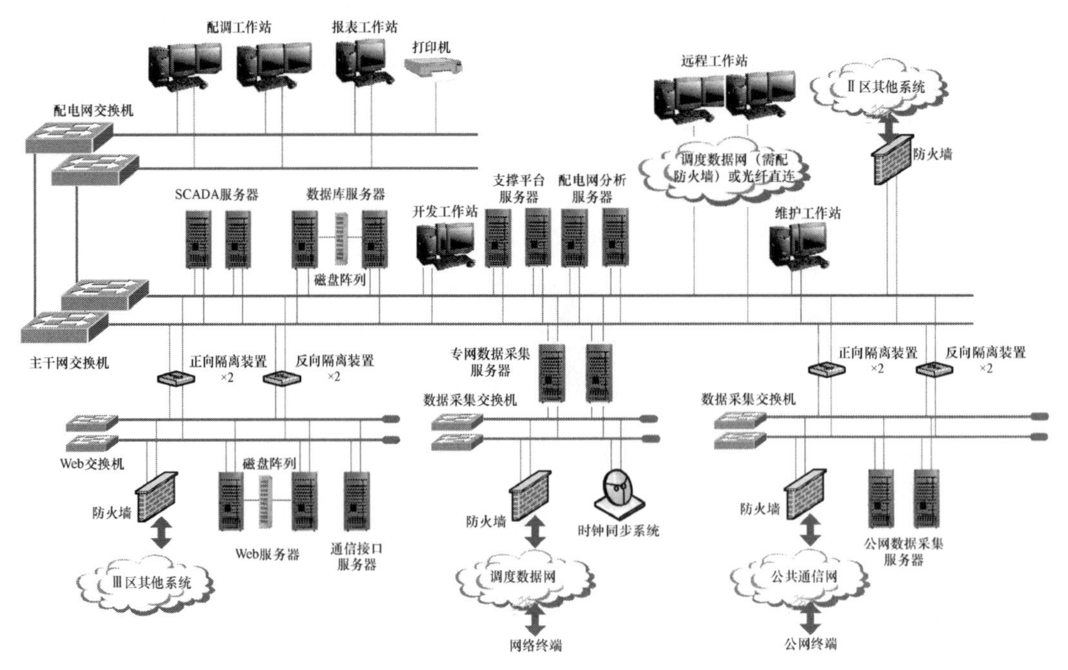

图7－14 配电主站系统硬件结构

2. 主站系统软件结构

配电主站系统软件采用分层结构，通过中间件屏蔽底层操作，可在异构平台上实现分布式应用，所有软件模块遵循 IEC 61968/IEC 61970 标准实现与外部系统数据交互与共享及第三方软件产品的即插即用。

支撑平台在软件结构中处于核心地位，可分为数据总线层与公共服务层两层，数据总线层提供各应用系统之间规范化的交互机制及适当的数据访问服务，公共服务层为实现各种应用功能提供各种服务，包括数据库管理、图模库一体化维护、人机界面、系统管理、权限管理、报表管理、告警管理、系统诊断等功能。

应用软件包括配电 SCADA、馈线故障处理、Web 发布、信息交互、网络拓扑分析、区域潮流计算、网络重构等功能，所有应用软件在统一的支撑平台上实现，具有统一风格的人机界面和数据库管理界面，并使用遵循 CIM 标准的电力系统模型及数据库，典型的配电主站系统软件结构如图 7－15 所示。

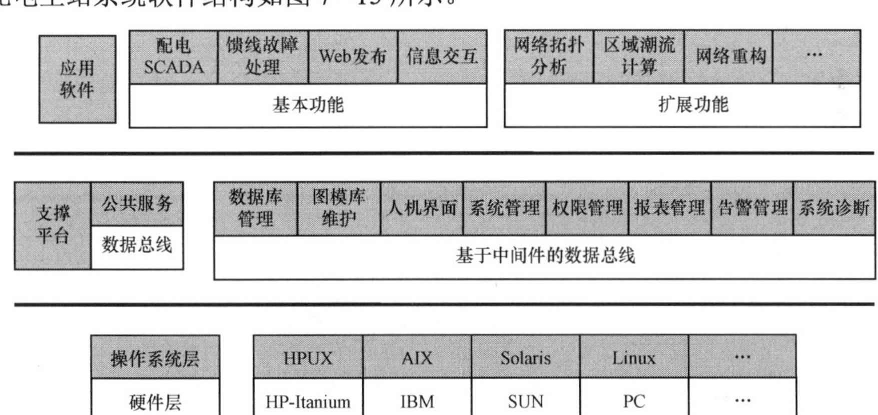

图 7－15　配电主站系统软件结构

配电主站系统按照功能模块的部署可分为简易型和集成型两种。简易型配电主站主要部署基本的平台、配电 SCADA 和馈线故障处理模块；集成型配电主站是在简易型配电主站系统的基础上，扩充了网络拓扑、区域潮流计算、网络重构等电网分析应用功能。

3. 主站综合数据交互

配电主站系统是供电局进行配电网监控、运行管理的综合平台，调度自动化系统采用 IEC 60870－5－104 通信协议进行数据传输，向配电主站提供变电站 10kV 出线开关状态、潮流、保护等信息；采用符合 IEC 61968 企业服务总线或 WebService 方式，从配电网地理信息系统获取单线图、电气拓扑关系、地理图形文件等信息，从配电网生产管理信息系统获取配电网设备参数、停电计划等生产业务信息，从计量自动化系统获取配电变压器的实时负荷数据，从营销管理系统获取营销数据、供电客户等信息。

7.4.2　智能配电网系统集成及信息交互建设

1. 资产管理系统

（1）建设情况。资产管理系统是华南 D 省电网公司配电网基础数据管理的最重要的信息系统之一，它按照资产全生命周期管理理念构建，系统覆盖规划管理、计划管理、项目管理、物资管理、设备运维管理、电网运行管理、固定资产管理等多个业务领域，实现规划、建设、生产运行的一体化和精益化管理，全面提升了电网公司的资产运营管理水平。

安全生产管理信息系统是资产管理系统的六个子系统之一，是华南 D 省电网公司安全生产业务的信息化支撑，安全生产管理信息系统的建设效果直接影响资产管理系统建设的全局，并直接影响着电网公司信息化体系的和谐发展。安全生产管理信息系统的建成，实现了安全生产运行的一体化和精益化管理，支撑着中国南方电网有限责任公司管理模式由弱管控向强管控、技术体系由分散向一体化、生产资源管理由粗放型向集约型的转变，较好完成了华南 D 省电网公司运营管理水平全面提升的目标。

（2）主要功能。资产管理系统的安全生产管理信息系统从班组规范化深化应用、专业管控、配电网深化、业务报表自定义四个方面展开业务功能建设，形成十二类功能模块，具体如图 7-16 所示。

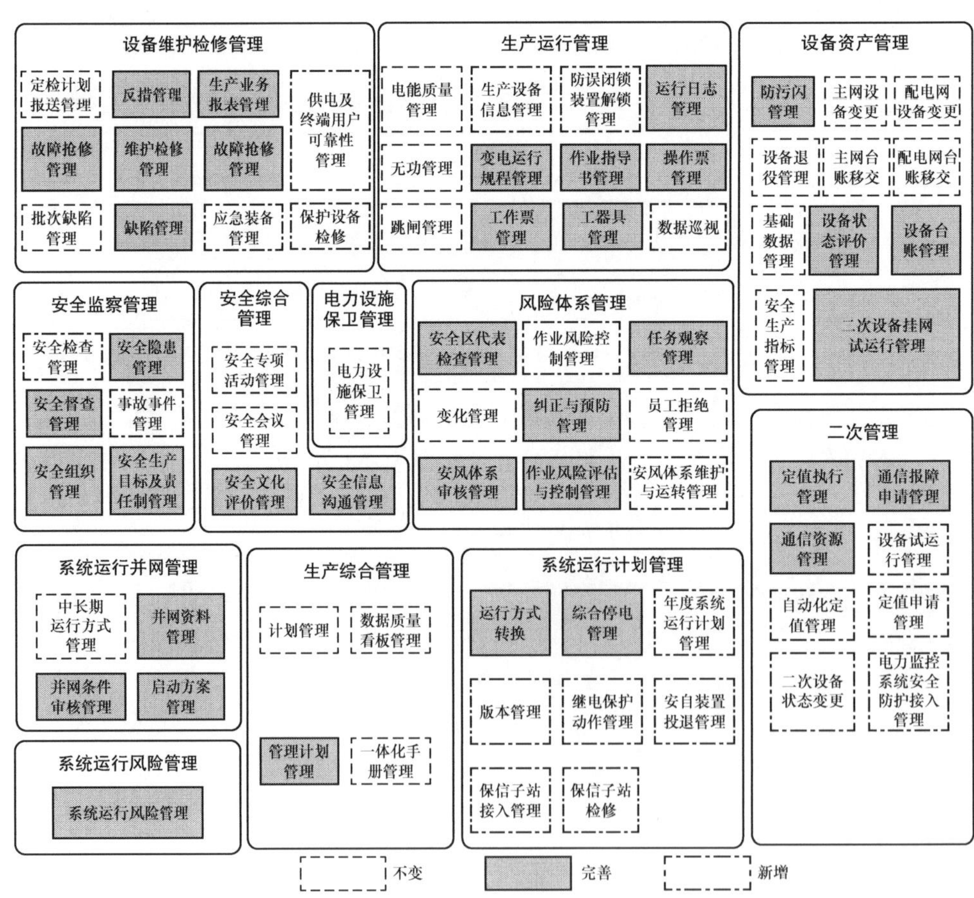

图 7-16 安全生产系统功能模块

2. 地理信息系统（GIS）

电网 GIS 平台作为电网图形、拓扑、功能位置等数据的维护入口，需要从源头控制好数据质量。为了更好地对录入的数据从图形、拓扑、关系、模型规则等方面进行数据质量检查和校验，同时应对数据迁移等工程化过程导致初始进入电网 GIS 平台的数据可能存在各种数据问题的现状，GIS 增加数据质量看板功能。通过数据质量看板，可展示相关数据质量指标情况，可查看问题数据详细清单，方便信息部门和业务部门了解各单位数据质量情况，方便问题数据的核查、定位和修复，为数据质量提升工作提供参考依据。

重点考虑影响 GIS 成图、影响单线图生成、影响电子化移交、影响业务集成应用的数据质量指标。

指标可分为拓扑连通性指标、站线变户关系完整性指标、站内图完整性指标、关键属性完整性指标四个大类，主要指标如图 7－17 所示。

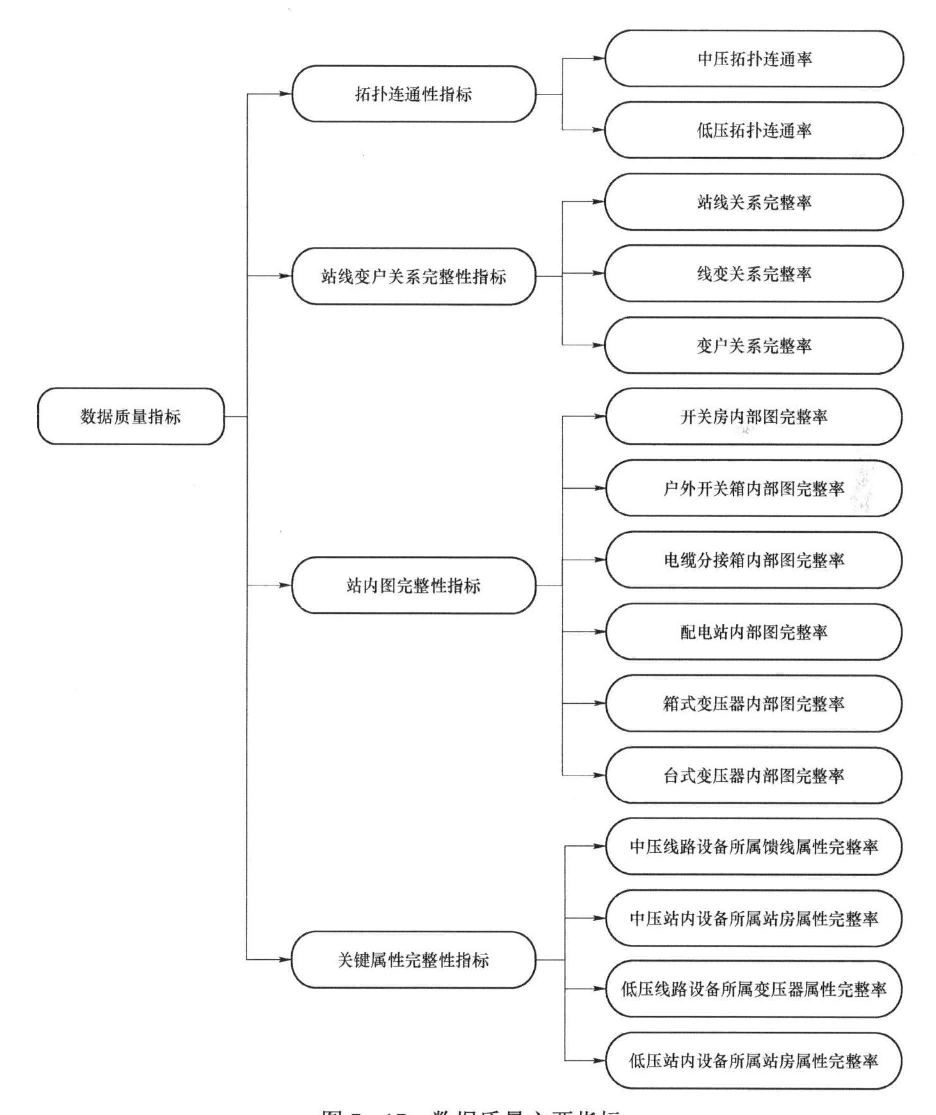

图 7－17　数据质量主要指标

3. 海量数据准实时平台

为满足各部门对配电网实时数据要求，华南 D 省电网公司建设了海量数据准实时平台。

一方面，海量准实时数据服务平台从省级集中计量自动化系统获取大量数据来满足跨部门、跨专业的综合分析应用。主要包括如下内容：

（1）省级集中计量系统负责提供自动化抄表的表码和电量信息，包含实时、小时、日、月数据。

（2）省级集中计量系统负责提供负荷相关的数据，包含功率、电流、电压和功率因数。

（3）省级集中计量系统可以发布专项统计数据，包含负载率、线损统计、停电信息和告警数据。

（4）档案关系，如测量点标识与用户、计量点号、表计资产、终端的关系，主要为前面的数据提供档案关联。

另一方面，海量数据准实时平台与华南 D 省电网 19 个地市局的配电自动化系统建设数据接口，实时获取全省配电终端的遥控、遥信、遥测等采集数据，以满足配电网高级数据分析及应用。

第8章 未 来 展 望

本书总结凝练了 20 世纪末至今我国配电自动化建设期间积累的大量宝贵技术经验和应用，包括配电网监控技术、配电网系统集成及信息交互、馈线自动化、智能配电网运行优化与决策支持、配电自动化测试及运维、典型案例等。随着技术革新和社会进步，配电网自动化技术也呈现出飞速发展、新技术应用不断涌现的态势。在“双碳”“双高”“数字化转型”等概念下，本章展望未来智能配电网自动化技术的发展趋势。

8.1 “双碳”目标下配电网发展展望

目前，中国二氧化碳排放目标是力争于 2030 年前达到峰值，努力争取 2060 年前实现碳中和。在“双碳”目标下，配电网作为城乡经济社会重要基础设施，是联系能源生产和消费的关键枢纽，是服务国家实现碳达峰、碳中和目标的基础平台。推进配电网高质量发展，对贯彻落实党中央决策部署，加快构建以新能源为主体的新型电力系统，推动能源电力低碳转型，全面服务生态文明建设，具有重要的现实意义。

“双碳”目标下配电网呈现出高比例新能源广泛接入、高弹性配电网灵活性资源配置、高比例电气化终端负荷多元互动、冷热电气多网融合数字赋能等新形态新特征。未来“双碳”背景下配电自动化的发展需求及挑战主要包括以下三个方面。

1. 以电为中心的冷热电气多能流协同优化

随着多能耦合及转换设备的推广应用，用户的冷、热、电多能流需求将逐渐取代单一电能流需求，配电网发展为具有多能流耦合特征的区域能源互联网将成为未来能源利用发展趋势。多能流系统耦合关系复杂，具有多主体参与、多时间尺度以及多运行模式等特征。同时，区域能源互联网中存在海量数据与多能耦合设备，给多能流系统的信息高效共享与协调运行带来挑战。多能流间的强耦合性、不同运行模式下与配电网之间不同的交互机理，将深度影响多能流系统的调控模式。开展以电能流为中心的区域多能流系统运行控制技术研究，提出区域能源互联网在并网、离网等多运行模式下多能流耦合协调调度策略，以能源综合效益最优、碳排放量最低等为目标的电、油、气、热、氢多能源网优化，构建具备冷热电联供、多能互补、高效调控、区域独立运行能力的多源区域能源互联网，可提升不同能源接入的安全性与可控性，发挥多能系统各主体的能动性，实现区域能源互联网系统的综合效益最大化。

2. 海量柔性资源接入下配电网源－网－荷－储互动控制

用户侧电动汽车、电采暖、分布式储能等可控资源为配电网运行提供了丰富的可调控资源，需求响应、辅助服务市场建立为用户侧资源参与电网互动调节提供了政策支持。可调度柔性负荷种类丰富、容量各异、响应特性也各不相同，在分析多种柔性负荷响应特性的基础上开展适用于调度运行的源荷储柔性资源的合理分类方式及可调度“资源池”，并对可调节资源进行分层分区聚合，充分挖掘可调节资源的潜力，打通负荷侧资源由于种类繁多、分布分散、量测不足所导致的需求响应资源无法规模化、高效率调用的技术瓶颈，有助于提升配电网的调节灵活性。

3. 面向发用一体的虚拟电厂源荷灵活互动

“双碳”目标下用户侧供用能形态发生变化，发用电一体“产消者”大量涌现，用户既是电能生产者，又是能源消费者。整县光伏、充电桩、储能设备、空调、电采暖等规模化、分散、逐利型灵活资源快速增长，灵活资源与电网间缺乏协调统一的时空柔性调控手段，给配电网安全经济运行、用户用电安全带来挑战。虚拟电厂技术将分布式电源、储能系统、可控负荷、电动汽车等分布式能源进行聚合和协调优化，作为一个特殊电厂参与电力市场和电网运行，通过源荷互动协同控制、清洁能源消纳能力评估、分布式电源与用户的直接交易等，通过灵活资源协同安全调控、清洁能源与负荷柔性互动，解决大规模分布式能源接入条件下的电网运行问题，支撑“双碳”目标下配电网多形态灵活资源安全可靠运行。

8.2 “双高”电力系统下配电网发展展望

高比例新能源、高比例电力电子装备的“双高”成为未来电力系统的主要特征。在以新能源为主体的新型电力系统中，配电网形态将发生深刻变化：一是基于供给侧清洁化转型的要求，高比例可再生新能源将广泛分布接入，配电网由单向分配向供需互动的有源网络转换。二是基于需求侧清洁化转型的要求，高比例电气化终端负荷将接入配电网，其中包括大量以变流器接口并入电网的电动汽车、船舶岸电等电能替代负荷。三是基于高弹性电网灵活可靠配置资源的要求，大量的柔性交直流控制设备及分布式储能将接入配电网。配电网将面临高比例可再生能源和高比例电力电子设备接入的挑战，现有的配电自动化系统需要发展和提升与之相适应。“双高”背景下配电自动化的发展需求主要包括以下五个方面。

1. 配电网广域测控

“双高”背景下配电网网络结构更加复杂，电力流双向供需互动使得运行方式更加灵活多变，运行控制愈加趋于复杂，对配电网实时数据、状态的掌握提出了更高的要求，需要进一步建立配电网广域测控体系，实施更加广泛和更高质量的监测，提升系统的可测、可观、可控性，为配电网的状态估计、快速仿真与模拟、分布式智能控制、运行风险防御提供基础。

2. 分布式智能配电终端

大规模分布式电源和电力电子设备的接入，给配电网运行安全带来更多挑战，亟需提升适应高渗透率分布式电源接入的故障区域自治水平。为满足功率双向流动配电网的监控、保护要求，需要采用具有良好开放性和可扩展性的分布式智能控制终端设备，利用就地与广域信息实现配电网参数和运行方式的在线自动识别，以及配电终端定值和参数的自动整定，进而完成广域/自适应保护、广域电压无功调节控制、故障快速隔离/恢复等功能。

3. 快速仿真与辅助决策

高比例可再生能源和高比例电力电子设备接入配电网，使得传统的配电网分析方法不再适用，同时为适应不断变化的需求，未来的配电自动化系统必须足够灵活，以期能够完全实时地对用户及其日益复杂的代理所做的决策做出反应。需要根据配电网广域测控系统提供的大量实时数据，对大量的电力电子元件进行建模和等值，进而实现配电网运行工况进行快速仿真与模拟，提供实时状态估计、系统性能的连续优化以及预测仿真等功能，为网络重构、电压无功功率优化、故障定位与隔离、自愈控制等高级应用提供更有效的支撑。

4. 以自愈为目标的自动化功能

相较于传统配电网，未来配电网对供电可靠性和电能质量有更高的要求。面对自然灾害、人为破坏、设备故障和系统异常状态，要能够对配电网进行在线监测、静/动态安全分析、风险预警，采用故障管理、网络重构、电压与无功控制、继电保护等智能控制、智能决策技术，通过自动化装置和智能化装置进行配电网运行优化、自适应调节、风险降级以及紧急状态下的故障诊断隔离、协调控制、故障恢复，提高配电网的健康运行水平，避免事故或将事故影响限制在最小范围内。

5. 配电网新能源功率预测

以新能源为主体的新型电力系统，新能源发电逐步成为第一大电源，随着国家整县分布式光伏政策的推进，未来分布式新能源的规模发展更加迅速，配电网安全运行、新能源的就地消纳对分布式新能源功率预测的精度提出更高要求。利用大数据、深度学习等预测建模手段，研究高精度数值天气预报、微尺度气象预测及算法模型；研究局部气象测量点缺失的数据增强、网格化信息重构技术，实现海量分布式光伏接入场景下的单点/多点功率预测；研究山地、山谷等狭窄特殊地形，沙尘、台风等极端天气下的新能源功率预测，实现新能源在不同时间、空间尺度电力和电量的准确预测。

8.3 配电网数字化转型发展展望

数字化转型是指利用现代技术和通信手段，改变企业为客户创造价值的方式。随着云计算、大数据、人工智能、区块链、5G 等技术的快速发展，以数字化、网络化、信息化和智能化为特征的信息化浪潮已经席卷全球。我国正在大力发展数字经济，推动经济社会加速向数字化转型。

在配电专业层面，需要持续优化电力营商环境，不断提升供电可靠性和客户感知度、满意度。同时，面临配电设备规模日益增多、人员数量逐年减少这一基本现实，管理需要迫切升级转型，来提升可靠供电的服务能力。数字化转型要求实现对电网中发、输、变、配、用、调各环节关键设备信息的识别、采集和控制，要求深化电力大数据应用，其中就包括服务公司安全生产，例如，通过数据驱动电网设备智慧运维，以配电网台区健康诊断及故障抢修、电网设备缺陷识别与分析为重点，促进电网运维效率提升。配电网数字化转型要实现的目标是配电管理业务与数字化技术的有机融合，构建配电设备数字化管理生态圈，全面提升配电精益化管理、设备资产全生命周期管理和优质服务能力。配电网数字化建设以配电网透明化、在线化、移动化、智能化为主线。

1. 透明化，实现配电设备状态全景感知

透明化的本质是提升电网及客户全息感知能力。通过数字孪生技术，整合多源真实数据，对物理世界进行数字建模，并用全域感知与运行监测的智能分析等可视化技术呈现。从电网“一张图”出发，完善统一数据模型，从电网资源、设备资产、空间信息、营配调融合等方面开展数据模型优化设计，实现从发电侧、到主网、再到中低压配电网站、线、台、户的贯通以及一二次设备融合。在配用电领域，依托智慧物联体系，利用智能感知装置、视频图像监控、机器人等多源数据的接入，实现设备状态全景感知，实现延伸感知，服务电网运行，服务社会企业及个人。

2. 在线化、移动化，实现配电现场作业在线高效

依托移动互联技术，打造“互联网+”运检方式，推进人–设备–装备有机互联，切实减轻基层作业负担，提高作业效能，从而实现业务的全面在线。变电站和配电房普遍存在运检人员配置不足和现场作业管控无力低效的问题，设备增长与人员不足矛盾持续存在，亟需采用远程监护、远程协助等手段予以缓解。变电及配电现场作业时，人员误入越界操作现象时有发生，亟需应用新技术提高管控力度，通过人工智能等手段，提高作业流程管控效率。

配电站房的施工及运维作业中，利用高精定位的全场景作业监控技术，基于厘米级、分米级高精度定位技术，通过室内外定位无缝切换、数字安措布撤防、双向音视频跟踪监护、作业行为识别及主动告警，有效降低人员越界操作、误入危险区间的现场风险。利用基于图像识别的现场行为全息评价技术，通过收工状态比核、违章行为记录分析、作业轨迹检查回溯，形成全流程闭环管控，有效提升配电现场作业人员工作效率及运维管理水平。

3. 人工智能在配电网中的深化应用

人工智能技术在各行业的应用发展迅猛，未来在配电领域，人工智能技术主要体现在数据分析、决策指挥、新能源电力市场建设三个方面。

（1）在数据分析方面，通过人工智能技术进行数据整理、状态诊断，从而达到业务自动分析、减轻人工负担的目的，具体包括负荷及新能源出力预测、配电网智能诊断技术、视频监控（图像识别）技术、运检知识图谱技术等。

（2）在决策指挥方面，通过运检大数据系统与管控平台的应用，从而达到降低运维

成本，提高运行管理质量，实现精益化管理的目的，具体包括提高配电设备运行环境全方位监控水平、深化智能运检管控中心建设、提升供电服务指挥中心运营智能化水平等。

（3）在新能源电力市场建设方面，针对大量分布式新能源接入配电网的电力市场建设，利用区块链技术组建电力交易链。针对交易领域多业务主体之间存在的交易可靠性低、安全性低和交易流程复杂、效率不高等问题，将区块链技术应用于辅助服务、共享储能交易等交易场景，可实现交易全业务流程数据的上链存储和快速查询，提高多主体间业务交互的可靠性和安全性，可在技术层面从根本上保障大量分布式新能源接入配电网的商业市场动力。

参 考 文 献

[1] 徐丙垠．配电网继电保护与自动化［M］．北京：中国电力出版社，2017．

[2] 郑毅，刘天琪．配电自动化工程技术与应用［M］．北京：中国电力出版社，2016．

[3] 王明俊，于而铿，刘广一．配电系统自动化及其发展［M］．北京：中国电力出版社，1998．

[4] 刘健，沈兵兵，赵江河，等．现代配电自动化系统［M］．北京：中国电力出版社，2013．

[5] 陈堂，赵祖康，等．配电系统及其自动化技术［M］．北京：中国电力出版社，2003．

[6] 徐丙垠，Christoph Bruuner．国际配电自动化发展综述［J］．供用电，2014（05）：16－20．

[7] Satoru Koizumi，Mutsumu Okumura and Toru Yanase. Application and Development of Distribution Automation System in TEPCO［C］. IEEE Power Engineering Society General Meeting，2005．

[8] 马益民．东京配电网配网管理与配电自动化［J］．浙江电力，1998（2）：42－45，56．

[9] 李天友，徐丙垠．十九届国际供电会议综述［J］．供用电，2007，24（5）：9－11．

[10] 范明天，苗竹梅，王敏．赴意大利、法国考察供电技术管理的报告［J］．电力设备，2006，5（6）：72－75．

[11] R E JACKSON，C M WALTON. A Case Study of Extensive MV Automation in London［C］. 17th International Conference on Electricity Distribution（CIRED2003），Barcelona．

[12] Mark Geschwindner，et al. Design and Implementation of an Innovative Telecontrol System in the Vattenfall Medium-Voltage Distribution Grid［C］. 21st International Conference on Electricity Distribution（CIRED2011），Frankfurt，2011．

[13] Waton C M，Friel R. Benigits of Large Scale Urban Distribution Network Automation and Their Role in Meeting Enhanced Customer Expectation and Regulator Regimes［C］. 16th International Conference on Electricity Distribution，Amsterdam，2001．

[14] Alan Bern. Integrating AMS and Advanced Sensor Data with Distribution Automation at Oncor［C］. IEEE Transmission and Distribution Conference，2010．

[15] G. Larry Clark. Application Integration of Distribution Automation Technologies at Alabama Power Company［C］. IEEE PES Working Group on Distribution Automation Joint Technical Committee Meeting，2008．

[16] 赵江河，陈新，林涛，等．基于智能电网的配电自动化建设［J］．电力系统自动化，2012（18）．

[17] 苏毅方，顾建炜，王凯．杭州配电自动化实践与应用［J］．供用电，2014（09）．

[18] 郑毅，杨慎涛，杨舟，等．成都配电自动化成效分析与发展［J］．供用电，2014（05）．

[19] California Energy Commission. PIER（Public Interest Energy Research）Final Project Report：Value of Distribution Automation Applications［R］．［S.l.:s.n.］，2007．

[20] M McGranaghan，F Goodman. Technical and System Requirements for Advanced Distribution Automation［C］. 18th International Conference on Electricity Distribution（CIRED）. Turin，Italy，2005．

[21] 陈盛燃，邱朝明. 国外城市配电自动化概况及发展[J]. 广东输电与变电技术，2008(4)：64-67.
[22] 刘东，丁振华，滕乐天. 配电自动化实用化关键技术与进展 [J]. 电力系统自动化，2004，28(7)：16-19.
[23] 刘恩德. 日本关西电力公司的高级配电自动化系统 [J]. 国际电力，2003，7(1).
[24] 范明天，马钊，徐丙垠，等. 2019 年第 25 届国际供电会议综述 [J]. 供用电，2019，36(11)：55-63.
[25] 于金镒，刘健，徐立，等. 大型城市核心区配电网高可靠性接线模式及故障处理策略 [J]. 电力系统自动化，2014(20)：74-80，114.
[26] 宋若晨，徐文进，杨光，等. 基于环间联络和配电自动化的配电网高可靠性设计方案 [J]. 电网技术，2014(7)：1966-1972.
[27] 甘国晓，王主丁，周昱甬，等. 基于可靠性及经济性的中压配电网闭环运行方式 [J]. 电力系统自动化，2015(16)：144-150.
[28] 吴涵，林韩，温步瀛，等. 巴黎、新加坡中压配电网供电模型启示[J]. 电力与电工，2010(2)：4-7.
[29] Jie Zhou，Lu Wang. Research on Quick Distributed Feeder Automation for Fast Fault Isolation/Self-healing in Distribution network [C]. IEEE Innovative Smart Grid Technologies Asia (ISGT)，2019，202-206.
[30] LEEUWERKE R P，BRAYFORD A L，ROBINSON A，et al. Developments in ring main unit design for improved MV network performance [J]. Power Engineering Journal，2000，14(6)：270-277.
[31] KUN-YUAN SHEN，JYH-CHERNG GU. Protection coordination analysis of closed-loop distribution system [C]. Proceedings of International Conference on Power System Technology，2002，702-706.
[32] 唐成虹，杨志宏，宋斌，等. 有源配电网的智能分布式馈线自动化实现方法 [J]. 电力系统自动化，2015(9)：101-106.
[33] 沈兵兵，吴琳，王鹏. 配电自动化试点工程技术特点及应用成效分析 [J]. 电力系统自动化，2012(18)：27-32.
[34] Lu Wang，Jie Zhou. Research on Application of New Intelligent Distributed Feeder Automation [C]. IEEE International Electrical and Energy Conference (CIEEC)，2019.
[35] 张勇军，刘子文，宋伟伟，等. 直流配电系统的组网技术及其应用 [J]. 电力系统自动化，2019(23)：39-51.
[36] 陈碧云，陆智，李滨. 考虑故障处理过程信息系统连通性和准确性的配电网可靠性评估 [J]. 电网技术，2020(2)：742-750.
[37] 何卫斌. 配电自动化改造方案研究 [D]. 华北电力大学，2012.
[38] 龚静. 配电网综合自动化系统 [M]. 北京：机械工程出版社，2019.
[39] 王晓勇. 配电自动化系统中通信网络的规划与组建 [D]. 南京邮电大学，2013.
[40] 舒印彪. 配电网规划设计 [M]. 北京：中国电力出版社，2019.
[41] 郭谋发. 配电网自动化技术 [M]. 2 版. 北京：机械工程出版社，2019.

[42] 王文博．基于不同接线模式的馈线自动化实现方式［J］．电力系统及其自动化学报，2013，12，25（6）：72－78.

[43] Serizawa Y，Myoujin M，KiCTmura K，et al，Wide-area Current Differential Backup Protection Employing Broadband Communication and Time Transfer Systems［J］．IEEE Transaction on Power Delivery，1998，13（4）：1046－1052.

[44] 聂明林．考虑多因素条件下的智能配电网网架规划研究［D］．湖南大学，2015.

[45] 何秋泠．配电网网架结构的坚强性评估［D］．西南交通大学，2014.

[46] 陈宁，韩蓬，王传勇，等．基于可靠性的10kV城市配电网网架结构优化方案［J］．电气技术，2016.

[47] 刘刚．计及配电自动化的中压网架结构规划研究［D］．华北电力大学，2014.

[48] 薛佳妮．智能配电网通信组网模式研究［D］．华南理工大学，2014.

[49] 刘渊．10kV配电网馈线自动化模式研究与应用［J］．供用电，2013，07：30（4）.

[50] 雷宇．基于自适应重合闸的就地智能馈线自动化关键技术研究［D］．西安科技大学，2019.

[51] 刘红伟，封连平，王焕文．基于电流记数型分段器和重合器配合的10kV配电网馈线自动化研究及应用［J］．电气技术，2010（8）：77－80.

[52] 刘勇．智能配电网故障处理模式研究［D］．山东大学，2014.

[53] 柳闻鸣．杭州配电自动化建设模式研究［D］．华北电力大学，2013.

[54] 关长余．配电网馈线自动化方案的比较分析与应用研究［D］．华北电力大学，2011.

[55] 王海燕，曾江，刘刚．国外配网自动化建设模式对我国配网建设的启示［J］．电力系统保护与控制，2009（11）：6.

[56] 余贻鑫，马世乾，徐臣．配电系统快速仿真与建模的研究框架［J］．中国电机工程学报，2014，34（10）.

[57] 郑玉平，王丹，万灿，等．面向新型城镇的能源互联网关键技术及应用［J］．电力系统自动化，2019，43（14）.

[58] 卓振宇，张宁，谢小荣，等．高比例可再生能源电力系统关键技术及发展挑战［J］．电力系统自动化，2021，45（9）.

[59] 盛万兴．智能配用电技术［M］．北京：中国电力出版社，2014.

[60] 刘广一．主动配电网规划与运行［M］．北京：中国电力出版社，2017.